本书是国家自然科学基金资助项目——面向城镇能源互联网的电力-交
法研究（项目编号：62473391）、基于多能互动的主动配电网多时空尺
（项目编号：61873292）的研究成果

新能源系统优化
调度技术研究

朱永胜◎著

XINNENGYUAN XITONG YOUHUA
DIAODU JISHU YANJIU

电子科技大学出版社
University of Electronic Science and Technology of China Press

· 成都 ·

图书在版编目（CIP）数据

新能源系统优化调度技术研究／朱永胜著. -- 成都：
成都电子科大出版社，2025. 5. -- ISBN 978-7-5770
-1554-5

Ⅰ. TM73

中国国家版本馆 CIP 数据核字第 2025Q8D586 号

新能源系统优化调度技术研究
XINNENGYUAN XITONG YOUHUA DIAODU JISHU YANJIU

朱永胜　著

策划编辑　唐祖琴
责任编辑　陈姝芳
责任校对　龙　敏
责任印制　段晓静

出版发行　电子科技大学出版社
　　　　　成都市一环路东一段 159 号电子信息产业大厦九楼　　邮编 610051
主　　页　www. uestcp. com. cn
服务电话　028-83203399
邮购电话　028-83201495

印　　刷　成都普瑞特彩印有限公司
成品尺寸　185 mm×260 mm
印　　张　20
字　　数　450 千字
版　　次　2025 年 5 月第 1 版
印　　次　2025 年 5 月第 1 次印刷
书　　号　ISBN 978-7-5770-1554-5
定　　价　88. 00 元

▶ 前言

为实现"双碳"国家能源战略、推动绿色可持续发展,分布式能源技术近年来受到了持续关注。然而,大规模分布式负荷接入电网给能量的配置和管理带来了极大挑战,而以微电网、主动配电网为代表的新能源系统,将是解决此问题的一个重要途径。积极探索多能源形式互动模式下新能源系统的能量优化与调度问题,实现分布式能源的合理配置与协同增效,具有重要的理论意义与实用价值。

本书聚焦于新形势下清洁、高效、安全的新型调度模式及调度方法,重点研究电动汽车、风光等异构能量的负荷特征描述与建模、基于博弈论的多元主体利益均衡与聚合调控等问题,并对各类充电桩/站等能源枢纽的选址定容进行了初步探讨,从而解决"双碳"战略下,含车、风、光等分布式资源的能量优化调度问题,以便为新能源系统发展提供技术支撑,并深刻揭示"源、网、荷、储"多能互动的内在联系和协同机理。

本书第1章主要介绍新能源系统优化调度技术相关研究的背景意义、研究现状以及本书的研究内容;第2～7章对于系统内不同特性、不同规模的异构负荷特征描述问题,建立了立体化时空尺度的电动汽车等柔性负荷功率特性模型;第8～13章针对复杂调度环境下多元主体参与的能源系统利益均衡与资源配置问题,建立了时/空范畴内统一的层级协调、多源互补、时序递进的博弈调度架构;第14～17章面向充电站等能源枢纽时空需求层次多样、交互形式灵活多变等特征,建立了考虑"路网-电网"多能流耦合的充电站选址定容与优化策略。

本书是对笔者团队近几年原创性研究成果的系统总结,为新能源系统优化调度技术的进一步发展提供了重要的理论支撑和技术参考,可以作为电力系统运行管理技术人员及电气工程领域相关专业高校师生的参考用书。

本书的整理修订得到了中原工学院张坤、张世博、常稳、谷文浩等硕士研究生的大力协助,在此向他们表示衷心的感谢。此外,本书的出版得到了国家自然科学基金资助项目(项目编号:62473391、61873292)、河南省杰出青年科学基金项目(项目编号:252300421065)、河南省高等学校重点科研项目计划基础研究专项(项目编号:22ZX011)的资助,在此一并感谢。

由于笔者的经验和水平有限,书中的不足之处在所难免,欢迎广大读者及有关专家批评指正。

朱永胜

2025 年于中原工学院

▶ 目录

▶ 第1章　绪论

1.1　研究背景和意义

在"双碳"国家能源战略背景下,分布式能源(distributed energy resource,DER)技术近年来受到了各国政府、电力企业和民众的持续关注。以电动汽车(electric vehicle,EV)和风光能源为例,2023 年,我国新能源汽车销量达到汽车新车总销量的 31.6%[1],据预测,2035 年纯电动汽车将成为我国新销售车辆的主流[2],全球新能源汽车的市场份额将在该年突破 50%[3]。而 2023 年全国累计风光装机容量达 10.5×10^8 kW,到 2024 年底风光发电总装机容量突破"双碳"战略确定的 2030 年发展目标——12×10^8 kW[4]。

电力调度是电力系统优化运行的核心问题,如此大规模的电动汽车、风光等 DERs 负荷接入电网,将给能量的配置和管理带来极大挑战。而以微电网、主动配电网为代表的新能源系统,将是解决此问题的一个重要途径。通过电动汽车等可控负荷(controllable load,CL)、风电等可再生能源(renewable energy source,RES),以及分布式储能(electrical energy storage,EES)等各种类型的 DERs 资源的大范围灵活互动与协调,一方面,电动汽车等 CLs 及 EESs 将成为配电网内风光等随机波动 RESs 与用户负荷间的有效缓冲,极大地提高了高渗透率可再生能源的接纳能力和利用效率;另一方面,以风光等 RESs 为主要能量来源的新能源电网,能实现以"清洁电"换"汽油"、换"收益",使电动汽车及各类型负荷做到真正意义上的节能减排。因此,研究多能源形式互动模式下新能源系统的能量优化与调度问题,实现 DERs 的合理配置与协同增效,具有重要的理论意义与实用价值。

然而,考虑到新能源系统运行方式的多样化,以及电动汽车、风光资源等调度主体直接参与电网调控时的"维数灾难"问题,传统的基于集中式控制结构的全系统整体调度模式已无法满足具有较强区域不确定性和海量数据信息的配电网需求;且以电动汽车及其充电桩/站,以及风光等各类可控和不可控负荷为代表的"异构能量",其需求导向性显著、接入时空层次多样、互动策略灵活多变,使得新能源系统的调度环境更加复杂,调度主体更加多元且行为随机、去中心化,如何构建多能流耦合、混合时空尺度协同的异构负荷模型及相关调度策略,均衡各方综合利益,达到资源的优化配置目的,显得尤为重要。

积极探索新形势下清洁、高效、安全的新型调度模式及调度方法,深刻揭示 DERs 多能互动的内在联系和协同机理,是未来各级、各类新能源系统作为智能电网区域能量中心实践与应用的重要步骤和关键问题。

为此,本书以新能源系统为对象,重点研究电动汽车、风光等异构能量的负荷特征描述与建模、基于博弈论的多元主体利益均衡与聚合调控等问题,并对各类充电桩/站等能源枢纽的选址定容进行了初步探讨,从而解决"双碳"战略下,含车、风、光等分布式资源的能量优化调度问题,以便为新能源系统发展提供技术支撑,并深刻揭示"源、网、荷、储"多能互动的内在联系和协同机理。

1.2 国内外研究现状

近年来,新能源电力技术的能量的优化调度问题开始成为国内外新的研究热点,并初步取得了一些创新性的科研成果。总的来说,这些研究基本是以高渗透率 DERs 的负荷建模与积极消纳为研究切入点,以潮流及能量的合理调度与协调为研究内容,主要涉及以下方面。

首先,为了实现新能源系统高效、稳定的能源供应,精确地描述和建模风、光等分布式资源和电动汽车等可控负荷尤为关键。文献[5]建立了考虑含源型负荷的需求响应模型,并基于此建立了电热优化调度模型;文献[6]在考虑需求响应项目参与的情况下,综合考虑系统经济性和鲁棒性,利用风电预测精度与时间的相关性,提出了随机优化与可调节鲁棒优化相结合的日前调度方法,在引入需求响应提升可再生能源消纳的同时,保障了系统运行的稳定性;文献[7]基于光伏发电的可靠性,建立了主动负荷对光伏发电波动的响应模型,进而分析可再生能源和主动负荷对负荷形态的影响;文献[8]采用激励机制引导电动汽车参与调度,通过对电动汽车无序充电负荷进行调整以促进风电消纳;文献[9]提出一种考虑季节特性的多时间尺度电动汽车负荷模型,可以有效地预测未来数年的 EV 发展趋势,以及考虑季节特性的多时间尺度 EV 充电负荷;文献[10]分析了在不同规模的电网中,电动汽车负荷在局部区域导致的电网局部过负荷的问题;文献[11]在研究电动汽车与光伏发电对负荷的影响时,设计了针对光伏发电的主动负荷调节策略。以上文献通过对负荷动态可调度潜力和运行规律的深入研究和建模分析,有效地描述了负荷状态的变化趋势和内在规律,然而,考虑到风、光、车等异构负荷的时空耦合特性与能量交互特征,相关工作值得深入研究。

其次,复杂调度环境下多元主体参与的利益均衡与资源配置策略,是实现新能源电力系统协同增效的核心技术和重要手段。显然,传统电网自上而下、以管理部门单主体决策为主要特征的电力最优化理论体系,已无法解决此类问题,而面向不同利益主体复杂互动行为的博弈论,逐渐成为国内外学者的研究热点[12-13]。文献[14]针对不同主体构建一主多从Stackelberg博弈模型,有利于提升可再生能源消纳和各方主体经济收益;文献[15]构建了多个微电网之间的合作博弈模型,采用纳什议价法协调微网间的利益分配,有效提高了多微网系统的整体运行效率,降低多微网系统的运行成本;文献[16]针对多区域间电能与储能资源的共享问题,提出了一种基于主从-演化混合博弈的多区域电能-储能共享运营模式,实现运营商-用户-电网多主体共赢的局面;文献[17]基于演化博弈考虑异质性产消者的动态选择过程和基于主从博弈确定零售商的定价策略,提出了一种针对虚拟电厂零售商的定制返利包定价机制,有效提高系统运行稳定性和经济性;文献[18]提出了一个多市场模型来制定了虚拟电厂的最优报价策略,实现了多市场主体利润最大化和消费者满意度最大化的目标;文献[19]提出了基于合作博弈理论的风、光、水、氢多主体能源系统增量效益分配策略,可以较大幅度地提高各主体运行的增量效益和合作联盟的整体效益。从以上工作可以看出,博弈论可以很好地描述具有不同利益诉求的市场主体的相互作用和决策行为,其相关研究具有重要的理论意义和实践价值。

最后,充电站选址定容是新能源系统良性互动的基础,其科学布局与合理配置将直接影响城市规划布局的合理性,以及电动汽车等相关产业的发展[20-21]。目前,相关研究已经展开,文献[22]针对城市电动汽车充电站规划建设中存在的投资高、效率低等问题,提出一种考虑用户动态充电需求不确定性的充电站选址定容优化模型,将容量配置问题精确到充电桩,使其容量配置更符合工程实际;文献[23]考虑用户充电行为的随机性,提出了一种基于Huff模型的电动汽车充电站选址定容方法,提高了充电站选址定容的经济性;文献[24]提出一种最大化提升恢复力的配电网成本最优的 EV 充电站预选址模型,在满足用户充电需求的基础上,进一步提升配电网在极端情况下的恢复能力;文献[25]针对电动汽车充电站的最佳数量、站址以及容量难以确定等问题,提出了一种在备选站址既定的情况下,含不同容量充电桩的电动汽车充电站选址定容优化方法,提高了电动汽车充电站选址定容的精确性;文献[26]针对现存电动汽车渗透率与充电基础设施建设不匹配的问题,建立了以年总成本最小为目标的电动汽车充电站选址定容模型,既考虑了充电站建设和运维的经济性,还体现了选址定容的合理性;文献[27]建立了综合考虑充电站与用户利益的充电站选址定容模型,在优化充电站经济性的同时,保障了用户对充电服务的满意度。以上内容在相关选址定容策略研究方面进行了有益的尝试,然而,考虑到电力交通系统具有典型的时空耦合特性,其配置策略受源网荷柔性互动行为影响严重,因此相关研究还亟待深入。

1.3　本书的研究内容

本书针对含多种能源形式的新能源系统优化调度及相关规划技术展开研究,主要包括如下几方面。

(1)针对系统内不同特性、不同规模的异构负荷特征描述问题,建立了立体化时空尺度的电动汽车等柔性负荷功率特性模型,实现了电力-交通耦合系统的良性互动与协同增效(第2～7章)。

(2)针对复杂调度环境下多元主体参与的能源系统利益均衡与资源配置问题,建立了时/空范畴内统一的层级协调、多源互补、时序递进博弈调度架构,实现了电力资源多方利益的优化配置与动态均衡(第8～13章)。

(3)针对充电站等能源枢纽时空需求层次多样、交互形式灵活多变等特征,建立了考虑"路网-电网"多能流耦合的充电站选址定容与优化策略,实现了新能源系统的柔性互动与聚合调控(第14～17章)。

参 考 文 献

[1] 国务院新闻办公室. 2023 年工业和信息化发展情况 [EB/OL]. [2024 - 01 - 19].
　　https://www.gov.cn/lianbo/fabu/202401/content_6927364.htm.

[2] 国务院办公厅. 新能源汽车产业发展规划(2021—2035 年)[EB/OL]. [2020 - 10 - 20].
　　http://www.gov.cn/zhengce/content/2020-11/02/content_5556716.htm.

[3] 央广网. 2020 世界新能源汽车大会共识[EB/OL]. [2020 - 09 - 29]. http://www.cnr.
　　cn/list/finance/202009 29/t20200929_525282795.shtml.

[4] 中国能源网. 国家能源局科技司原副司长刘亚芳:风光发电总装机容量今年底有望突破
　　12 亿千瓦 [EB/OL]. [2024 - 03 - 6]. http://www.cnenergynews.cn/news/2024/03/10/
　　detail_ 2024 0310150272.html.

[5] 林俐,顾嘉,张玉. 基于含源型负荷用电需求弹性及偏好成本的电热联合优化调度[J].
　　电网技术,2020,44(6):2262-2272.

[6] 艾青,刘天琪,印月,等. 含大规模风电的高压直流送端系统多源协同调频策略[J]. 电力
　　自动化设备,2020,40(10):56-63.

[7] YING Y,WU Y,SU Y,et al. Dispatching approach for active distribution network considering
　　PV generation reliability and load predicting interval [J]. The Journal of Engineering,

2017,2017(13):2433-2437.

［8］GUPTA S,MAULIK A,DAS D,et al. Coordinated stochastic optimal energy management of grid-connected microgrids considering demand response,plug-in hybrid electric vehicles,and smart transformers［J］. Renewable and Sustainable Energy Reviews,2022,155:111861.

［9］牛牧童,廖凯,杨健维,等.考虑季节特性的多时间尺度电动汽车负荷预测模型［J］.电力系统保护与控制,2022,50(5):74-85.

［10］YIN W J,MING Z F,WEN T. Scheduling strategy of electric vehicle charging considering different requirements of grid and users［J］. Energy,2021,232:121118.

［11］屈星,李欣然,盛义发,等.面向广义负荷的光伏发电系统等效建模研究［J］.电网技术,2020,44(6):2143-2150.

［12］潘振宁,余涛,王克英.考虑多方主体利益的大规模电动汽车分布式实时协同优化［J］.中国电机工程学报,2019,39(12):3528-3541.

［13］SRINIVASAN D,RAJGARHIA S,RADHAKRISHNAN B M,et al. Game-Theory based dynamic pricing strategies for demand side management in smart grids［J］. Energy,2017,126:132-143.

［14］WANG Y,LIU Z,WANG J,et al. A Stackelberg game-based approach to transaction optimization for distributed integrated energy system［J］. Energy,2023,283:128475.

［15］CHEN W,WANG J,Yu G,et al. Research on day-ahead transactions between multi-microgrid based on cooperative game model［J］. Applied Energy,2022,316:119106.

［16］张军,钟康骅,张勇军,等.基于混合博弈的多区域电-储共享运营模式与经济效益分析［J/OL］.电力系统自动化,2024,48(3):34-41［2023-12-31］. http://kns. cnki. net/ kcms/detail/32. 1180. TP. 20231215. 1257. 002. html.

［17］CHEN W,QIU J,ZHAO J,et al. Customized rebate pricing mechanism for virtual power plants using a hierarchical game and reinforcement learning approach［J］. IEEE Transactions on Smart Grid,2022,14(1):424-439.

［18］MEI S,TAN Q,LIU Y,et al. Optimal bidding strategy for virtual power plant participating in combined electricity and ancillary services market considering dynamic demand response price and integrated consumption satisfaction［J］. Energy,2023,284:128592.

［19］段南,谢俊,冯丽娜,等.基于合作博弈论的风-光-水-氢多主体能源系统增益分配策略［J］.电网技术,2022,46(5):1703-1712.

［20］黄文睿.电动汽车充电负荷预测及充电站选址定容研究［D］.南京:南京邮电大学,2023.

［21］赵卫峰.基于充电需求时空分布预测的充电站可达性分析与选址定容优化［D］.西安：长安大学，2023.

［22］ZHANG L J，FU H，ZHOU Z H，et al. Site selection and capacity determination of charging stations considering the uncertainty of users' dynamic charging demands［J］. Frontiers in Energy Research，2024，11：1295043.

［23］刘林，王育飞，张宇，等.基于 Huff 模型的电动汽车充电站选址定容方法［J］.电力自动化设备，2023，43（11）：103-110.

［24］潘含芝，于艾清，王育飞，等.均衡不同主体利益的电动汽车充电站选址定容［J］.现代电力，2023，40（6）：995-1004.

［25］肖白，高峰.含不同容量充电桩的电动汽车充电站选址定容优化方法［J］.电力自动化设备，2022，42（10）：157-166.

［26］吴雨，王育飞，张宇，等.基于改进免疫克隆选择算法的电动汽车充电站选址定容方法［J］.电力系统自动化，2021，45（7）：95-103.

［27］严干贵，刘华南，韩凝晖，等.计及电动汽车时空分布状态的充电站选址定容优化方法［J］.中国电机工程学报，2021，41（18）：6271-6284.

▶ 第 2 章　多态场景下考虑出行链重构的电动汽车多目标协同优化调度

2.1　引　　言

近年来,随着我国电动汽车保有量的迅速上升,电动汽车集群作为分布式储能资源日渐丰富,其削峰填谷和节能减排的潜力也逐渐增强[1-4]。但是,用户充电选择上的主观性导致了电动汽车的时空负荷具有较大的突变性,并对原有的充放电调度计划造成破坏[5]。因此,尽可能充分考虑 EV 充放电调度过程中的用户主观性,已经成为亟待解决的问题。

目前的研究工作主要以 EV 确定的出行行为作为基础进行充放电调度。文献[6-10]模拟常态下 EV 负荷需求的时空分布,得到 EV 参与能量互动的稳定时长,设定不同调度目标对 EV 进行充放电调度。文献[11]建立了出行修正模型,描述 EV 受用户主观性的影响,行驶状态中的目的地和入网时间改变的过程。文献[12]提出随机停靠模型,模拟 EV 在出行过程中的自主停靠行为,增加了 EV 入网时间的不确定性。上述文献仅考虑 EV 在充电前的不确定性,忽略了用户主观性对 EV 充放电过程的影响。

文献[13]采用鲁棒优化方法,优化某时段内由于 EV 异常进入或离开负荷聚合商,所造成的异常功率波动,确保每辆 EV 的充电安全。该文献并未考虑到用户实际的出行需求,仅提供了异常功率波动的解决方案。文献[14]基于 EV 行驶路径的不确定性,建立了 EV 在不同使用场景下的自适应充放电策略。文献[15]对每个充电时段进行两阶段分析,预测未来时段内不确定的充电需求。文献[16]通过信息间隙决策理论讨论了 EV 接入负荷聚合商时刻的不确定性。文献[14-16]虽然考虑到 EV 使用的不确定性,但仍然基于确定的负荷需求区间对 EV 的充放电进行预测及调度。文献[17]虽然提出了 EV 在某置信水平下的负荷区间预测方法,但没有进一步讨论 EV 的充电过程在任意时刻均可中断的可能性,以及特殊时段内用户对充电功率的最低要求。

文献[18-20]讨论了极端条件下 EV 参与负荷恢复的过程。文献[18]和文献[19]讨论了以应急发电车辆为供电主体,向区域电网进行供电,但并未充分发掘 EV 作为分布式储能资源的潜力。文献[20]讨论了在极端供电状态下,EV 集群作为不可中断电源向区域电网负荷供电的潜力,但忽视了用户的出行需求。文献[21]和文献[22]将 EV 集群在不同时段视为容量不同的储能单元,以此消纳各时段多余的电力供给,但忽略了 EV 集群可突变的储能潜力。

综上所述,目前对常态下 EV 的不确定性研究集中在以负荷聚合商为调度主体,考虑 EV 负荷区间的不确定性,或者将 EV 个体视为具有最短充电时长的能量互动单元,对 EV 个体进行充放电调度。未充分考虑常态下,由用户主观性导致的充放电调度计划的异常中断,用户对充放电功率的实际需求以及用户出行链的改变对后续充放电调度计划的影响。在极端状态发生时,对极端状态下的研究工作仅考虑极端状态前 EV 的出行模型,EV 通常被视为储能资源稳定的能量供给和消纳单元,未充分考虑用户本身的出行需求。

据此,本章提出多态场景下考虑用户出行链重构的 EV 电力调度策略。首先,模拟用户自身充电意愿对充电选择的影响,提出用户充电意愿模型;其次,提出出行链重构模型,模拟用户在突发事件影响下出行链改变的过程;再次,提出多态场景下储能站协同 EV 的调度策略;最后,综合以上模型,以用户经济性和负荷需求稳定性为目标,构建日前-实时双阶段调度模型,对 EV 进行充放电调度。通过区域电网进行仿真,验证了所提模型的有效性。

2.2　EV 出行行为模型

2.2.1　EV 的分类

考虑到用户充电需求差异,本章将 EV 分为三类:(1)刚性 EV,此类 EV 以当前节点的最大充电功率进行充电,不参与调度;(2)慢充 EV,此类 EV 是参与充放电调度的主体,并以不大于节点的最大慢充功率进行充电,本章假设此类 EV 在停驻时会与充电桩相连[23];(3)快充 EV,进行充放电调度时,需要首先满足用户的出行需求。

任意一辆 EV 第 i 次出行的状态可以用一维矩阵表示为

$$\boldsymbol{\Omega}=\begin{bmatrix} D & G & C_{n,t} & S_{n,t} & T_{\text{in}}T_{\text{out}}E_{\text{h}} & E_{\text{c}} & E_{\text{t}} & S_{\text{lim},n}^{\text{user}} & L \end{bmatrix} \quad (i=1,2,3,\cdots,U) \tag{2-1}$$

式中,D 为电动汽车是否参与调度的 0-1 变量,数字 0、1 分别表示不参与调度和参与调度;G 为 EV 充放电类型,数字-1、1、2 和 3 分别表示维持原有的充放电计划、调度计划改变、以最大慢充功率充电和以最大快充功率充电;$C_{n,t}$ 为第 n 辆 EV 在 t 时段的充放电标识,处于放电状态时,放电标识 $C_{n,t}^d$ 为 1,$C_{n,t}^c$ 为 0,处于充电状态时,$C_{n,t}^c$ 为 1,$C_{n,t}^d$ 为 0,其余状态下,$C_{n,t}^c$ 和 $C_{n,t}^d$ 均为 0;$S_{n,t}$ 为第 n 辆 EV 在 t 时段的电量;T_{in}、T_{out} 分别为 EV 的入网时段、离网时段;E_h 为二进制数,1 和 0 分别表示出行链重构事件的发生与不发生;E_c 为出行链重构事件类型;E_t 为出行链重构事件发生的实际时刻;i 和 U 分别为第几次出行和总的出行次数;$S_{lim,n}^{user}$ 为用户里程焦虑值;L 为 EV 第 i 次出行中路段节点的有序集合,$L=\{L_S,L_M,L_D,L_F\}$,L_S、L_M、L_D 和 L_F 分别为当前所在节点、中间节点、原出行链目的地节点和距离最近的快充站节点。

2.2.2 出行链重构事件

EV 处于行驶状态中发生出行链重构事件时,需要对该段行程的目的地和行驶路径进行调整。当 EV 处于停驻状态时,本章提出 4 种出行链重构事件模拟出行链重构对停驻阶段的影响,示意图如图 2-1 所示。

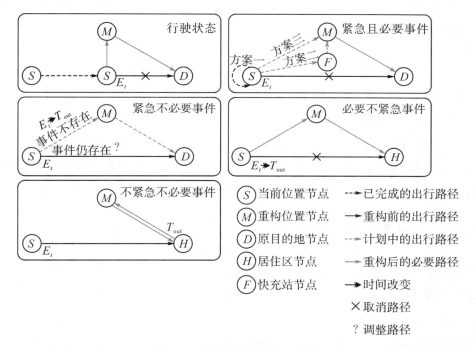

图 2-1 出行链重构事件示意图

本章对停驻状态下的 EV 出行链重构事件进行分类:(1)紧急且必要事件,往往时效性较短,但重要性较强,需要用户即刻处理;(2)紧急不必要事件,时效性较短,重要性较低,用户需要抉择是否进行处理;(3)必要不紧急事件,时效性较长,对用户来讲重要性较强,本小节设定用户选择在原出行链的基础上,以最短出行距离完成该事件;(4)不紧急不必要事件,时效性较长,本小节设定用户回家之后再进行处理。

2.2.3 EV 出行链模型

本章采用交通节点和配电网节点一一对应的方式刻画路-网耦合关系图,如附录 A 中的附图 A-1、附图 A-2 所示,见附录 A 的附表 A-1 所列。本章依据参考文献[24]的出行链理论以及 NHTS2017 数据[25],构建 EV 时空分布模型,如附录 A 的附图 A-3 所示。

EV 在不同区域的停驻时长具有不同形式的分布函数,本章将城市区域划分为居民区(H)、工作区(W)和商业区域(O)三大类。

居民区(H)停驻时长 ΔT_P:

$$\Delta T_P(T) = \frac{1.153}{195.787}\left(\frac{T}{195.787}\right)^{0.153} e^{-\left(\frac{T}{195.787}\right)^{1.153}} \tag{2-2}$$

工作区(W)停驻时长 ΔT_P:

$$\Delta T_P(T) = 164.506 e^{-\frac{1-38.494(T-438.445)}{0.234}}\left[1-38.494(T-438.445)\right]^{-1+\frac{1}{0.234}} \tag{2-3}$$

商业区(O)停驻时长 ΔT_P:

$$\Delta T_P(T) = 41.767 e^{-\frac{1-27.44(T+68.52)}{0.657}}\left[1-27.44(T-68.52)\right]^{-1-\frac{1}{0.657}} \tag{2-4}$$

式中,T 为当前时刻;ΔT_P 为 T 时刻 EV 进行停驻的停驻时长。

通过式(2-5)描述气温对电池的影响。

$$Q_{n,t} = (1.2\times10^{-6}H_t^3 - 1.64\times10^{-4}H_t^2 + 8.16\times10^{-3}H_t + 0.885)Q_{O,n,t} \tag{2-5}$$

式中,H_t 为 t 时段的气温;$Q_{n,t}$ 和 $Q_{O,n,t}$ 分别为第 n 辆 EV 在 t 时段的实际电池容量和电池原本容量。通过 Dijkstra 算法以最短用时规划行驶路径。

2.2.4 EV 用户充电意愿模型

当 EV 电量低于里程焦虑值时,EV 用户会选择立即前往充电[26-29]。当 EV 电量高于里程焦虑值但低于充电意愿阈值时,用户会衡量能否到达该行驶阶段的目的地,如附录 A 的附图 A-4 所示。

当用户判断该电量能够抵达该行驶阶段的目的地时,用户会下调充电意愿阈值并继续行驶。当用户判断不能到达目的地时,则选择距当前位置节点最近的充电节点进行充电。用户的充电意愿阈值可用以下公式计算:

$$S_{\max,n}^{user} = \alpha S_{0,\max,n}^{user} \tag{2-6}$$

$$\alpha = \frac{K_{L_S,L_D,n}}{K_{i,n}} \tag{2-7}$$

式中,$K_{L_S,L_D,n}$ 为第 n 辆 EV 在当前位置节点 L_S 距本段路程的终点 L_D 的距离;α 为第 n 辆 EV

在该路段出行过程中的充电意愿系数；$K_{i,n}$ 为第 n 辆 EV 在第 i 次出行中的路径长度；$S_{0,\max,n}^{\text{user}}$ 为第 n 辆 EV 用户的原充电意愿；$S_{\max,n}^{\text{user}}$ 为第 n 辆 EV 用户调整之后的充电意愿阈值。

2.3　EV 出行链重构

EV 发生出行链重构事件，并且 EV 按照重构后的出行链行驶时，EV 的出行链应当得到如下调整。

$$\begin{cases} U_n = U_n + 1 \\ S^{\text{con}} = S'^{\text{con}} \\ P_{n,E_t\sim 96} = P'_{n,E_t\sim 96} \\ E_{u,un,h} = 1 \end{cases} \tag{2-8}$$

式中，U_n 为第 n 辆 EV 总的出行次数；$P_{n,E_t\sim 96}$ 和 $P'_{n,E_t\sim 96}$ 分别为 EV 在 E_t 到第 96 个时段出行链重构前后的功率；S^{con}、S'^{con} 分别为 EV 在 E_t 到第 96 个时段出行链重构前、后的路程约束；$E_{u,un,h}$ 为判断是否出行的变量，$E_{u,un,h}$ 为 0 时表示不出行，为 1 时表示出行。

2.3.1　行驶状态

当 EV 行驶过程中发生出行链重构事件时，需要对 EV 这次出行的目的地和路径进行如下调整。

$$L_{\text{D},i} = L_{\text{M}} \tag{2-9}$$

$$T_{\text{in}} = \left[\frac{E_t + \Delta T_{L_{\text{S}},L_{\text{D}}}}{15} \right] \tag{2-10}$$

$$\Delta T_{L_{\text{S}},L_{\text{D}}} = \frac{K_{L_{\text{S}},L_{\text{D}}}}{\bar{v}}(1+\delta) \tag{2-11}$$

式中，$L_{\text{D},i}$ 为第 i 次出行中原来的目的地；$\Delta T_{L_{\text{S}},L_{\text{D}}}$ 为从 L_{S} 到 L_{D} 消耗的时间；$\bar{v}$ 为平均速度；δ 为交通拥堵系数，见附录 A 的附表 A-4 所列；$[\cdot]$ 为向上取整。

2.3.2　停驻状态

2.3.2.1　紧急且必要事件

这类事件的时效性短、重要性强，需要用户迅速前往目的地，因此需要 EV 的电量能够满足接下来的行程，或能够到达距离目的地最近的充电站。本章设计了 3 种充电方案，力求在这种事件发生的情况下，保证用户能在最短时间内到达目的地，下文将此类事件命名为事件 1。

（1）EV 在当前所在地 L_S 以最大慢充功率充电，使得 EV 在出发时的电量大于 L_S 到 L_M 的行程消耗量 S_{L_S,L_M}^{con} 与 L_M 到 L_D 的行程消耗量 S_{L_M,L_D}^{con} 之和，再出发至出行链重构事件发生位置 L_M，最后到达原定出行链目的地 L_D。

（2）EV 在当前所在地 L_S 前往距离最近的快充站节点 L_F 进行快充，并使得充电结束后的电量大于 L_F 到 L_M 的行程消耗量 S_{L_F,L_M}^{con} 和 S_{L_M,L_D}^{con} 之和，再出发至 L_M，最后到达 L_D。

（3）用户的电量能够到达 L_M，并且在该目的地的停驻阶段以最大慢充功率充电时，其再次出发的电量能够满足 S_{L_M,L_D}^{con}。

在事件 1 中，需要用户能够在最短时间内到达目的地，本章设定该类事件发生后忽略用户充电意愿阈值。当这类事件发生时，EV 的状态为

$$T_{out,1} = \left[\frac{E_t}{15} \right] \tag{2-12}$$

$$T_{in,2} = \begin{cases} \left[\dfrac{E_t}{15} \right] & T_{cm} = T_{u,n,1} \\[2mm] \left[\dfrac{E_t + \Delta T_{L_S,L_F}}{15} \right] & T_{cm} = T_{u,n,2} \\[2mm] \left[\dfrac{E_t + \Delta T_{L_S,L_M}}{15} \right] & T_{cm} = T_{u,n,3} \end{cases} \tag{2-13}$$

$$T_{out,2} = \begin{cases} \left[\dfrac{T_{un1}}{15} \right] & T_{cm} = T_{u,n,1} \\[2mm] \left[\dfrac{T_{un2}}{15} \right] & T_{cm} = T_{u,n,2} \\[2mm] \left[\dfrac{T_{in,2} + \Delta T_P}{15} \right] & T_{cm} = T_{u,n,3} \end{cases} \tag{2-14}$$

$$T_{cm} = \min(T_{u,n,1}, T_{u,n,2}, T_{u,n,3}) \tag{2-15}$$

$$\begin{cases} T_{u,n,1} = T_{un1}, \ S_{n,T_{out,2}} \geqslant S_{L_S,L_M}^{con} + S_{L_M,L_D}^{con} \\[2mm] T_{u,n,2} = T_{un2}, \ S_{n,E_t} \geqslant S_{L_S,L_F}^{con} \\[2mm] T_{u,n,3} = T_{un3}, \ S_{n,E_t} \geqslant S_{L_S,L_M}^{con}, \ S'_{n,T_{out}} \geqslant S_{L_M,L_D}^{con} \end{cases} \tag{2-16}$$

$$T_{un1} = E_t + \Delta T_{L_S,L_M} + \frac{S_{L_S,L_M}^{con} + S_{L_M,L_D}^{con} - S_{n,E_t}}{P_n^{c,max,s}} \tag{2-17}$$

$$T_{un2} = E_t + \Delta T_{L_S,L_F,L_M} + \frac{S_{L_F,L_M}^{con} + S_{L_M,L_D}^{con} - (S_{n,E_t} - S_{L_S,L_F}^{con})}{P_n^{c,max,f}} \tag{2-18}$$

$$T_{un3} = E_t + \Delta T_{L_S, L_M} \tag{2-19}$$

$$S'_{n, T_{out}} = S_{n,t} - S^{con}_{L_S, L_M} + \Delta T_{L_S, L_M} P^{c, max, s}_n \tag{2-20}$$

式中，S^{con} 为完成这一次出行所需的最低电量，下标为该路段起止节点；$T_{u,n,1}$、$T_{u,n,2}$ 和 $T_{u,n,3}$ 分别为 3 种充电方案到达 L_M 的时间；P 为第 n 辆 EV 的充放电功率，上标 c 和 d 分别为充电和放电标识，上标 s 和 f 分别为慢充和快充标识符，上标 max 为最大功率标识符，$P^{c, max, f}_n$ 和 $P^{c, max, s}_n$ 分别为第 n 辆 EV 在当前节点以最大快充功率、最大慢充功率充电；S_{n, E_t} 表示第 n 辆 EV 在 E_t 时段的电量；T_{out} 和 T_{in} 的数字下标为该次事件的入网和离网次数；$[\cdot]$ 为向下取整；$S'_{n, T_{out}}$ 为出行链重构后，第 n 辆 EV 在离网时间 T_{out} 之后的行程约束；$\Delta T_{L_S, L_F, L_M}$ 为从 L_S 到 L_F 再到 L_M 所消耗的时间。

当用户完成紧急且必要事件后，用户的充电意愿和里程焦虑对 EV 充放电调度的影响应当重新纳入考虑范围。

2.3.2.2　紧急不必要事件

紧急不必要事件对用户的影响通常较小，例如，用户偶然得知某超市在某时段内打折等，用户综合考虑成本和收益后决定是否出行。

本章设定此类事件发生后，用户需要判断在该停驻时段结束并到达目的地时，该事件是否仍然存在，如果存在，则在该停驻时段结束后立即出行；如果该事件不存在，但用户选择在当前所在节点立即出发，并且抵达 L_M 后该事件仍然存在，则用户选择对充放电计划调整后完成该事件；如果都不满足，则仍然按照原出行链进行出行过程。下文将这类事件命名为事件 2。

$$E_{u, un, h} = \begin{cases} 0, & E_t + T_{E_{u, un}} < T_{out} + \Delta T_{L_S, L_M} \\ 1, & E_t + T_{E_{u, un}} \geqslant T_{out} + \Delta T_{L_S, L_M} \end{cases} \tag{2-21}$$

$$T_{out} = \begin{cases} T_{out, 1}, & S_{n, t} - 2S^{con}_{L_S, L_M} \geqslant S^{user}_{max, n} \\ T_{out, 2}, & S_{n, t} - 2S^{con}_{L_S, L_M} < S^{user}_{max, n} \end{cases} \tag{2-22}$$

$$T_{out, 2} = \left[\frac{E_t}{15} \right] + \frac{2S^{con}_{L_S, L_M} + S^{user}_{max, n} + S_{n, E_t}}{P^{c, max}_n} \tag{2-23}$$

式中，$T_{E_{u, un}}$ 为该事件的持续时间；$P^{c, max}_n$ 为第 n 辆 EV 在当前节点的最大充电功率；$T_{out, 1}$ 同式 (2-12)。

2.3.2.3　必要不紧急事件和不紧急不必要事件

必要不紧急事件对用户的重要性较强，但是实施时间可以自由确定，如约会、团建和健身等。用户在这类事件发生时，会选择在回家之前，以最短行程距离完成该事件。因此，对 E_t 之后所有时段的充放电调度计划进行如下调整。

$$L'_{\mathrm{S}} = \min\left(K_{L_{U_n},L_{\mathrm{M}},n}\right) \qquad (2\text{-}24)$$

式中，L'_{S} 为执行该事件的出发节点；L_{U_n} 为第 n 辆 EV 剩余出行链的所有节点；$K_{L_{U_n},L_{\mathrm{M}},n}$ 为第 n 辆 EV 在剩余节点中与 L_{M} 的距离。

不紧急不必要事件对用户日间的生活和工作的影响很小，如临时起意的夜间旅行、夜间临时值班等，用户会在回家之后再决定是否出门。

$$T_{\mathrm{out}} = \left[\frac{T_{L_{\mathrm{H}}\sim 96}}{15}\right] \qquad (2\text{-}25)$$

式中，$T_{L_{\mathrm{H}}\sim 96}$ 为用户回家后至 24:00 的任意时刻。

当必要不紧急事件和不紧急不必要事件发生时，EV 服从优化调度。在优化调度过程中，EV 除一般约束条件外，不存在某时段内强制性的充电功率限制，并且执行两种事件通常距当前时刻较远，经过优化后，对负荷需求的影响较小，因此下文将这两种事件统称为事件3，并一同分析。

2.4　多态能源系统框架

本章采用火电机组、风电机组、储能站和 EV 分布式能源共同组成能源系统，其中，火电机组、风电机组作为常规供电单元[30]。常态下，通过对 EV 的充放电调度实现削峰填谷，储能站作为储能设备协同 EV 参与能量互动[31]；极端状态下，储能站和 EV 应当承担起供电或消纳任务。

（1）作为断电状态下的后备能源。当常规供电单元因不可抗力而无法正常供电时，储能站作为应急供电单元协同 EV 向一级负荷和二级负荷供电。

（2）作为极端状态下的消纳单元。由于风电等新能源机组发电的不确定性，储能站和 EV 作为容量可观的负荷消纳端，能够消耗多余的电量。

为此，本章设置储能站常态下的上限临界值为 80%，剩余容量作为消纳负荷容量，设置储能站常态下的下限临界值为 20%，作为备用能源。

常态下，当储能站在 t 时段存储的电量高于上限临界值时，在 $t+1$ 时段需要由储能站作为供电主体，风电机组出力由电转气设备消纳。

当储能站在 t 时段存储的电量低于上限临界值并高于下限临界值时，在 $t+1$ 时段由风电机组、储能站和火电机组共同参与供电。

当储能站在 t 时段存储的电量低于下限临界值时,则在 $t+1$ 时段中,储能站不参与供电,仅由风电机组和火电机组供电,风电机组产生的多余电力优先由储能站存储。能源系统框架图如附录 D 的附图 D-33 所示。

各机组在常态条件下的出力如下。

(1)储能站机组。

$$P_{s,t} = \begin{cases} P_{o,t} - P_{w,t}, & P_{w,t} < P_{o,t}, 0.2M \leqslant S_{s,t} \leqslant 0.8M \\ 0, & P_{w,t} \geqslant P_{o,t}, 0.2M \leqslant S_{s,t} \leqslant 0.8M \\ 0, & S_{s,t} < 0.2M \\ \min(P_{o,t}, 4S_{s,t} - 0.8M), & S_{s,t} > 0.8M \end{cases} \tag{2-26}$$

$$P_{o,t} = P_{b,t} + \sum_{n=1}^{N} P_{n,t}^{c} - \sum_{n=1}^{N} P_{n,t}^{d} \tag{2-27}$$

式中,$P_{s,t}$ 为 t 时段内储能站的出力;$S_{s,t}$ 为 t 时段内储能站的电量;M 为储能站容量上限;$P_{w,t}$ 为 t 时段内风电机组出力;$P_{o,t}$ 为优化之后 t 时段的负荷需求;$P_{b,t}$ 为 t 时段的基础负荷;$P_{n,t}^{c}$ 和 $P_{n,t}^{d}$ 分别为第 n 辆 EV 在 t 时段的充电功率和放电功率;N 为电动汽车总数。

(2)火电机组用于补足风力和储能站发电不满足的负荷需求。

$$P_{f,t} = \begin{cases} P_{o,t} - (P_{w,t} + P_{s,t}), & P_{w,t} + P_{s,t} < P_{o,t} \\ 0, & P_{w,t} + P_{s,t} \geqslant P_{o,t} \end{cases} \tag{2-28}$$

式中,$P_{f,t}$ 为 t 时段内火电机组出力。

2.5　日前–实时 EV 调度模型

基于如附录 A 的附图 A-6 所示的调度框架,针对配电网和 EV 进行多目标协同优化调度。本章综合考虑 EV 里程需求、用户成本和电网安全等因素,以充分发挥 EV 的充放电潜力为导向,实现负荷需求的削峰填谷,增强电力系统的稳定性。

2.5.1　日前–实时调度模型架构

2.5.1.1　目标函数

1. 日前阶段

本章假设在日前阶段不发生出行链重构事件,以负荷需求波动最小和用户总成本最低为目标对 EV 进行充放电调度,构建日前阶段的多目标函数为

$$\min F_{G}^{BD} = \sum_{t=1}^{96} \sum_{n}^{N} (P_{b,t} + P_{n,t}^{c} - P_{n,t}^{d} - P_{av})^2 \tag{2-29}$$

$$P_{av} = \frac{1}{96} \sum_{t=1}^{96} \sum_{n}^{N} (P_{b,t} + P_{n,t}^c - P_{n,t}^d) \tag{2-30}$$

$$\min F_U^{BD} = \sum_{n=1}^{N} \sum_{t=1}^{96} [(\varphi_t^c + \theta) P_{n,t}^c \Delta T_c - (\varphi_t^d + \theta) P_{n,t}^d \Delta T_d] \tag{2-31}$$

式中，F_G^{BD} 为日前阶段的日负荷均方差，用来表示配电网系统负荷波动情况，F_G^{BD} 值越大，表明负荷波动越明显，F_G^{BD} 值越小，表明负荷变化越平稳；P_{av} 为日平均负荷；F_U^{BD} 为日前阶段用户充放电总成本；φ_t^c 和 φ_t^d 分别为 t 时段的充电电价和放电收益；θ 为电池损耗费用。

2. 实时阶段

由于充放电功率影响的无前溯性[32]，因此在实时阶段，只对出行链重构事件发生时段 E_t 及之后的时段进行充放电调度优化，目标函数为

$$\min F_G^{AD} = \sum_{t=E_t}^{96} \sum_{n}^{N} (P_{b,t} + P_{n,t}^c - P_{n,t}^d - P_{av})^2 \tag{2-32}$$

$$\min F_U^{AD} = \sum_{n=1}^{N} \sum_{t=E_t}^{96} [(\varphi_t^c + \theta) P_{n,t}^c \Delta T_c - (\varphi_t^d + \theta) P_{n,t}^d \Delta T_d] \tag{2-33}$$

式中，F_G^{AD} 为实时阶段的日负荷均方差；F_U^{AD} 为实时阶段用户充放电总成本。

3. 多目标函数处理

将日前阶段和实时阶段的日负荷均方差和用户充放电总成本通过加权求和得到两个阶段的评价函数：

$$\min F^{BD} = \omega_1 F_G^{BD} + \omega_2 F_U^{BD} \tag{2-34}$$

$$\min F^{AD} = \omega_3 F_G^{AD} + \omega_4 F_U^{AD} \tag{2-35}$$

$$\omega_1 + \omega_2 = 1 \tag{2-36}$$

$$\omega_3 + \omega_4 = 1 \tag{2-37}$$

式中，ω_1、ω_2、ω_3 和 ω_4 为权重因子；F^{BD} 和 F^{AD} 分别为日前阶段和实时阶段的评价函数。

4. 极端状态下的评价函数

$$P_{dis,t}^e = \max(P_{s,t} + \sum_{n=1}^{N} P_{n,t}^{max}) \tag{2-38}$$

$$P_{n,t}^{max} = \begin{cases} P_{n,t}^{c,max,s}, & D=1, C_{n,t}^c=1, C_{n,t}^d=0, R=1 \\ P_{n,t}^{d,max}, & D=1, C_{n,t}^c=0, C_{n,t}^d=1, R=2 \\ 0, & D=0 \\ 0, & C_{n,t}^c = C_{n,t}^d = 0 \end{cases} \tag{2-39}$$

式中，$P_{dis,t}^e$ 为极端状态下 t 时段中可调度的 EV 功率总量；$P_{n,t}^{d,max}$ 为第 n 辆 EV 在 t 时段的最大放电功率；R 为 EV 在极端事件中的状态，1 为消纳状态，2 为供电状态。本章假设在极端

状态下,EV 只保证一天最低的行程容量,仅考虑用户本身的里程焦虑值。

2.5.1.2　约束条件

1. 电动汽车功率约束

电动汽车的充放电行为应在停驻阶段,同时 EV 的充放电行为不能同时发生:

$$C_{n,t}^{c} P_{n,t}^{c,\min} \leqslant P_{n,t}^{c} \leqslant C_{n,t}^{c} P_{n,t}^{c,\max} \tag{2-40}$$

$$C_{n,t}^{d} P_{n,t}^{d,\min} \leqslant P_{n,t}^{d} \leqslant C_{n,t}^{d} P_{n,t}^{d,\max} \tag{2-41}$$

$$C_{n,t}^{c} + C_{n,t}^{d} \leqslant 1 \tag{2-42}$$

$$\begin{cases} P_{n,t}^{c,\min} = P_{n,t}^{c,\max} = P_{n,t}^{c,\max,s} \\ P_{n,t}^{d,\min} = P_{n,t}^{d,\max} = 0 \end{cases} \quad (D=0) \tag{2-43}$$

$$\begin{cases} P_{n,t}^{c,\min} = P_{n,t}^{c,\max} = P_{n,t}^{c,\max,s} \\ P_{n,t}^{d,\min} = P_{n,t}^{d,\max} = P_{n,t}^{d,\max,s} \end{cases} \quad (D=1, G=2) \tag{2-44}$$

$$\begin{cases} P_{n,t}^{c,\min} = P_{n,t}^{c,\max} = P_{n,t}^{c,\max,f} \\ P_{n,t}^{d,\min} = P_{n,t}^{d,\max} = P_{n,t}^{d,\max,f} \end{cases} \quad (D=1, G=3) \tag{2-45}$$

$$\begin{cases} P_{n,t}^{c,\min} = 0, P_{n,t}^{c,\max} = P_{n,t}^{c,\max,s} \\ P_{n,t}^{d,\min} = 0, P_{n,t}^{d,\max} = P_{n,t}^{d,\max,s} \end{cases} \quad (D=1, G=1) \tag{2-46}$$

式中,上标 min 和 max 分别为最小和最大功率标识。

2. 电池电荷状态约束

EV 电量受电池容量约束,因此经过 Δt 时段之后,EV 电池的电荷状态约束为

$$S_{n,t} + P_{n,t+1}^{c} \Delta t_{n,t} \leqslant Q_{n,t} \tag{2-47}$$

$$S_{n,t} - P_{n,t+1}^{d} \Delta t_{n,t} \geqslant S_{\max,n}^{user} \tag{2-48}$$

式中,$\Delta t_{n,t}$ 为第 n 辆 EV 在 t 时段的充放电时长。

3. 电动汽车行程约束

EV 在充电结束后的电量能够满足之后的行程:

$$S_{e,n}^{con} \leqslant S_{n,T_{in,n}} + \sum_{t=T_{in,n}}^{T_{out,n}} (P_{n,t}^{c} t_{n,t} - P_{n,t}^{d} t_{n,t}) \tag{2-49}$$

$$S_{e,n}^{con} = \begin{cases} S_{\max,n}^{user}, & S_{\max,n}^{user} > \sum\limits_{t=T_{out,n}}^{T'_{in,n}} S_{e,n}^{con} \\ \sum\limits_{t=T_{out,n}}^{T'_{in,n}} S_{t,n}^{con}, & S_{\max,n}^{user} \leqslant \sum\limits_{t=T_{out,n}}^{T'_{in,n}} S_{e,n}^{con} \end{cases} \tag{2-50}$$

式中，$S_{e,n}^{con}$ 为第 n 辆 EV 下一次行程的最低电量，出行链事件发生之后，该值需要立即进行调整；$T'_{in,n}$ 为下一段充电的开始时段。

式(2-50)描述了第 n 辆 EV 的电量 $S_{n,T_{in,n}}$ 经过 $T_{in,n}$ 至 $T_{out,n}$ 时间段的充放电过程后，其电量应当满足行程约束并高于充电意愿值。

4. 电动汽车充放电状态约束

EV 的运动状态和充放电状态不能同时发生，同时 EV 的充放电时间段不能超出该辆电动汽车的停驻时段，即

$$0 < T_{in,n,i} \leqslant T_{out,n,i+1} \tag{2-51}$$

$$0 < T_{out,n,i+1} \leqslant T_{in,n,i+2} \tag{2-52}$$

$$T_{out,n,t} = T'_{out,n,t} \quad E_{h,n} = 1 \tag{2-53}$$

式中，$T'_{out,n,t}$ 为出行链事件影响下的实际离网时间。

5. 功率平衡

多态能源系统应当满足供需平衡：

$$P_{s,t} + P_{w,t} + P_{f,t} + \sum_{n=1}^{N} P_{n,t}^{d} = P_{b,t} + \sum_{n=1}^{N} P_{n,t}^{c} \tag{2-54}$$

6. 充电意愿约束

用户的里程焦虑值应不大于用户的充电意愿：

$$0 \leqslant S_{lim,n}^{user} \leqslant S_{max,n}^{user} \tag{2-55}$$

式中，$S_{lim,n}^{user}$ 为用户的里程焦虑阈值。

7. 节点功率平衡

区域能源系统中的整体电力负荷需求为该时段所有配电网充电负荷需求之和：

$$P_{o,t} = P_{b,t} + \sum_{n=1}^{N} P_{n,t}^{c} - \sum_{n=1}^{N} P_{n,t}^{d} = \sum_{a=1}^{N_a} P_{a,t} \tag{2-56}$$

式中，N_a 为区域节点总数，a 为节点编号；$P_{a,t}$ 为配电网节点 a 在 t 时段的负荷需求。

2.5.2 模型求解

本章提出的日前–实时两阶段调度模型的求解流程图如图 2-2 所示。

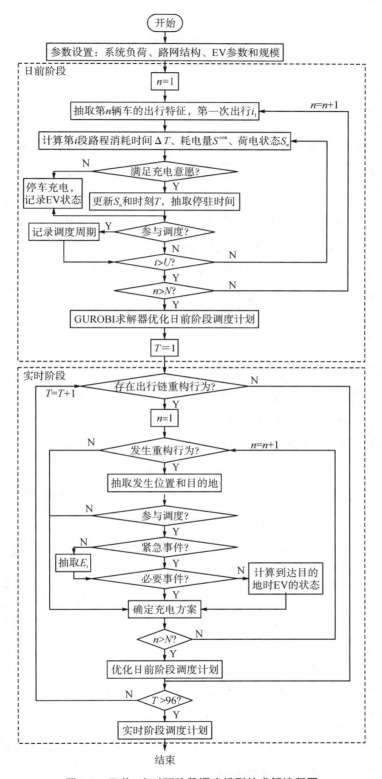

图 2-2　日前−实时两阶段调度模型的求解流程图

2.6　案例分析

2.6.1　系统数据描述

以某城市区域的典型日负荷曲线为例进行仿真分析。采用峰时段、谷时段和平时段电价数据,具体数据详见附录 A 的附表 A-6 所列,共有 45 条道路和 26 个节点。

根据文献[33]和[34],本章以在该区域内的 50 辆 EV 为例进行研究,EV 参数详见附录 A 的附表 A-5 所列,考虑到 EV 负荷转移问题,本章将 EV 的初始电量设置为期望为 8、方差为 1 的正态分布。设置调度周期为 24 h,以 15 min 为时段间隔,划分 96 个时段,EV 接受充放电调度的周期为 15 min。本章设置出行链重构事件发生的概率为 100%,事件 1、事件 2 和事件 3 发生的概率分别为 25%、25% 和 50%。

2.6.2　不同场景的调度分析

本章研究五种场景对调度结果的影响,结果见表 2-1 所列。

(1)场景 1:所有 EV 均不参与调度且不发生出行链重构事件。

(2)场景 2:所有 EV 均参与调度但不发生出行链重构事件。

(3)场景 3:所有 EV 均不参与调度但发生出行链重构事件。

(4)场景 4:所有 EV 均参与调度且发生出行链重构事件。

(5)场景 5:EV 调度参与率为 50%,且所有 EV 均发生出行链重构事件。

表 2-1　不同场景下的调度结果

场景	用户成本 /元	用户收益 /元	日负荷均 方差	碳排放 总量/t
基础负荷	—	—	10 242.00	—
场景 1	12 716.00	0	3 754.20	375.85
场景 2	816.93	227.05	382.83	253.78
场景 3	10 902.00	0	3 107.90	360.89
场景 4	758.48	211.73	768.57	268.26
场景 5	914.24	96.91	2 348.20	320.29

附录 D 的附图 D-1 描述了不同场景下,EV 充放电对负荷需求的影响。通过 5 个场景之间的对比可以看出,当 EV 参与充放电调度时,日负荷均方差会降低,充放电总成本也会减少,因此,EV 与电网稳定有效的互动有利于电网和用户双赢。

场景 3 的日负荷均方差比场景 1 的日负荷均方差小 646.3,充放电总成本降低 1 814 元。这是因为当用户不参与调度时,直接影响日负荷均方差和充电成本的因素是 EV 接入电网的时间,因此,出行链重构事件发生后,用户接入电网的总时长减少,充放电总成本和日负荷均方差降低。并且,当所有 EV 均不参与调度时,出行链重构事件造成充电 EV 数量下降,导致负荷总需求下降,引起碳排放总量下降了 14.96 t。

场景 2 比场景 1 的日负荷均方差低 3 371.37,充放电总成本少 11 899.07 元。场景 4 比场景 3 的日负荷均方差降低了 2 339.33,充放电总成本降低了 10 143.52 元;比场景 2 的日负荷均方差增加了 385.74,充放电总成本降低了 58.45 元。对比结果表明,用户参与调度有利于电力系统的稳定和取得更低的成本。同时,EV 出行链重构事件会对既定调度计划产生破坏,增加负荷需求波动,不利于电力系统的稳定运行。随着负荷需求的增加,场景 4 比场景 2 的碳排放总量增加 14.48 t。

场景 4 出行链重构前后 EV 的功率和负荷需求变化如附录 D 的附图 D-34 和附图 D-35 所示。场景 5 的日负荷均方差相较于场景 3 的日负荷均方差减少了 759.7,场景 4 的日负荷均方差相较于场景 5 的日负荷均方差减少了 1 579.63。场景 5 的充放电总成本相较于场景 3 的充放电总成本减少了 9 987.76 元,场景 4 的充放电总成本相较于场景 5 的充放电总成本减少了 155.76 元,碳排放总量依次减少 40.6 t、52.03 t。这说明 EV 积极参与电力调度有利于提升电力系统的稳定性和安全性,减少用户成本和碳排放。

2.6.3　事件类型敏感度分析

不同的事件类型对充放电计划的影响不同。事件 1 的紧急性和重要性,会造成当前时段 EV 立即离网或 EV 以最大功率充电的行为。事件 2 会在 E_t 时段发生最大功率充电,并影响之后的调度计划。事件 3 仅需调整 E_t 之后时段的调度安排。本章设计了敏感度系数公式(2-57),体现不同事件在场景 3、场景 4 和场景 5 中对充放电调度的影响,结果见表 2-2 所列。

$$\varphi = \frac{\sum\limits_{t=1}^{96}\left\{\sum\limits_{n=1}^{N}P'_{n,t} + P_{b,t} - \dfrac{1}{96}\left[\sum\limits_{t=1}^{96}\left(\sum\limits_{n=1}^{N}P'_{n,t} + P_{b,t}\right)\right]\right\}}{\sum\limits_{t=1}^{96}\left\{\sum\limits_{n=1}^{N}P_{n,t} + P_{b,t} - \dfrac{1}{96}\left[\sum\limits_{t=1}^{96}\left(\sum\limits_{n=1}^{N}P_{n,t} + P_{b,t}\right)\right]\right\}} \tag{2-57}$$

表 2-2　各场景对不同事件的敏感度系数

场景	事件 1	事件 2	事件 3
场景 3	0.864 7	0.860 4	0.867 2
场景 4	2.570 8	2.510 4	1.996 7
场景 5	1.047 1	1.062 3	1.009 4

表 2-2 计算了各场景对不同事件的敏感度系数的平均值,部分数据详见附录 A 的附表 A-7。对比可见,用户参与度越低,3 种事件对充放电计划的影响越小。当 EV 不参与调度时,由于出行链重构会破坏之前的充电行为,产生了削峰现象,因此敏感度系数小于 1。当用户参与度超过 50%时,对日前调度计划的重构导致敏感度系数大于 1。

附录 D 的附图 D-36 比较了同一辆 EV 在 3 种事件下的功率变化。通过对比附图 D-36 和表 2-2 可见,事件 1 对调度计划的影响较大。这是因为事件 1 导致 EV 的充放电功率立即发生改变,而其余两种事件均对之后时段进行调整,通过长时段的优化减少了事件造成的影响。

2.6.4　调度策略分析

2.6.4.1　调度目标分析

当充放电调度主体不同时,EV 的充放电调度策略也不尽相同,造成的影响也有差异。不同调度策略 EV 成本、收益和日负荷均方差见表 2-3 所列,不同的调度策略会导致不同的调度结果。

表 2-3　不同调度策略 EV 成本、收益和日负荷均方差

策略	用户成本/元	用户收益/元	日负荷均方差
基础负荷			10 242.00
无序充电	10 902.00		3 107.90
$\omega_1 = \omega_3 = 0.8$ $\omega_2 = \omega_4 = 0.2$	758.48	211.73	768.57
$\omega_1 = \omega_3 = 0.5$ $\omega_2 = \omega_4 = 0.5$	689.99	249.63	2 458.90
$\omega_1 = \omega_3 = 0.2$ $\omega_2 = \omega_4 = 0.8$	637.76	240.39	3 779.90

在优化调度主体从电网逐渐转化到用户的过程中,日负荷均方差依次增加 1 690.33、1 321,用户总成本依次下降 106.39 元、42.99 元。并且从表 2-3 可以看出,当以用户成本为优化主体时,相比较于无序充电,用户总成本下降了 10 504.63 元,但是日负荷均方差相比较于无序充电,增加了 672。而以电网为优化调度主体时,相比较于无序充电,日负荷均方差下降了 2 339.33。

2.6.4.2　调度规模分析

EV 集群的规模大小决定了单位时间内的调度潜力,因此,不同规模的电动汽车集群会

有不同的调度结果,具体结果见表 2-4 所列,如附录 D 的附图 D-2 所示。

从表 2-4 可以看出,随着 EV 规模的逐渐上升,日前调度阶段的日负荷均方差依次减少了 1 380.87、193.95,碳排放总量依次增加了 7.91 t、7.89 t;实时阶段的日负荷均方差依次减少了 1 882.53、169.68,碳排放总量依次增加了 11.58 t、13.16 t。

因此,EV 集群规模的扩大有利于负荷需求的稳定,但是负荷需求和碳排放总量也会随之增加。

表 2-4   不同车辆规模的优化调度结果

车辆规模	阶段	日负荷均方差	碳排放总量/t
30	日前调度	1 763.7	245.87
	实时调度	2 651.1	256.68
50	日前调度	382.83	253.78
	实时调度	768.57	268.26
100	日前调度	188.88	261.67
	实时调度	598.89	281.42

同时,从表 2-4 和附录 D 的附图 D-2 可以看出,随着车辆规模的扩大,出行链重构事件也会增大对既定调度计划的破坏,增大负荷需求的波动。

2.6.4.3   用户参与度分析

本章提出 EV 参与负荷需求总量 λ_t 衡量 EV 与电网之间的能量互动,见式(2-58)。

$$\lambda_t = \left| \sum_{n=1}^{N} P_{n,t} \right| \tag{2-58}$$

由表 2-5 和附录 D 的附图 D-1 的结果可见,随着 EV 参与度的不断上升,EV 参与负荷需求总量也在上升,负荷需求曲线受优化调度影响,日负荷均方差逐渐降低,负荷需求总量降低,碳排放总量随之减少。

表 2-5   不同用户参与度分析

用户参与度	日负荷均方差	EV 参与负荷需求总量/kW	碳排放总量/t
基础负荷	10 242.00		
0%	3 107.90	1 774.50	360.89
50%	2 348.20	9 711.80	320.29
100%	768.57	9 417.80	268.26

2.6.5 极端条件下 EV 参与调度分析

2.6.5.1 主要供电机组瘫痪

在供电机组瘫痪的状态下,需要迅速且持久地向一级负荷和二级负荷供电,因此分析三种场景在各个时段的供电时长和平均负荷下的供电时长,结果如表 2-6 和图 2-3 所示。

表 2-6 供电机组瘫痪时的平均供电时长

场景	平均供电时长/min
仅储能站	180
日前调度阶段	315
实时调度阶段	283

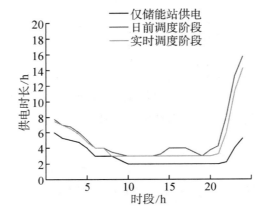

图 2-3 各时段中备用能源的最长供电时长

本小节仅讨论了储能站储能处于下限临界值的供电时长。由图 2-3 和表 2-6 对比可以看出,在有 EV 参与出力的场景下,供电时长有所增加,储能站协同 EV 在日前调度阶段和实时调度阶段的供电场景,相较于仅储能站参与供电的场景,供电时长分别增加了 135 min 和 103 min。

由于 EV 出行链的重构事件减少了 EV 参与能量互动的时间,因此,EV 在不发生重构事件的供电时长整体高于 EV 发生重构事件的供电时长。从图 2-3 中可以看出,21:00 之后,EV 参与供电的供电时长远高于仅储能供电的供电时长,这是因为 21:00 之后,大量 EV 返回居民区结束出行,增加了调度资源。

2.6.5.2 突发性供电增多

由于可再生能源具有突变性,本小节仅讨论了储能站的储能处于上限临界值时,与 EV

共同参与负荷消纳的情况,附录 D 的附图 D-37 展示了各个时段可消纳负荷总量,表 2-7 说明了平均消纳负荷总量。

表 2-7 平均负荷消纳总量

场景	平均消纳负荷总量/(kW·h)
仅储能站	200.00
日前调度阶段	317.84
实时调度阶段	301.09

对比储能站协同 EV 在日前调度阶段和实时调度阶段的消纳场景可见,相较于仅储能站参与供电的场景,平均消纳负荷总量分别增加了 117.84 kW·h 和 101.09 kW·h。这一结果说明了 EV 作为分布式储能资源,能够增加需求侧的负荷消纳能力。

附图 D-37 描述了由于出行链重构事件,调度 EV 总量减少,EV 参与能量互动时长减少,引起各个时段可消纳负荷总量的降低。

2.6.6 不同风电规模分析

本小节仅讨论常态下风电机组的余电通过储能站存储或弃风方式消纳。由附录 D 的附图 D-3 可见,随着风电规模的增加,火电机组的参与度迅速下降,削减了碳排放总量。

通过附录 D 的附图 D-3 中不同风电规模的储能站出力和表 2-8 中的 5 种场景在不同风电规模下的碳排放总量对比可以看出,大量的 EV 参与调度计划引起的削峰填谷和不参与调度造成的峰上加峰现象会改变总负荷需求,进而影响火电机组的出力和碳排放总量。同时,出行链重构事件对既定充放电计划的影响会由 EV 的调度参与度对火电机组出力产生不同的影响。

表 2-8 5 种场景在不同风电规模下的碳排放总量对比

场景	风电规模/kW	碳排放总量/t
	75	375.85
场景 1	225	261.50
	375	147.46
	75	253.78
场景 2	225	144.83
	375	47.25

续表

场景	风电规模/kW	碳排放总量/t
	75	360.89
场景 3	225	246.54
	375	134.67
	75	268.26
场景 4	225	159.31
	375	57.84
	75	320.29
场景 5	225	205.95
	375	96.02

2.7 结 论

为了解决多态场景中,电动汽车协同储能站在出行链重构事件中的电力调度问题,本章基于路网和配电网耦合场景,提出了电动汽车的出行链重构模型,并针对不同出行链重构事件,提供常态下电动汽车的充放电调度计划,以及极端条件下储能站协同电动汽车的调度策略。

实验结果表明,常态下的出行链重构事件会影响电动汽车的充放电过程,改变每个时段的负荷需求总量。同时,需求侧的影响也会波及供电侧可再生能源的利用率,影响碳排放总量。极端状态下的出行链重构事件会通过改变用户实际使用需求,影响各时段的能源供给量和负荷消纳量。本章提出的调度策略能够有效缓解常态下的出行链重构事件对既定调度计划的破坏,进而最大限度地平抑负荷需求波动,以及增加储能站和电动汽车在极端条件下的供电量和负荷消纳量。

在后续的研究中,将进一步讨论在交通路网和配电网耦合的场景下,大规模电动汽车集群的调度问题,完善电动汽车与配电网之间的能量互动,研究电动汽车在复杂路网中的出行链重构行为。

参 考 文 献

[1]臧金环,李春玲.《新能源汽车产业发展规划(2021—2035 年)》调整解读[J].汽车工艺师,2021,(Z1):32-34.

[2]楚岩枫,朱天聪.基于 Bass 模型和 GM(1,1)模型的我国电动汽车保有量预测研究[J].数学的实践与认识,2021,51(11):21-32.

[3]杨国丰,周庆凡,侯明扬,等.中国电动汽车发展前景预测与分析[J].国际石油经济,2017,25(4):59-65.

[4]陈中,黄学良.电动汽车规模化发展所面临的挑战与机遇[J].电气工程学报,2015,10(4):35-44.

[5]QUIRóS-TORTóS J,OCHOA L,BUTLER T. How electric vehicles and the grid work together:Lessons learned from one of the largest electric vehicle trials in the world[J].IEEE Power and Energy Magazine,2018,16(6):64-76.

[6]赵书强,周靖仁,李志伟,等.基于出行链理论的电动汽车充电需求分析方法[J].电力自动化设备,2017,37(8):105-112.

[7]郑远硕,李峰,董九玲,等."车-路-网"模式下电动汽车充放电时空灵活性优化调度策略[J].电力系统自动化,2022,46(12):88-97.

[8]WANG Y,INFIELD D. Markov Chain Monte Carlo simulation of electric vehicle use for network integration studies[J]. International Journal of Electrical Power & Energy Systems,2018,99:85-94.

[9]肖俊明,冯超,朱永胜,等.非齐次半马尔科夫充放电策略辅助用户随机出行的多目标动态电力调度[J].电网技术,2021,45(9):3571-3582.

[10]ESMAILIRAD S,GHIASIAN A,RABIEE A. An extended m/m/k/k queueing model to analyze the profit of a multiservice electric vehicle charging station[J]. IEEE Transactions on Vehicular Technology,2021,70(4):3007-3016.

[11]郝丽丽,王国栋,王辉,等.考虑电动汽车入网辅助服务的配电网日前调度策略[J].电力系统自动化,2020,44(14):35-43.

[12]TANG D,WANG P. Probabilistic modeling of nodal charging demand based on spatial-temporal dynamics of moving electric vehicles[J]. IEEE Transactions on Smart Grid,2015,7(2):627-636.

[13]TAN B,CHEN H,ZHENG X,et al. Two-stage robust optimization dispatch for multiple microgrids with electric vehicle loads based on a novel data-driven uncertainty set[J]. International Journal of Electrical Power & Energy Systems,2022,134:107359.

[14]TAHMASEBI M,GHADIRI A,HAGHIFAM M R,et al. MPC-based approach for online coordination of EVs Considering EV usage uncertainty[J]. International Journal of Electrical Power & Energy Systems,2021,130:106931.

[15] WANG Z, JOCHEM P, FICHTNER W. A scenario-based stochastic optimization model for charging scheduling of electric vehicles under uncertainties of vehicle availability and charging demand[J]. Journal of Cleaner Production, 2020, 254: 119886.

[16] 李东东, 张凯, 姚寅, 等. 基于信息间隙决策理论的电动汽车聚合商日前需求响应调度策略[J]. 电力系统保护与控制, 2022, 50(24): 101-111.

[17] 鲍谚, 石锦凯, 陈世豪. 考虑负荷预测不确定性的快充站储能鲁棒实时控制策略[J]. 电力系统自动化, 2023, 47(10): 107-116.

[18] 王颖, 和敬涵, 许寅, 等. 考虑疏散需求的城市电力-交通系统协同应急恢复方法[J]. 电力系统自动化, 2023, 47(3): 68-76.

[19] 苏粟, 韦存昊, 陈奇芳, 等. 考虑道路抢修和负荷恢复的电动汽车分层调度策略[J]. 电力系统自动化, 2022, 46(12): 140-150.

[20] 杨祺铭, 李更丰, 别朝红, 等. 台风灾害下基于 V2G 的城市配电网弹性提升策略[J]. 电力系统自动化, 2022, 46(12): 130-139.

[21] 胡俊杰, 赖信辉, 郭伟, 等. 考虑电动汽车灵活性与风电消纳的区域电网多时间尺度调度[J]. 电力系统自动化, 2022, 46(16): 52-60.

[22] 王明深, 穆云飞, 贾宏杰, 等. 考虑电动汽车集群储能能力和风电接入的平抑控制策略[J]. 电力自动化设备, 2018, 38(5): 211-219.

[23] 史文龙, 秦文萍, 王丽彬, 等. 计及电动汽车需求和分时电价差异的区域电网 LSTM 调度策略[J]. 中国电机工程学报, 2022, 42(10): 3573-3587.

[24] ROLINK J, REHTANZ C. Large-Scale Modeling of Grid-Connected Electric Vehicles[J]. IEEE Transactions on Power Delivery, 2013, 28(2): 894-902.

[25] U. S. Department of Transportation Federal Highway Ad-ministration. 2017 national household travel survey[EB/OL]. [2021-08-05]. https://nhts. ornl. gov.

[26] 张琦, 杨健维, 向悦萍, 等. 计及气象因素的区域电动汽车充电负荷建模方法[J]. 电力系统保护与控制. 2022, 50(6): 14-22.

[27] 张美霞, 孙铨杰, 杨秀. 考虑多源信息实时交互和用户后悔心理的电动汽车充电负荷预测[J]. 电网技术, 2022, 46(2): 632-645.

[28] PEVEC D, BABIC J, CARVALHO A, et al. A survey-based assessment of how existing and potential electric vehicle owners perceive range anxiety[J]. Journal of Cleaner Production, 2020(276): 122779.

[29] JIANG H, NING S, GE Q. Multi-Objective Optimal Dispatching of Microgrid With Large-Scale Electric Vehicles[J]. IEEE Access, 2019(99): 1.

［30］HUANG Q,JIA Q S,GUAN X. A Multi−Timescale and Bilevel Coordination Approach for Matching Uncertain Wind Supply With EV Charging Demand［J］. IEEE Transactions on Automation Science and Engineering,2016:1−11.

［31］CHEN C,LI Y,QIU W,et al. Cooperative−Game−Based Day−Ahead Scheduling of Local Integrated Energy Systems With Shared Energy Storage［J］. IEEE Transactions on Sustainable Energy,2022,13(4):1994−2011.

［32］SHI W,WONG V. Real−Time Vehicle−to−Grid Control Algorithm under Price Uncertainty ［J］. IEEE,2011:261−266.

［33］中华人民共和国国家统计局. 中国统计年鉴 2021［M］.北京:中国统计出版社,2021.

［34］中华人民共和国公安部. 全国私家车保有量首次突破 2 亿辆,66 个城市汽车保有量超过百万辆［EB/OL］.（2020−01−08）［2020−09−25］. https://www. mps. gov. cn/ n2254098/n4904352/c6852435/content. html.

▶ 第3章 非齐次半马尔科夫充放电策略辅助用户随机出行的多目标动态电力调度

3.1 引 言

电动汽车具有能源利用率高、无移动废弃排放等特点,已成为我国重点支持的战略性新兴产业之一[1],日益提升的电池设备及相关充电技术水平也促进电动汽车不断普及[2]。近年来,中国市场电动汽车保有量增速均超过美国、欧洲等国家和地区[3]。而规模化的电动汽车在城市内网的出行必然存在与所行驶区域电网发生能量交互的行为[4],导致电动汽车负荷的分布在时间与空间上均存在较大不确定性[5]。因此,建立基于用户随机出行的电动汽车充放电策略,是分析区域电网动态电力调度问题的前提和基础。

目前,针对电动汽车出行行为的分析方法可分为:直接限定行驶时间,利用蒙特卡洛进行出行模拟以及基于统计数据的出行链分析与控制等类型。文献[6]模拟固定时间段内,电动汽车行驶在上下班的路上。文献[7-8]利用蒙特卡洛法抽取电动汽车行驶特性,考虑了用户行驶时间上的自主性。文献[9]利用出行次数和地点,将出行链结构分为简单链和复杂链。然而,在以上研究中,弱化了用户出行行为的时空耦合随机性;在增加数据处理的复杂度的同时,忽略了用户利益最大化地充放电选择与出行辅助。文献[10]提出的出行链理论利用了马尔科夫空间转移概率,并分析了 EV 的充电需求。文献[11-13]采用马尔科夫理论模拟电动汽车的出行行为并建立充电决策模型,其随机性更强,在解决时空耦合问题方面开拓了新的思路。

在上述文献中,电动汽车通常被视作随机负荷,用以平滑电网能量波动,忽略了其参与电网的双向电能互动,同时未体现充放电电价、地点、时长以及方式等不确定因素对充放电决策的影响。进一步探究,文献[14]研究电动汽车接入电网的供电侧经济安全调度。文献

[15]采用中央处理单元负责充电决策过程,优化目标考虑用户侧的经济利益与方便性。文献[16-17]考虑了电动汽车作为储能的充放电功能,同时优化供电侧的经济利益和环境效益。对比发现,少有文献涉及随机行为背景下电动汽车向电网放电,EV 均作为负荷平抑电网的峰谷差。在优化用户和电网两侧调度方面,通常只考虑单侧目标,这导致用户与电网利益失衡。

综上所述,针对用户随机出行的多目标调度问题,本章提出了一种非齐次半马尔科夫(non-homogeneous semi-Markov process,NHSMP)概率化的充放电策略,基于用户出行的随机时刻、地点,以及充放电模式、电价的不同,将电动汽车纳入电力动态多目标调度。同时,考虑 NHSMP 对停驻时间的包容性,基于电池的损耗费用自由调节电动汽车的充放电时间,利用智能算法优化调整充放电功率,最后,通过讨论 EV 对动态经济安全调度(dynamic economic security dispatch,DESD)的影响,验证了所提模型及算法的合理性和有效性。

3.2　NHSMP 电动汽车不确定性行为建模

3.2.1　NHSMP 决策

由马尔科夫特性可知,从一个状态到另一个状态转换的概率只取决于当前状态,与之前的状态无关。然而,马尔科夫链本身只描述了状态之间的顺序转换,而非时间转换;马尔科夫过程虽然考虑了时间依赖性,却忽略了停车时间通常为非指数分布的现实[19]。对此,本小节的解决方案是使用 NHSMP,考虑时间的相关性,确定随机过程中的行驶概率以及停驻时长。该策略针对非指数分布的停驻时长和行驶概率进行建模,并用于本小节中对电动汽车的不确定性出行行为及充放电决策的研究。

通常情况下,NHSMP 决策可以通过两方面综合描述。一方面,由马尔科夫过程展示模型的时间状态序列,本小节以小时为单位,采用离散序列进行研究。假设当前时刻 t_n 对应的状态为 X_n,即 $X_n(t_n) = x_n$。状态转移概率表示在当前状态 i 的条件下,转移到下一状态 j 的概率。状态转移概率满足:

$$P[X_{n+1}(t_{n+1}) = j | X_n(t_n) = i, \cdots, X_1(t_1) = x_1, X_0(t_0) = x_0] = P[X_{n+1}(t_{n+1}) = j | X_n(t_n) = i] = p_{ij}$$

$$(3\text{-}1)$$

$$p_{ij} \geqslant 0 \qquad\qquad (3\text{-}2)$$

式中,$t_0 \leqslant t_1 \leqslant \cdots \leqslant t_n \leqslant t_{n+1}$。马尔科夫过程特性表明,未来的某一状态 x_{n+1} 仅与现在的状态 x_n 有关,与之前的状态 $x_{n-1}, \cdots, x_1, x_0$ 无关,即马尔科夫过程的无后效性。

另一方面,给出了系统在一段时间内从某一状态到另一状态的停驻时长条件分布函数:

$$S_{ij}(t)=P(T_n \leqslant t \mid X_n(t_n)=i, X_{n+1}(t_{n+1})=j) \tag{3-3}$$

式中,t 为从状态 i 到 j 的状态转移时长;T_n 为实际的停驻时长。

综合式(3-1)至式(3-3)得出式(3-4)所示的概率,即系统处于状态 i 的前提下,在一段时间 t 内转变为状态 j 的概率。

$$Q_{ij}(t)=P(X_{n+1}=j, T_n \leqslant t \mid X_n=i, T_{n-1})=p_{ij}S_{ij}(t) \tag{3-4}$$

3.2.2　基于 NHSMP 的电动汽车随机出行描述

NHSMP 决策将车主出行行为的随机性最大化,文献[18]将统计数据整理后,人为规定了出行次数,并且每次决策采用路径搜索,不仅限制了车辆的随机性,而且大大增加了计算量。本小节基于概率模型,获取每个小时最可能行驶或停止的区域,同时不同地点的停车时间和行驶路程不同,最后利用结束时间终止电动汽车出行。该模型体现了每辆电动汽车的个体差异,并且在提高车辆出行行为随机性的同时,减少了计算量。

基于 NHSMP 的 EV 随机出行示意图如图 3-1 所示,图 3-1 的状态量包括:空间状态量有停驻目的地、充电地点、行驶里程 $d_{i-1,i}$;时间状态量有日出行开始时间、结束时刻、行驶时长 t_r^i、停驻时长 t_p^i。其中,i 表示从起点开始的第 i 个状态量。

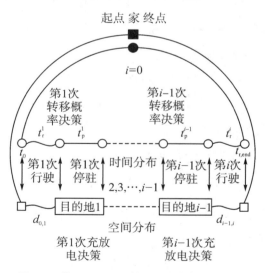

图 3-1　基于 NHSMP 的 EV 随机出行示意图

基于 NHSMP 决策对停车时长的包容性,不再将其限定于指数函数分布中。本小节根据停驻地点,拟合出相应的函数分布,利用蒙特卡洛法生成状态量样本值,构建完整的 NHSMP 电动汽车不确定性行为模型。

$$S_{\mathrm{H}}(x) = \begin{cases} \dfrac{1}{\alpha}\mathrm{e}^{-\frac{x}{\alpha}}, & x \geqslant 0 \\ 0, & x < 0 \end{cases} \tag{3-5}$$

$$S_{\mathrm{W}}(x) = \begin{cases} \displaystyle\sum_{m=1}^{8} a_m \sin(b_m x + c_m), & x \geqslant 0 \\ 0, & x < 0 \end{cases} \tag{3-6}$$

本小节针对文献[10]中主要出行区域的停驻时长进行拟合,式中 S_{H}、S_{W} 分别为停车区域为居住区、工作区的概率分布函数。式(3-5)和式(3-6)中的参数见附录 B 的附表 B-1 所列。

3.3　多目标协同优化 EV 充放电功率模型

本节基于 NHSMP 决策,将电动汽车作为可移动的储能设备参与电网互动,综合考虑 EV 功率、电量、行程以及充放电时间约束,构建用户经济及电网安全协同优化的 EV 充放电功率模型。该模型强调用户自主改变电力消费的行为[22],同时为系统提供调峰服务,增强了系统的安全性和可靠性。

3.3.1　目标函数

3.3.1.1　目标函数 1:用户侧成本最小化

用户将电动汽车接入电网,假设单辆汽车充电需要支付的费用和电池损耗退化的成本为正,放电收益为负[23],需求侧成本最小化即用户收益最大化。目标函数为

$$\min F_{\mathrm{cost}} = \sum_{i=1}^{l} \sum_{k=1}^{h(i)} \varepsilon \left\{ \left[\delta_{i,k}^{\mathrm{im}}(t)\,\varepsilon^{\mathrm{im}} + \frac{1}{2}C_{\mathrm{d}}\theta^{\mathrm{im}} \right] p_{i,k}^{\mathrm{im}} t_{i,k}^{\mathrm{im}} - \left[\delta_{i,k}^{\mathrm{ex}}(t)\,\varepsilon^{\mathrm{ex}} - \frac{1}{2}C_{\mathrm{d}}\theta^{\mathrm{ex}} \right] p_{i,k}^{\mathrm{ex}} t_{i,k}^{\mathrm{ex}} \right\}$$

$$\tag{3-7}$$

式中,l 为日行驶里程段数;$h(i)$ 为第 i 段行程中包括的所有时段,并将每个时段设为 1 h;ε、$\varepsilon^{\mathrm{ex}}$、$\varepsilon^{\mathrm{im}}$ 分别为电网转换效率、电动汽车动力电池放电和充电效率,量纲均为 1;$\delta_{i,k}^{\mathrm{ex}}(t)$ 和 $\delta_{i,k}^{\mathrm{im}}(t)$ 分别为电动汽车在第 i 段行程的第 k 个时段向电网放电和充电的电价;$p_{i,k}^{\mathrm{ex}}$ 和 $p_{i,k}^{\mathrm{im}}$ 分别为电动汽车放电和充电的功率;$t_{i,k}^{\mathrm{ex}}$ 和 $t_{i,k}^{\mathrm{im}}$ 分别为在第 i 段行程的第 k 个时段的放电时间和充电时间;C_{d} 为动力电池的损耗费用率;θ^{im} 为充电电量系数,θ^{ex} 为 V2G(vehicle-to-grid)电池放电电量系数,量纲均为 1。

3.3.1.2 目标函数 2：供给侧安全指标

本章以日负荷方差大小作为电网的安全指标，此目标函数描述了电动汽车实现平抑系统负荷波动大小的能力，函数值越小，能力越强。

$$\min L_{s} = \Big[\sum_{i=1}^{l} \sum_{k=1}^{h(i)} (p_{i,k}^{D} + p_{i,k}^{im} - p_{i,k}^{ex} - \bar{P}) \Big]^{2} \tag{3-8}$$

$$\bar{P} = \frac{1}{T} \Big[\sum_{i=1}^{l} \sum_{k=1}^{h(i)} [p_{i,k}^{D} + p_{i,k}^{im} - p_{i,k}^{ex}) \Big] \tag{3-9}$$

式中，T 为调度时段，即一天（24 h）；$p_{i,k}^{D}$ 为在第 i 段行程第 k 个时段系统的负荷需求；$p_{i,k}^{im}$ 为某辆车在第 i 段行程的第 k 个时段的充电功率；$p_{i,k}^{ex}$ 为某辆车在第 i 段行程的第 k 个时段的放电功率；$\bar{P}$ 为系统日内平均负荷。

3.3.2 模型约束条件

3.3.2.1 电动汽车功率约束

电动汽车充放电功率应处于上下限之间，同时满足充放电状态互斥原则。

$$0 \leqslant p_{i,k}^{im} \leqslant I_{i,k}^{im} P_{max}^{im} \tag{3-10}$$

$$0 \leqslant p_{i,k}^{ex} \leqslant I_{i,k}^{ex} P_{max}^{ex} \tag{3-11}$$

$$I_{i,k}^{im} + I_{i,k}^{ex} = I_{i,k} \tag{3-12}$$

$$\sum_{i=1}^{l} \sum_{k=1}^{h(i)} \varepsilon \big[(\varepsilon^{im} p_{i,k}^{im} t_{i,k}^{im} - \varepsilon^{ex} p_{i,k}^{ex} t_{i,k}^{ex}) \big] \geqslant Q \sum_{i=1}^{l} d_{i} \tag{3-13}$$

式中，$I_{i,k}^{im}$、$I_{i,k}^{ex} \in \{0,1\}$，若 $I_{i,k}^{im} = 1$，则电动汽车仅处于充电状态，若 $I_{i,k}^{ex} = 1$，则电动汽车仅处于放电状态；$I_{i,k}$ 用二进制数表示，0 为不充放电状态，1 为充放电状态；Q 为电池每千米的耗电量；每段行程中包含一部分停驻过程和一部分行驶过程，d_{i} 为电动汽车在第 i 段行程中的行驶里程。

3.3.2.2 电池荷电状态约束

考虑到电池的损耗对用户经济产生一定的影响，因此对电荷状态（state of charge，SOC）的上下限进行约束。

$$C_{i,k} Q_{0} + p_{i,k+1}^{im} t_{i,k+1}^{im} \leqslant C_{max} Q_{0} \tag{3-14}$$

$$C_{i,k} Q_{0} - p_{i,k+1}^{ex} t_{i,k+1}^{ex} \geqslant C_{min} Q_{0} \tag{3-15}$$

式中，$C_{i,k}$ 为电池在第 i 段行程的第 k 个时段的 SOC；Q_{0} 为电池容量大小；C_{max} 和 C_{min} 分别为

电池 SOC 的最大值和最小值,量纲均为 1。

3.3.2.3　电动汽车行程约束

考虑到电动汽车普遍存在里程焦虑问题,则约束满足如下:

$$C_{\min}Q_0 \leqslant C_0Q_0 + \sum_{i=1}^{b}\sum_{k=1}^{h(i)}\left[\left(p_{i,k}^{\mathrm{im}}t_{i,k}^{\mathrm{im}} - p_{i,k}^{\mathrm{ex}}t_{i,k}^{\mathrm{ex}}\right)\right] - Q\sum_{i=1}^{b+1}d_i \leqslant C_{\max}Q_0 \quad (b = 1,2,\cdots,m)$$

(3-16)

式中,C_0 为出发时的电池 SOC 值,量纲为 1。

式(3-16)描述了初始电池电量 C_0Q_0 减去 $b+1$ 段行程中行驶消耗的电量,仍处于电池电量的上下限,即当前的剩余电量可满足下一段行程所消耗的电量。

3.3.2.4　充放电时间约束

在每个时段,电动汽车充放电时长不超过相邻两时段的时间差,每一段行程充放电的时间非负;在同一时间的充放电时间互斥;电动汽车在行驶过程中不能进行充电和 V2G 放电。

$$0 \leqslant t_{i,k}^{\mathrm{im}} \leqslant t_{i,k+1} - t_{i,k} \tag{3-17}$$

$$0 \leqslant t_{i,k}^{\mathrm{ex}} \leqslant t_{i,k+1} - t_{i,k} \tag{3-18}$$

$$t_{i,k}^{\mathrm{im}}t_{i,k}^{\mathrm{ex}} = 0 \tag{3-19}$$

$$t_{\mathrm{r}}^{\mathrm{im}} = 0 \quad t_{\mathrm{r}}^{\mathrm{ex}} = 0 \tag{3-20}$$

式中,$t_{i,k+1}$ 和 $t_{i,k}$ 分别为电动汽车每日第 i 段行程中第 $k+1$ 和第 k 个时刻;$t_{\mathrm{r}}^{\mathrm{im}}$ 和 $t_{\mathrm{r}}^{\mathrm{ex}}$ 分别为电动汽车在行驶过程中进行充电和 V2G 放电的时刻。

3.4　辅助用户出行的 NHSMP 充放电决策

本节将不同段行程作为不同状态,每个状态中包括行驶和停驻两个阶段,其中,停驻阶段满足式(3-7)至式(3-20)的所有充放电需求,由于这些需求中,优化变量主要是从用户角度假设单辆 EV 连续地入网充放电一天的充放电功率值,没有体现充放电时长限制和充电方式的选择,因此,本小节设计 NHSMP 模型中包含如下充放电决策元素[22]:

$$u^* = \left[\,E_{i,k}^{\mathrm{f}} \quad E_{i,k}^{\mathrm{m}} \quad I_{i,k}^{\mathrm{V2G}} \quad \alpha \quad \delta_{i,k}^{\mathrm{im}}(t) \quad \delta_{i,k}^{\mathrm{ex}}(t)\,\right] \tag{3-21}$$

式中,$E_{i,k}^{\mathrm{f}}$、$E_{i,k}^{\mathrm{m}}$ 分别为车辆第 i 段行程中的第 k 个时段,使用充电桩进行快、慢充;$I_{i,k}^{\mathrm{V2G}}$ 为车辆第 i 段行程中的第 k 个时段与电网互动下的充放电选择策略;α 为充放电门槛因子,本节将一天分为 24 个时段,每时段为 1 h,故这里将门槛因子设为 1 的整数倍。

3.4.1 含门槛因子的充放电决策

3.4.1.1 车主充放电方式选择

如图 3-2 所示,充放电方式分为两种情况:一种是在家中进行并网充放电;另一种则是在 EV 行驶途中,在充电桩上选择快充或慢充。在第一种情况下,由于电动汽车参与 V2G 的充放电功率是常规功率,因此充电时间较长且电价较低,然而实际情况下的充放电状态还要根据微网负荷和出力的具体情况而定。在第二种情况下,车主根据停车时电池所剩电量和停车时长,适当地在充电桩上选择快、慢充的方式。

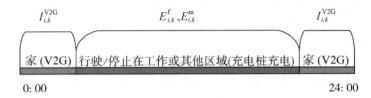

图 3-2　充放电选择方式

假设所有充放电策略均建立在已知的行程上,此行程的充电时间满足以下条件:

$$t_{c,ij} = \begin{cases} \left(\mathrm{SOC}_{\max} - \sum_{t=k}^{t_j} \mathrm{SOC}_t\right)\dfrac{Q_0}{P}, & t_{c,ij} < T_{ij} \\ T_{ij}, & t_{c,ij} \geqslant T_{ij} \end{cases} \tag{3-22}$$

式中,$t_{c,ij}$ 为状态 i,j 之间的充电时长;k 为停驻阶段的起始时刻;t_j 为 j 状态的开始时刻;SOC_t 为停驻阶段每个时刻的电池电量;P 为常规充电功率,是一个恒定值;T_{ij} 为状态 i,j 之间的停车时长。

充电桩上的充电决策由充电时间来表示:

$$t_{c,i,k}(E_{i,k}^{\mathrm{f}}) = \begin{cases} 0.2 \leqslant \dfrac{P_{\mathrm{f}} t_{c,i,k}}{Q_0} < 0.9 \\ \dfrac{0.2 Q_0}{P_{\mathrm{f}}} \leqslant t_{c,i,k} < \dfrac{0.9 Q_0}{P_{\mathrm{f}}} \end{cases} \tag{3-23}$$

$$t_{c,i,k}(E_{i,k}^{\mathrm{m}}) = \begin{cases} 0.2 \leqslant \dfrac{P_{\mathrm{m}} t_{c,i,k}}{Q_0} < 0.9 \\ \dfrac{0.2 Q_0}{P_{\mathrm{m}}} \leqslant t_{c,i,k} < \dfrac{0.9 Q_0}{P_{\mathrm{m}}} \end{cases} \tag{3-24}$$

式中,$t_{c,i,k}$ 为充电桩上不同充电策略下的充电时间;P_{f} 和 P_{m} 分别为快充和慢充的功率值。

3.4.1.2　含门槛因子的充放电时段选择

电动汽车停车时间以小时为单位,此期间频繁充放电会导致电池损耗花费增加、充电成本升高以及放电收入减少。不同的电池损耗费用,同样会造成充放电收益波动。故本小节引入充放电门槛因子,控制停车时间内的充放电次数,间接控制充电时长。

门槛因子如图 3-3 所示。在门槛因子大小适宜的情况下,充放电时长满足如下条件。

$$t_j - k \geqslant t_{c,ij} + t_{f,ij} \geqslant \tau \alpha_{ij} \qquad (3-25)$$

式中,$t_{f,ij}$ 为状态 i,j 之间的放电时长;τ 为单位时间,即 1 h;$\tau \alpha_{ij}$ 为状态 i,j 之间停驻阶段充放电时长之和的最低门槛。

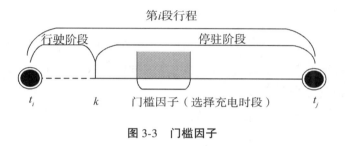

图 3-3　门槛因子

3.4.2　用户的电价响应

本小节针对需求侧不同行程下的实际场景,制定不同的电价制定方案。为了尽可能真实地模拟用户电价响应规定,采取如下措施:在家充电时,直接采用用户参与电网充电的实时电价 $\delta_{i,k}^{V2G}(t)$;在行驶路上使用充电桩时,根据某地区的充电费均价,制定电价为 $\delta(t)$,其中,$[\delta_{i,k}^{V2G}(t), \delta(t)] \in \delta_{i,k}^{im}(t)$;放电电价 $\delta_{i,k}^{ex}(t)$ 则参考文献[24]。

3.5　模型的求解方法

本节提出了动态多目标调度模型,综合考虑电动汽车 NHSMP 随机出行行为及其实际充放电决策。相较于传统的调度模型,动态多目标调度模型的维度较高且变量与约束之间的耦合度较强。为此,将文献[25]提出的基于转移密度估计策略(shift-based density estimation,SDE)的强度帕累托进化算法(strength Pareto evolutionary algorithms 2,SPEA2)SPEA2-SDE,应用于 DESD 问题的求解,同时对算法进行改进,加入了约束处理、初值选择及链式调整等策略,最终通过多次迭代实现对最优前沿的有效逼近。

3.5.1 SPEA2-SDE 求解算法及实现

3.5.1.1 转移密度估计策略

该问题涉及高维求解,基于 Pareto 进化多目标优化算法中的 Pareto 支配通常无法发挥作用,造成多样性维护机制在稀疏区域远离 Pareto 前沿。SDE 策略通过改变多样性的方式提高选择压力,实现了在求解高维变量的同时兼顾收敛性与分布多样性的效果。具体原理如下。

估计个体 x 的密度时,SDE 通过对比收敛性,将 x 的位置转移到种群中其他个体的位置上。当个体 x 在一个目标上的表现比另一个体好时,将 x 转移到另一个体的当前目标位置,否则 x 不动[24]。

$$D'(x,X) = D\big[dist(x,e'_1), \cdots, dist(x,e'_{N-1}) \big] \tag{3-26}$$

式中,$D'(x,X)$ 为 p 在种群 X 中心的密度估计;N 为种群个数;$dist(x,e'_i)$ 为两个体之间的相似度;其中,e'_i 是 e_i 转换后的点($e_i \in X$ 且 $e_i \neq x$)。

$$e'_{i(j)} = \begin{cases} x_{(j)}, & e_{i(j)} < x_{(j)} \\ e_{i(j)}, & \text{其他} \end{cases}, \quad j \in (1, 2, \cdots, m) \tag{3-27}$$

式中,x_j、$e_{i(j)}$ 和 $e'_{i(j)}$ 分别为个体 x、e_i 和 e'_i 的第 j 个目标值,m 为目标个数。

3.5.1.2 进化算法

算法的适应度函数引入了支配概念,在完成初始化进化种群 X_t 和外部种群 X_t^* 后,能够科学地计算出相应种群中个体的适应度值。根据环境选择机制,将 X_t 和 X_t^* 中所有的非支配个体存入外部种群 X_t^*,若能达到种群进化条件,则输出 X_t^*,否则采用锦标赛选择方法从外部种群 X_t^* 中选择个体作为父代种群进入交配池,对父代种群进行交叉、变异操作,产生新一代进化种群 X_{t+1}。

3.5.2 算法改进及实现

NHSMP 决策使得每一辆车在 24 h 的状态都是相关的,因此,一个时刻决策量的偏差可能导致一天中大多数时刻的电池电量不满足实际情况。为此,本小节采用初值选择与链式调整结合的方式,对算法进行适应性改进,以获得所建模型最优的调度方案。

3.5.2.1 种群设置

本小节将决策变量设置为不同车辆,以及不同调度时段的充放电功率,种群 x 表示为

$x = [x^1 x^2 \cdots x^{N_p}]^T$，其中，$N_p$ 为种群规模，x^i 表示为

$$x^i = \begin{bmatrix} P_{1,1} P_{1,2} \cdots P_{1,T} \\ P_{2,1} P_{2,2} \cdots P_{2,T} \\ \vdots \quad \vdots \quad \vdots \\ P_{N,1} P_{N,2} \cdots P_{N,T} \end{bmatrix} \tag{3-28}$$

式中，个体 x^i 定义为每个个体共有 $N \times T$ 维。其中，N 为车辆数，T 为一天中的 24 个时段。

3.5.2.2　初值选择

优化大量高维数据时，初值的选取在优化结果的复杂性中起到关键性作用。因此，本小节将电动汽车充放电方式、充放电时长以及电量限制纳入初值选择模块进行越界处理，初步制定了停车状态下的充放电决策，极大地减轻了链式调整的负担。

3.5.2.3　链式调整

本小节将通过调整某个时段的决策变量，此时段直至一天中最后一个时段的结果都要改变的方式称为链式调整。基于 NHSMP 电动汽车随机出行行为，结合合理的初值，模型根据式(3-13)，调整不同时段 V2G 功率以满足电量平衡。此次调整的关键在于约束处理方式。

①等式与不等式约束。文献[6]给出了可行的处理方法。针对不同的等式约束，计算约束违反量 θ，如果 θ 小于或等于事先设定的阈值 ε，或调整次数达到最大值 K，将 θ/n(n 为某一辆车一天中的停车时段)叠加到每个决策变量，根据变量规定的上下限，进行越界处理。

②充放电补偿。对不同时段的电量进行上下限约束以及电动汽车行程约束时，少数车辆由于随机行为的限制，不能及时充放电，便切换到运行状态或停驻状态，这导致电池 SOC 在一个时段出现问题，此时段直至最后一个时段的 SOC 都有可能存在越界行为。为此，本小节采用充放电补偿的方法，以车辆行驶时长为半径，向前搜索停车时段，利用电价对比，确定充放电补偿时刻及电量，完成链式调整。

3.5.3　模型求解步骤

针对 NHSMP 电动汽车入网调度问题，本小节的模型具体求解步骤如图 3-4 所示。

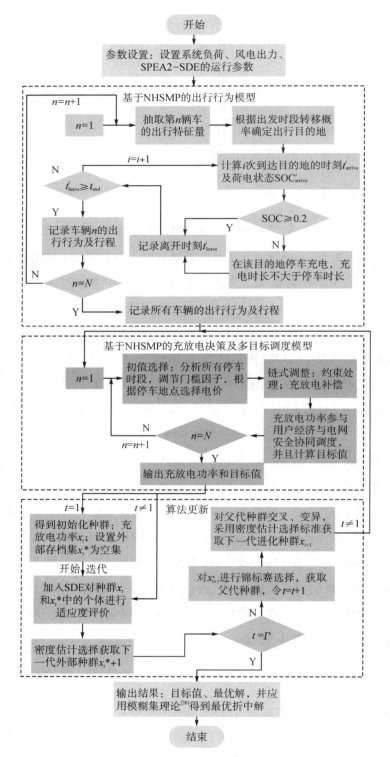

图 3-4　模型求解步骤

3.6 算 例 分 析

3.6.1 系统数据描述

本小节以某实际小区区域电网为例,风电、日负荷参数参考文献[14],出行特征量见附录 B 的附表 B-2 所列,电动汽车相关参数参见文献[23]和附录 B 的附表 B-3。

3.6.2 模型验证

在尽可能短的时间内,根据变量最快达到优质解的要求,设置迭代次数 Γ 为 5 000,算法种群 N_p 大小为 100,交叉概率为 1,变异概率为 $1/(N×T)$,交叉变异算子分布指数为 20。考虑区域的实际规模,以 50 辆电动汽车为例进行模型验证。

附录 D 的附图 D-4 给出了最优折中解条件下,某辆 EV 的日内电池链式荷电状态,记录了充放电决策下,电动汽车从未参与 V2G 到参与 V2G 的电量变化。附录 D 的附图 D-5 描述了实际电价与地区和充放电之间的关系。

在附录 D 的附图 D-4 中,充放电决策执行后的电池电量若大于原始电量,则 EV 在该时刻处于充电状态,否则处于放电状态。结合附录 D 的附图 D-5 中同一辆 EV 的电价来看,3:00—7:00,车辆停驻在家,充电电价略高于该地点的放电电价且负荷处于低谷状态,所以 EV 基本处于充电状态,以满足日内出行和调度需求,7:00 出发时,电池电量达到了上限。7:00—8:00,车辆在路上行驶,考虑到 14:00 为放电电价的峰值,而 8:00—9:00 的电桩充电价格与放电电价相差不大,此时充满电池,为放电作准备。11:00—15:00 的放电电价较高,车辆基本处于放电状态,加之 18:00—20:00 车主路上行驶耗能,使得电池电量下降到 6 kW·h。20:00—21:00 电车在电桩上进行快充电量达到 15 kW·h,目的是满足 21:00—23:00 车主的行驶需求。24:00 到次日 2:00 是算法在电池电量允许的情况下,尽量满足车主经济利益要求和提升系统出力而执行放电的结果。

3.6.3 不同场景的调度分析

基于车辆 NHSMP 随机行为,结合实际的充放电策略是本小节实现调度的基础。因此,本章设计以下三种场景,研究车辆在不同行为下的充放电决策对调度结果的影响。所有场景均采用 SPEA2-SDE 进行求解,参数与 3.4.2 小节保持一致。

(1)场景 1:无电动汽车参与调度研究。

(2)场景 2:以 50 辆电动汽车为例,基于车辆 NHSMP 随机行为,参与调度。

（3）场景3：以50辆电动汽车为例，全部停止，参与调度。

表3-1给出了不同场景下的最优折中解和极端解，图3-5给出了不同场景下的总负荷和出力。由表3-1的结果对比可见，相比于无电动汽车参与的场景1，场景2中的折中解中，充放电收益及日负荷方差分别相差100 7.1元、677 920，最优经济收益和最优日负荷方差分别相差1 024元、694 440。由于在场景2中，基于NHSMP的车辆随机行为存在一天中全停现象，50辆车的仿真结果中，日内全停车辆占比20%。场景3进一步研究了50辆电动汽车全停的情况，发现车主的收入和系统的安全相比于场景2均有所优化。

表3-1　不同场景下的最优折中解和极端解

场景	目标	充放电收益/元	日负荷方差
1	—	0	$1.555\ 1\times10^{6}$
2	经济最优	$1.024\ 0\times10^{3}$	$8.920\ 3\times10^{5}$
	日负荷方差最优	$9.794\ 0\times10^{3}$	$8.606\ 6\times10^{5}$
	最优折中解	$1.007\ 1\times10^{3}$	$8.771\ 8\times10^{5}$
3	经济最优	$1.244\ 2\times10^{3}$	$8.578\ 9\times10^{5}$
	日负荷方差最优	$1.184\ 3\times10^{3}$	$8.182\ 9\times10^{5}$
	最优折中解	$1.222\ 5\times10^{3}$	$8.318\ 1\times10^{5}$

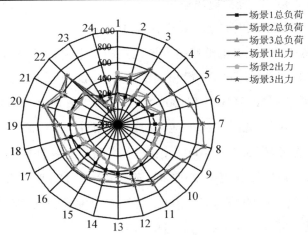

图3-5　不同场景的总负荷和出力

图3-5则详细地描述了不同场景下，EV的充放电情况。其中，场景1的总负荷、出力即系统原始负荷、风电出力。场景2中，10：00—21：00处于负荷高峰期，有一定的削峰作用，3：00—8：00负荷低谷期也发挥了填谷的作用。但是23：00—24：00的风电出力骤降，为缓解系统负荷压力，大量EV放电并向电网输入能量，同时减轻因日负荷波动带来的系统安全问题。12：00—19：00的负荷值较高，电动汽车作为储能有效地提高了系统出力。对于场景3，无论是调节负荷波动还是增加系统出力，都优于场景2，大量全停车辆减少了行驶所消耗

的电能和充放电时间限制,提升了双向能量交换的效率,可见,在基于 NHSMP 随机行为中,全停车辆的比重对于调度研究十分重要。

3.6.4　充放电策略对调度研究的影响

3.6.4.1　门槛因子对调度研究的影响

在充电过程中,电池种类以及频繁地充放电带给电池的损耗,都有可能增加原本的损耗费用,本小节利用门槛因子限制停驻时刻的充放电时间门槛,设计不同场景的门槛因子与充放电收益,分别取场景 2 和场景 3 进行比较,如图 3-6 所示。考虑随机行驶耗电需求,门槛因子设置得太高会导致结果无法收敛,故在满足电池电量上下限的前提下,选择 3 h 为上限门槛。

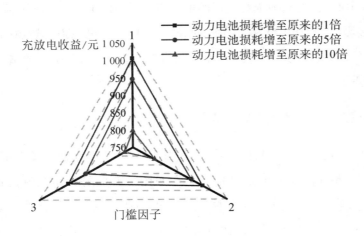

（a）场景 2 的门槛因子与充放电收益

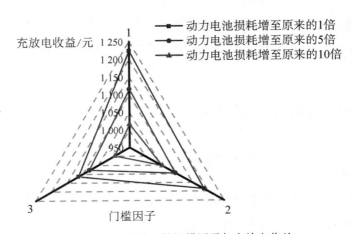

（b）场景 3 的门槛因子与充放电收益

图 3-6　不同场景的门槛因子与充放电收益

场景 2 中,动力电池损耗在 1 和 5 倍的情况下,充放电收益整体呈下降的趋势。当动力电池损耗增至 10 倍后,相比于门槛因子 1,门槛因子 2 收益高出 18.897 71 元。结果证明,当电池损耗费用增加时,适当地提高门槛因子可以提升用户收益。相较于门槛因子 1,门槛因子 3 在动力电池损耗费用增至原来的 1、5 和 10 倍的情况下,充放电收益分别相差 50.133 14 元、46.802 23 元、23.111 82 元,差距在逐步缩小,再次证明了随着动力电池损耗费用的增加,较大的门槛因子与较小的门槛因子之间的收益差距越来越小,甚至可以超越。

场景 3 的门槛因子、电池损耗费用及充放电收益之间的趋势与场景 2 类似,但对比发现,当电池损耗费用增至 10 倍后,相比于门槛因子 1,门槛因子 2 收益只略高出 4.020 91 元,较场景 2 减少 14.876 8 元。相较于门槛因子 1,门槛因子 3 在动力电池损耗费用增至原来的 5、10 倍的情况下,场景 3 的收益下降比分别为 48.83%、47.16%,而场景 2 的收益下降比为 93.36%、46.10%,其对电池损耗费用的增减更加敏感。同时,NHSMP 随机行为会限制充放电时长,间接影响了用户的实际电价响应,故门槛因子及电池损耗费用的变化对经济目标的影响较明显。因此,无论是 EV 全停还是随机行驶,动力电池损耗费用变化时,门槛因子的适当选择很重要。

3.6.4.2 快慢充对调度研究的影响

为了分析充电方式对优化结果的影响,本次仿真将 50 与 100 辆电动汽车快充数据汇总并进行说明,详细结果如附录 D 的附图 D-6 所示,见附录 B 的附表 B-4、附表 B-5 所列。

分析附录 D 的附图 D-6、附表 B-3、附表 B-4 的数据可见,大部分快充现象都出现在 11:00 之后、22:00 之前,这段时间内的放电价格基本大于充电价格,进行充电势必会减少车主充放电收益,而由附录 D 的附图 D-4 分析可得,这部分快充的目的是补偿 EV 随机行驶所消耗的电能。同时,由图 3-5 可知,20:00 的原始负荷处于高峰期,31.115 4 kW·h 的快充负荷为 EV 进行削峰填谷形成了阻碍,所以快充只在必要的时候出现,慢充成为本小节优化目标结果的重要手段。

3.6.5 灵敏度对调度研究的影响

3.6.5.1 不同电动汽车规模对调度研究的影响

电动汽车的充放电策略只是在一定程度上发挥削峰填谷作用,而电动汽车的规模成倍提升了充放电功率,对于调度结果的影响较大。

由表 3-2 的调度结果可见,无论是极端解还是折中解,随着电动汽车规模的增加,车主收益增加且日负荷方差减小。但是,目标结果的比例与车辆规模的比例稍有偏差,原因可见附录 D 的附图 D-7。附录 D 的附图 D-7 描述了在满足随机行为的前提下,30、50、100 辆车的区域分布结果,其中,曲线代表不同区域的不同时刻车辆的数量。然而,统计出行结果显示,30 辆电动汽车全停在家的比重占 40%,而 50 辆和 100 辆电动汽车全停在家的比重分别占 20% 和 19%;全停车辆可以提升能量交换效率,增加收益,减少负荷波动,故目标结果与全停车辆占比相关。

表 3-2　不同 EV 规模的最优折中解和极端解

车辆规模	目标	充放电收益/元	日负荷方差
	经济最优	$7.917\ 5 \times 10^2$	$1.106\ 8 \times 10^6$
30	日负荷方差最优	$7.375\ 0 \times 10^2$	$1.056\ 8 \times 10^6$
	最优折中解	$7.621\ 5 \times 10^2$	$1.071\ 6 \times 10^6$
	经济最优	$1.023\ 5 \times 10^3$	$8.920\ 3 \times 10^5$
50	日负荷方差最优	$9.794\ 0 \times 10^2$	$8.606\ 6 \times 10^5$
	最优折中解	$1.007\ 1 \times 10^3$	$8.771\ 8 \times 10^5$
	经济最优	$1.861\ 2 \times 10^3$	$3.930\ 7 \times 10^5$
100	日负荷方差最优	$1.804\ 3 \times 10^3$	$3.675\ 6 \times 10^5$
	最优折中解	$1.856\ 9 \times 10^3$	$3.743\ 1 \times 10^5$

如图 3-7(a)所示,从 EV 回家到次日出发,为 EV 满电出行而充电,平衡风电出力而放电。从出发到返回家的时段,部分在家的车辆参与负荷调节,图 3-7(b)展示了在此期间的工作区域执行放电,发挥平抑负荷曲线的作用,图 3-7(c)中的其他区域的车辆较少,13:00—19:00 的车辆仍处于放电状态,但是结合附录 B 的附表 B-4 分析,20:00 左右车辆大量进行快充,不可避免地减弱了削峰能力。综合所有区域的表现,证明增大电动汽车规模,控制负荷调整系统运行状态,并作为发电调度的补充[26],使得用户收益增加,负荷波动减少,最终实现了优化目标的结果。

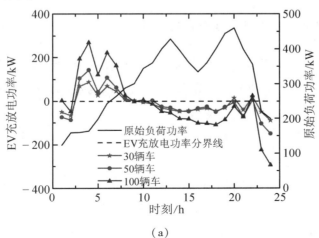

(a)

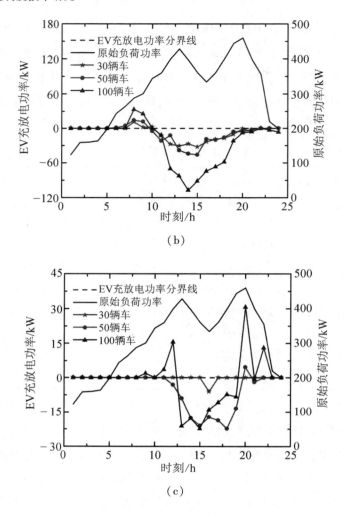

（b）

（c）

图 3-7   不同区域不同 EV 规模的充放电总功率分布

3.6.5.2   不同风电规模对调度研究的影响

由图 3-8 和表 3-3 的调查结果可见,随着风电规模的不断增大,为 EV 提供的出力也将增加,放电功率和总功率均呈现增长趋势,最终使得充放电收益增多,日负荷方差减小。

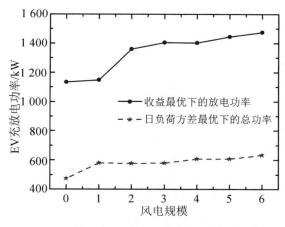

图 3-8　不同风电规模下的极端解对 EV 充放电功率的影响

表 3-3　不同风电规模下的极端解

风电规模	目标	充放电收益/元	日负荷方差
0	经济最优	9.9621×10^2	8.5863×10^5
	日负荷方差最优	9.4948×10^2	8.3237×10^5
1	经济最优	1.0235×10^3	8.9203×10^5
	日负荷方差最优	9.7940×10^2	8.6066×10^5
2	经济最优	1.0528×10^3	4.0306×10^6
	日负荷方差最优	1.0021×10^3	4.0010×10^6
3	经济最优	1.0567×10^3	1.0029×10^7
	日负荷方差最优	1.0075×10^3	9.9784×10^6
4	经济最优	1.0573×10^3	1.8907×10^7
	日负荷方差最优	1.0173×10^3	1.8801×10^7
5	经济最优	1.0607×10^3	3.0379×10^7
	日负荷方差最优	1.0220×10^3	3.0300×10^7
6	经济最优	1.0701×10^3	4.5059×10^7
	日负荷方差最优	1.0329×10^3	4.4819×10^7

3.7 结　　论

针对大规模电动汽车接入电网的不确定行为,考虑其对多目标动态调度的影响,本章主要做了以下工作。

(1)搭建 NHSMP 充放电策略辅助用户随机出行的多目标动态调度模型。基于电动汽车出行的时空耦合特性,充放电策略考虑了与地点相关的电价引导、充放电方式以及充放电门槛因子等因素,同时将电动汽车接入电网,以协同优化用户侧经济与电网侧安全为目标,深入探究用户随机行为下的充放电功率对调度的影响。

(2)提出了一种针对处理高维复杂运算的进化算法 SPEA2-SDE。利用初值选择降低计算的复杂程度,链式调整处理等式与不等式约束以及充放电补偿,以此对算法进行改进,最终得到模型的优化结果。

(3)采用区域电网进行仿真计算,并分析不同的场景、充放电决策因素、电动汽车规模及风电规模对调度研究的影响,最终验证了所提模型及方法的合理性和有效性。

参 考 文 献

[1]高赐威,吴茜.电动汽车换电模式研究综述[J].电网技术,2013,37(4):891-898.

[2]邵成成,王雅楠,冯陈佳,等.考虑多能源电力特性的电力系统中长期生产模拟[J].中国电机工程学报,2020,40(13):4072-4080.

[3]BUNSEN T,CAZZOLZ P,GORNER M,et al. Global EV outlook 2018:towards cross-modal electrification[R]. International Energy Agency,2018.

[4]邢强,陈中,黄学良,等.基于数据驱动方式的电动汽车充电需求预测模型[J].中国电机工程学报,2020,40(12):3796-3813.

[5]高赐威,张亮.电动汽车充电对电网影响的综述[J].电网技术,2011,35(2):127-131.

[6]潘振宁,王克英,瞿凯平,等.考虑大量 EV 接入的电-气-热多能耦合系统协同优化调度[J].电力系统自动化,2018,42(4):104-112.

[7]钱科军,谢鹰,张新松,等.考虑充电负荷随机特性的电动汽车充电网络模糊多目标规划[J].电网技术,2020,44(11):4404-4414.

[8]麻秀范,李颖,王皓,等.基于电动汽车出行随机模拟的充电桩需求研究[J].电工技术学报,2017,32(S2):190-202.

［9］蒋卓臻,向月,刘俊勇,等.集成电动汽车全轨迹空间的充电负荷建模及对配电网可靠性的影响［J］.电网技术,2019,43(10):3789-3800.

［10］赵书强,周靖仁,李志伟,等.基于出行链理论的电动汽车充电需求分析方法［J］.电力自动化设备,2017,37(8):105-112.

［11］TANG D, WANG P. Probabilistic modeling of nodal charging demand based on spatial-temporal dynamics of moving electric vehicles［J］. IEEE Transactions on Smart Grid, 2016, 7(2):627-636.

［12］张谦,王众,谭维玉,等.基于 MDP 随机路径模拟的电动汽车充电负荷时空分布预测［J］.电力系统自动化,2018,42(20):59-73.

［13］YANG Y, JIA Q, DECONINCK G, et al. Distributed coordination of EV charging with renewable energy in a microgrid of buildings［J］. IEEE Transactions on Smart Grid, 2018, 9(6):6253-6264.

［14］肖浩,裴玮,孔力.含大规模电动汽车接入的主动配电网多目标优化调度方法［J］.电工技术学报,2017,32(S2):179-189.

［15］CHUNG H M, LI W T, YUEN C, et al. Electric vehicle charge scheduling mechanism to maximize cost efficiency and user convenience［J］. IEEE Transactions on Smart Grid, 2019, 10(3):3020-3030.

［16］朱永胜,王杰,瞿博阳,等.含电动汽车的电力系统动态环境经济调度［J］.电力自动化设备,2016,36(10):16-23.

［17］麻秀范,王超,洪潇,等.基于实时电价的电动汽车充放电优化策略和经济调度模型［J］.电工技术学报,2016,31(S1):190-202.

［18］段雪,张昌华,张坤,等.电动汽车换电需求时空分布的概率建模［J］.电网技术,2019,43(12):4541-4550.

［19］ROLINK J, REHTANZ C. Large-scale modeling of grid-connected electric vehicles［J］. IEEE Transactions on Power Delivery, 2013, 28(2):894-902.

［20］BOWMAN J L, BEN-AKIVA M E. Activity-based disaggregate travel demand model system with activity schedules［J］. Transportation Research Part A Policy & Practice, 2001, 35(1):1-28.

［21］麻秀范,李颖,王皓,等.基于电动汽车出行随机模拟的充电桩需求研究［J］.电工技术学报,2017,32(S2):190-202.

［22］何晨可,韦钢,朱兰,等.电动汽车充换放储一体化电站选址定容［J］.中国电机工程学报,2019,39(2):479-488.

［23］李明洋,邹斌.电动汽车充放电决策模型及电价的影响分析［J］.电力系统自动化,2015,39(15):75-81.

［24］王健,谢桦,孙健.基于机会约束规划的主动配电网能量优化调度研究［J］.电力系统保护与控制,2014,42(13):45-52.

［25］LI M,YANG S,LIU X. Shift－based density estimation for pareto－based algorithms in many－objective optimization［J］. IEEE Transactions on Evolutionary Computation,2014,18(3):348-365.

［26］邱威,张建华,刘念.含大型风电场的环境经济调度模型与解法［J］.中国电机工程学报,2011,31(19):8-16.

► 第4章 考虑风–车不确定性接入的节能减排动态调度

4.1 引 言

风能属于清洁可再生能源,近年来得到各国政府的大力支持,规模迅速发展[1-3];而电动汽车具有极强的调度灵活性,若对其充放电行为加以合理的政策引导,在降低系统发电成本的同时,也促进了风能等可再生能源的消纳,能做到真正意义上的节能减排[4]。

但是,对于以风、车为代表的新能源技术,其固有的随机性和间歇性给电力调度带来了新的不确定性因素。因此,风–车互动参与电力系统动态节能减排调度问题已成为学者研究的热点[5]。

文献[6]基于"多级协调、逐级细化"的思想,提出大规模风电接入的多时间尺度的调度模式;文献[7]根据决策者对风电重视程度的不同,设计基于风电效益权衡及风电优先调度的电力系统调度模型;文献[8]设计了含风能和太阳能发电单元的发电计划模型,但仅考虑了系统正旋转备用约束;文献[9-11]设计了电动汽车接入的多能耦合调度模型,考虑环境、经济等目标,验证了电动汽车接入能提高系统运行的经济性;文献[12]考虑风电与储能系统联合参与火电机组调度,但储能设备相较于电动汽车会增加电网运行的费用。以上文献大都关注单一能源形式接入电网的调度问题,风、车良性互动参与电网调度能起到协调增效作用。

文献[13-14]设计含风电及电动汽车接入的多目标调度模型,但仅考虑电动汽车储能属性;文献[15]考虑规模化电动汽车及风电接入,但其侧重于电网运行经济性方面的研究;文献[16]虽考虑电动汽车及风电接入,但对风–车出力随机性的处理较为简单。以上文献虽同时考虑风–车的接入,但对风电随机性及电动汽车出行不确定性的处理还较为简单。整体来看,在规模化风电及电动汽车接入的背景下,综合风、车不确定性接入的动态节能减排调度研究还亟待深入。

本章针对风、车的不确定性,设计基于场景削减的风速时间序列模型及电动汽车集群模型,综合节能减排因素,以及功率平衡、车主出行需求、旋转备用等约束,构建含风电及电动汽车接入的多目标电力调度模型,利用模糊两阶段规划方法,分析了所建模型的合理性及有效性。

4.2　系统设计框架

本章构建基于风电及电动汽车接入的新型电力系统,调度中心负责电力负荷、风速的预测及各供电主体的出力调控,电力调度框架如图4-1所示。

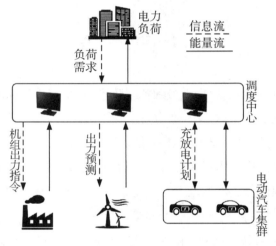

图 4-1　电力调度框架

4.3　风电及 EV 不确定性建模

4.3.1　风电单元

采用风速时间序列模型预测风电出力,根据误差模型生成大量场景,利用场景削减技术对误差场景进行削减。

4.3.1.1　风速场景生成

风速预测以历史风速为基础,采用自回归滑动平均[ARMA(1,1)]模型模拟风速场景误差,生成大量风速误差序列,其误差模型[17]见式(4-1)。

$$\Delta V_t = \mu \Delta V_{t-1} + Z_t + \nu Z_{t-1} \tag{4-1}$$

式中，ΔV_t 为 t 时段风速预测误差；Z_t 为服从正态分布 $N(0, \sigma_z^2)$ 的随机变量；μ、ν 为相应参数。

将模拟得到的风速误差序列与原始风速结合，不断重复此过程，即可得到大量风速场景。

4.3.1.2　场景削减

对于上述生成的大量风速场景，如对每一个场景进行计算，所需计算量较大，因此，采用同步回带消减法进行场景削减，将生成的 H 个风速场景削减至 h 个场景，保证削减保留的场景集与原始场景概率距离最小，其流程如图 4-2 所示。

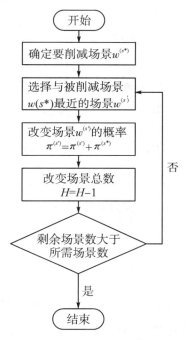

图 4-2　场景削减流程

步骤 1：确定要削减的场景 $w^{(s^*)}$，$s^* \in (1, \cdots, H)$，既考虑场景间的欧氏距离 $d(w^{(n)}, w^{(m)})$，又兼顾了场景出现概率 π，使不具有代表性的场景更易被剔除。

$$\pi^{(s^*)} \pi^{(s)} \min_{s \neq s^*} d(w^{(s)}, w^{(s^*)}) = \min_{m \in \{1, \cdots, H\}} \pi^{(m)} \left\{ \min_{n \neq m, n \in \{1, \cdots, H\}} \pi^{(n)} d(w^{(n)}, w^{(m)}) \right\} \tag{4-2}$$

步骤 2：选出与场景 $w^{(s^*)}$ 最近的场景 $w^{(s')}$。

$$d(w^{(s')}, w^{(s^*)}) = \min_{s \neq s^*} \pi^{(s^*)} \pi^{(s)} d(w^{(s)}, w^{(s^*)}) \tag{4-3}$$

步骤 3：改变与被剔除场景概率距离最近的场景 $w^{(s')}$ 的概率。

$$\pi^{(s')} = \pi^{(s')} + \pi^{(s^*)} \tag{4-4}$$

步骤 4:改变场景总数。

$$H = H - 1 \tag{4-5}$$

步骤 5:当剩余场景数仍然大于需要场景数时,继续重复第 1 步削减。

场景削减技术的目的是利用较少的风速场景,最大程度地拟合风电的随机性特征,以保证模型计算精度。因此,引入资源分布偏差指标,描述削减后场景与原始生成场景偏差,数学模型见式(4-6)。

$$\Delta w = \frac{1}{24} \sum_{t=1}^{24} \frac{\sum\limits_{d \in h} \pi_d w_{d,t}^{\text{typ}} - \sum\limits_{d \in H} w_{d,t}^{\text{ori}}}{\sum\limits_{d \in H} w_{d,t}^{\text{ori}}} \tag{4-6}$$

式中,$w_{d,t}^{\text{typ}}$ 为场景削减后场景 d 在 t 时刻的风速;$w_{d,t}^{\text{ori}}$ 为原始风速;π_d 为削减后场景 d 的概率。

4.3.1.3 风电出力转换

风电输出功率与风速有关,其功率输出特性 $p_{w,t}$ 与风速 v_t 的关系见式(4-7)。

$$P_{w,t} = \begin{cases} 0, & v_t < v_{\text{in}} \text{或} v_t \geqslant v_{\text{out}} \\ P_W \dfrac{v_t - v_{\text{in}}}{v_{\text{rate}} - v_{\text{in}}}, & v_{\text{in}} \leqslant v_t \leqslant v_{\text{rate}} \\ P_W, & v_{\text{rate}} \leqslant v_t < v_{\text{out}} \end{cases} \tag{4-7}$$

式中,P_W 为风力发电机总装机容量,单位为 kW;v_{in} 为切入风速;v_{out} 为切出风速;v_{rate} 为额定风速。

4.3.2 电动汽车集群

随着电动汽车规模的增加,以单台车作为对象建模并进行调度会造成"维数灾"问题,而当 EV 接入达到一定规模时,可对其行为规律进行集群化处理。本小节根据对大量车主行为的规律统计[18],拟合得到规模化 EV 概率分布情况。其中,EV 的入网及离网时间符合正态分布,对应概率密度函数见式(4-8)。

$$f(t) = \frac{1}{\sqrt{2\pi}\delta_s} \exp\left[-\frac{(t - u_s)^2}{2\delta_s^2}\right] \tag{4-8}$$

式中,u_s 为电动汽车接网与离网时刻概率密度函数对应均值;δ_s 为对应方差。电动汽车集群流程如图 4-3 所示。

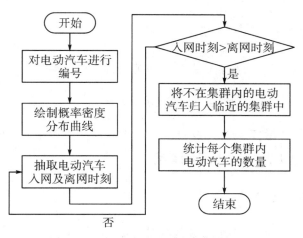

图 4-3　电动汽车 EV 集群流程

本小节根据通勤车需求,电动汽车采用一日两充模式,根据概率密度函数,将电动汽车分为 12 个集群,其分类规则见表 4-1 所列。

表 4-1　EV 分类规则

集群序号	接入时刻	离开时刻	集群序号	接入时刻	离开时刻
1	08:00	16:00	7	17:00	次日 07:00
2	08:00	17:00	8	17:00	次日 08:00
3	08:00	18:00	9	18:00	次日 07:00
4	09:00	16:00	10	18:00	次日 08:00
5	09:00	17:00	11	19:00	次日 07:00
6	09:00	18:00	12	19:00	次日 08:00

对于少量不在所建集群分类区间的电动汽车,采用"就近原则"处理,在保证精度的同时,又改善了模型求解效率。

4.4　含风电及 EV 的节能减排调度建模

4.4.1　目标函数

根据国家可再生能源全额上网的政策,本小节优先考虑风电的消纳,然后对火电机组及电动汽车充放电进行调度,在忽略风电场发电成本的前提下,考虑火电机组的节能减排目标。

4.4.1.1　节能目标

本小节以机组燃料费用最小表征系统的节能目标,见式(4-9)。

$$\min T_C = \sum_{i=1}^{N} \sum_{t=1}^{T} (a_i + b_i P_{i,t} + c_i P_{i,t}^2) \tag{4-9}$$

式中,N 为火电机组的数量;T 为总调度时段,$T = 24$ h;$P_{i,t}$ 为机组 i 在时段 t 的出力,单位为 MW;a_i、b_i 及 c_i 为火电机组 i 的燃料费用系数。

4.4.1.2　减排目标

以机组运行污染排放最小表征系统的减排目标,见式(4-10)。

$$\min E_M = \sum_{i=1}^{N} \sum_{t=1}^{T} (\alpha_i + \beta_i P_{i,t} + \gamma_i P_{i,t}^2) \tag{4-10}$$

式中,α_i、β_i 及 γ_i 为机组 i 的污染气体排放系数。

4.4.2　约束条件

4.4.2.1　功率平衡约束

火电机组、风电场及电动汽车的出力应满足系统负荷需求和网损,数学模型见式(4-11)和式(4-12)。

$$\sum_{i=1}^{N} P_{i,t} + P_{w,t} + P_{ev,t} = P_{D,t} + P_{L,t} \tag{4-11}$$

$$P_{ev,t} = \sum_{k=1}^{K} PEV_{k,t} \tag{4-12}$$

式中,$P_{w,t}$ 为 t 时段风电机组的出力;$P_{ev,t}$ 为 t 时段电动汽车群的充放电功率,正数表示电动汽车放电,负数表示充电;$P_{D,t}$ 为 t 时段的负荷需求;K 为电动汽车集群数;$PEV_{k,t}$ 为电动汽车集群 k 在时段 t 的充放电功率;$P_{L,t}$ 为 t 时段的网络损耗,本小节通过 B 系数法获取,见式(4-13)。

$$P_{L,t} = \sum_{i=1}^{N} \sum_{j=1}^{N} P_{i,t} B_{ij} P_{j,t} + \sum_{i=1}^{N} P_{i,t} B_{i0} + B_{00} \tag{4-13}$$

式中,B_{ij}、B_{i0} 和 B_{00} 为网损系数。

4.4.2.2　机组出力约束

机组出力约束见式(4-14)。

$$P_{i,\min} \leqslant P_{i,t} \leqslant P_{i,\max} \tag{4-14}$$

式中,$P_{i,\min}$ 和 $P_{i,\max}$ 为机组 i 的出力下限及上限。

4.4.2.3　电动汽车约束

电动汽车集群 k 在 t 时段的充放电功率应小于额定充放电功率,且为满足用户的出行需求,在接入电网一个周期内的充放电量之和应相等,即

$$-\eta_{\mathrm{ch}}N_{\mathrm{EV},k}p_{\mathrm{ev}} \leqslant PEV_{k,t} \leqslant \eta_{\mathrm{dch}}N_{\mathrm{EV},k}p_{\mathrm{ev}} \tag{4-15}$$

$$S_{k,\min} \leqslant S_{k,t} \leqslant S_{k,\max} \tag{4-16}$$

$$S_{k,t+1} = S_{k,t} + PEV_{k,t} \tag{4-17}$$

$$\sum_{t=1}^{T} PEV_{k,t} = 0 \tag{4-18}$$

式中,η_{ch} 和 η_{dch} 为电动汽车额定充放电功率;$N_{\mathrm{EV},k}$ 为集群 k 内电动汽车的数量;p_{ev} 为电动车电池容量;$S_{k,t}$ 为电动汽车集群 k 的电池电量;$S_{k,\max}$、$S_{k,\min}$ 为集群 k 的电池电量的上、下限。

4.4.2.4　机组爬坡约束

机组爬坡约束见式(4-19)。

$$\begin{cases} P_{i,t} - P_{i,t-1} \leqslant U_{\mathrm{R},i} \times \Delta T \\ P_{i,t-1} - P_{i,t} \leqslant D_{\mathrm{R},i} \times \Delta T \end{cases} \tag{4-19}$$

式中,$U_{\mathrm{R},i}$ 和 $D_{\mathrm{R},i}$ 为机组 i 的上、下爬坡速率;ΔT 为时间间隔,$\Delta T = 1\ \mathrm{h}$。

4.4.2.5　旋转备用约束

随着风电渗透率的不断增加及规模化电动汽车的接入,其出力随机性及电动汽车充放电行为的不确定性将给电网带来不利影响,因此,需在模型中引入正负旋转备用[19],以应对由风电出力的突然增加带来的系统频率过高风险或风电出力的突然下降、停运带来的失负荷风险,见式(4-20)、式(4-21)。

正旋转备用:

$$\sum_{i=1}^{N} \left[(P_{i,\max} - P_{i,t}) \right] + P_{\mathrm{ev},t} \geqslant w_u P_{\mathrm{w},t} + P_{\mathrm{D},t} \times L \tag{4-20}$$

负旋转备用:

$$(P_{i,t} - P_{i,\min}) \geqslant (P_{\mathrm{W}} - P_{\mathrm{w},t}) w_d + P_{\mathrm{ev},t} \tag{4-21}$$

式中,L 为系统负荷预测误差对正旋转备用的需求系数;w_u、w_d 为风电场出力预测误差对正、负旋转备用的需求系数。

4.5　模　型　求　解

针对本章构建的动态多目标规划模型,采用模糊两阶段规划方法[20]对其进行求解,其计算流程如图4-4所示。

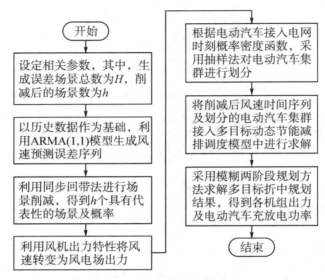

图4-4　利用模糊两阶段规划方法求解的流程图

模糊两阶段规划方法被用来求解所建节能减排调度优化问题的折中规划结果,其流程步骤如下。

(1)针对多目标规划问题中的各个单目标,求取各单目标情景下的最值,然后根据各单目标最值构建隶属度函数。

(2)以所有隶属度函数的最小值为新规划目标,进行单目标线性规划计算。

(3)对单目标求得隶属度函数进行最小值约束处理,然后最大化隶属度函数之和,求得多目标折中规划结果。

4.6　算　例　分　析

本小节选用10机系统[16]作为对象进行日前调度研究,调度周期为24 h,电动汽车接入规模为50 000辆,u_s分别取7、8、16.5、17.5,δ_s分别为0.8、0.6、1、1.1,风电装机容量为50 MW,电动汽车及风电相关参数见表4-2所列,系统旋转备用系数取10%。

表 4-2　电动汽车及风电参数

切入风速/(m·s⁻¹)	切出风速/(m·s⁻¹)	额定风速/(m·s⁻¹)	EV 额定容量/kW
3	20	12	24

假定电动汽车接入电网初始荷电状态为 70%,放电下限为 20%,电动汽车接入电网起始时刻即可进行调度,直至离开电网前一个时刻。本小节设定生成误差场景为 2 000 个,削减后不同场景数目下的风资源偏差见表 4-3 所列。由表 4-3 可知,削减场景后,随场景数目的增加,剩余场景与原始生成场景的偏差减小。当场景削减为 5 时,偏差仅为 5.81%;当削减为 50 时,偏差降为 1.4%。因此,场景削减技术能较好地拟合风电随机特征。同时,为兼顾模型计算效率,本小节以 5 个风电场景为实例,得到的典型风电场景见表 4-4 所列。

表 4-3　不同场景数目下的风资源偏差

场景数目	5	10	20	50	100	200
偏差/%	5.81	4.04	2.35	1.40	0.71	0.43

表 4-4　典型风电场景

	风速/(m·s⁻¹)					
时刻	场景 1	场景 2	场景 3	场景 4	场景 5	原始数据
01:00	9.20	5.21	8.00	8.04	7.09	7.95
02:00	9.74	3.98	6.29	5.76	6.74	7.50
03:00	10.46	4.70	7.02	8.34	8.00	8.85
04:00	8.55	4.28	7.60	8.08	7.42	7.32
05:00	9.48	4.46	5.07	7.72	5.35	6.42
06:00	8.97	5.90	5.31	10.20	7.15	7.32
07:00	11.46	7.63	7.12	8.61	8.98	7.95
08:00	8.90	5.66	7.26	8.31	6.72	7.32
09:00	4.69	4.96	6.04	4.59	6.92	5.88
10:00	3.74	4.06	3.34	6.03	6.48	4.80
11:00	5.08	7.02	4.97	7.82	8.35	6.60
12:00	6.77	8.03	5.46	6.81	10.02	7.50
13:00	8.04	9.74	8.24	10.03	9.80	8.85
14:00	7.38	10.95	9.43	10.89	10.20	9.48
15:00	9.74	13.26	10.23	12.29	10.11	11.10

			风速/(m·s⁻¹)			
时刻	场景 1	场景 2	场景 3	场景 4	场景 5	原始数据
16:00	10.10	13.05	13.06	13.17	11.79	12.00
17:00	9.99	11.54	9.90	11.27	9.90	10.65
18:00	8.44	8.11	9.14	9.86	8.48	9.12
19:00	7.95	8.37	9.66	9.25	9.14	8.40
20:00	7.92	8.77	8.96	10.83	11.91	9.30
21:00	9.14	11.02	11.69	9.12	11.57	9.75
22:00	9.07	11.73	11.01	9.41	12.68	11.10
23:00	9.79	10.39	8.69	8.79	11.84	10.20
24:00	8.63	10.71	7.24	8.81	11.51	9.75
概率	0.147	0.121	0.264	0.328	0.141	1.000

4.6.1 节能减排调度结果

在以上工作的基础上,根据模糊两阶段规划方法求解该模型,结果见表4-5所列。

表 4-5　极端解和最优折中解

目标	燃料费用/$	污染排放/lb
节能最优	2.3065×10^6	2.9345×10^5
减排最优	2.4480×10^6	2.5873×10^5
最优折中解	2.3325×10^6	2.7609×10^5

由表4-5可知,对于多目标模型,并不存在绝对意义上的最优解,取而代之的是折中解。当电网仅考虑经济因素时,减排目标较高;同理,当追求环境因素时,燃料费用将增加。本小节充分考虑节能、减排因素,取目标折中解进行合理决策。

为验证该调度结果的正确性,附录D的附图D-8及表4-6给出了最优折中解下各火电机组、电动汽车、风电出力、负荷及网损功率。各集群电动汽车的充放电功率见表4-7所列,如附录D的附图D-9所示。综合表4-6及附录D的附图D-8可知,最优折中解情况下,该调度方案满足功率平衡约束。在23:00至次日03:00这5个时段,负荷处于低谷期,且风电输出较高,电动汽车通过充电来消纳过剩电能。在04:00—07:00这4个时段,负荷逐渐升高,而风电输出降低,电动汽车通过放电满足负荷需求并提供旋转备用需求。在21:00—22:00这2个时段,电力负荷骤然下降,风电输出逐渐升高,受机组爬坡约束的影响,机组出力不能瞬间下降,因此,电动汽车通过减少放电来维持系统功率平衡。由附录 D 的附图 D-9 可看出,在满足车主出行规律及负荷需求的基础上,通过集群划分方法,不同集群在不同时刻的电动汽车充放电行为更加明确,使其更好地参与电网调度及与新能源互动。

表 4-6　各时段最优折中解情况

时刻	火电机组出力/MW										充放电功率/MW	风电功率/MW	网损功率/MW	负荷功率/MW
	机组 1	机组 2	机组 3	机组 4	机组 5	机组 6	机组 7	机组 8	机组 9	机组 10				
01:00	150.2	135.1	120.6	137.1	193.4	159.4	129.5	119.6	76.0	54.3	−237.8	26.6	28.1	1 036
02:00	150.2	135.1	140.4	156.0	213.2	159.3	129.7	119.7	79.2	54.4	−223.4	26.9	30.7	1 110
03:00	150.2	135.2	146.2	160.6	217.9	159.6	129.7	119.8	79.4	54.6	−94.8	31.3	31.4	1 258
04:00	150.2	135.2	151.3	164.8	220.5	159.7	129.7	119.7	79.4	54.6	48.4	24.5	32.0	1 406
05:00	150.2	135.2	156.0	167.4	223.5	159.6	129.7	119.8	79.4	54.7	116.1	20.8	32.4	1 480
06:00	150.1	135.2	163.8	199.8	225.9	159.6	129.7	119.7	79.5	54.6	219.9	24.6	34.4	1 628
07:00	176.4	172.9	240.4	249.7	226.8	159.6	129.7	119.7	79.5	54.7	112.3	25.0	44.6	1 702
08:00	256.3	252.8	320.3	299.6	243.0	160.0	130.0	120.0	80.0	55.0	−102.2	26.1	64.6	1 776
09:00	295.0	296.4	335.1	299.9	243.0	160.0	130.0	120.0	80.0	55.0	−33.0	15.0	72.2	1 924
10:00	294.9	297.6	335.1	299.9	243.0	160.0	130.0	120.0	80.0	55.0	67.0	12.1	72.3	2 022
11:00	294.8	297.4	335.1	299.9	243.0	160.0	130.0	120.0	80.0	55.0	142.6	20.7	72.3	2 106
12:00	294.2	297.2	335.5	299.9	243.0	160.0	130.0	120.0	80.0	55.0	182.8	24.4	72.3	2 150
13:00	294.2	296.6	335.6	299.9	243.0	160.0	130.0	120.0	80.0	55.0	100.0	29.3	72.2	2 072
14:00	291.2	293.0	331.9	299.9	243.0	160.0	130.0	120.0	80.0	55.0	−44.0	35.6	71.4	1 924
15:00	266.2	263.7	322.7	299.8	243.0	160.0	130.0	120.0	80.0	55.0	−139.9	42.1	66.4	1 776
16:00	186.6	183.9	259.6	261.8	242.8	159.6	129.6	119.9	79.9	54.9	−126.2	50.0	48.6	1 554
17:00	157.3	138.3	248.3	250.8	242.6	159.6	129.6	119.9	79.9	54.9	−99.6	40.4	42.7	1 480
18:00	197.1	185.5	277.3	279.3	242.6	159.6	129.6	119.9	79.9	54.9	−81.8	34.7	51.5	1 628
19:00	198.9	190.2	279.2	280.4	242.6	159.6	129.6	119.9	79.9	54.9	61.5	30.5	52.1	1 776
20:00	205.3	198.4	282.4	283.5	242.6	159.6	129.6	119.9	79.9	54.9	233.1	35.3	53.5	1 972
21:00	202.6	192.8	280.3	281.4	242.6	159.6	129.6	119.9	79.9	54.9	197.5	34.6	52.7	1 924
22:00	177.8	159.3	255.0	248.8	242.6	159.6	129.6	119.9	79.9	54.9	1.1	44.3	45.5	1 628
23:00	150.2	135.2	175.5	199.1	224.7	159.6	129.7	119.7	79.4	54.6	−105.2	44.4	34.8	1 332
24:00	150.2	135.2	155.1	167.2	223.5	159.5	129.7	119.8	79.5	54.6	−195.2	37.3	32.4	1 184

表 4-7　电动汽车充放电功率

时刻	电动汽车充放电功率/MW												
	集群 1	集群 2	集群 3	集群 4	集群 5	集群 6	集群 7	集群 8	集群 9	集群 10	集群 11	集群 12	总功率
01:00	0.00	0.00	0.00	0.00	0.00	0.00	−25.89	−25.55	−48.47	−48.19	−44.26	−45.40	−237.76
02:00	0.00	0.00	0.00	0.00	0.00	0.00	−22.85	−22.90	−45.47	−44.78	−43.15	−44.25	−223.41
03:00	0.00	0.00	0.00	0.00	0.00	0.00	−16.82	−18.53	−13.73	−15.82	−14.03	−15.89	−94.81
04:00	0.00	0.00	0.00	0.00	0.00	0.00	6.21	−2.02	20.92	2.76	18.31	2.23	48.41

时刻	电动汽车充放电功率/MW												
	集群 1	集群 2	集群 3	集群 4	集群 5	集群 6	集群 7	集群 8	集群 9	集群 10	集群 11	集群 12	总功率
05:00	0.00	0.00	0.00	0.00	0.00	0.00	16.05	3.52	37.06	13.79	33.14	12.59	116.13
06:00	0.00	0.00	0.00	0.00	0.00	0.00	23.88	22.74	46.06	44.00	41.94	41.24	219.87
07:00	0.00	0.00	0.00	0.00	0.00	0.00	23.31	0.00	45.93	0.00	43.08		112.33
08:00	-38.78	-44.09	-19.34	0.00	0.00	0.00	0.00	0.00	0.00	0.00	0.00		-102.20
09:00	-5.49	-9.69	4.95	-9.83	-14.45	1.51	0.00	0.00	0.00	0.00	0.00		-32.99
10:00	18.39	17.72	15.83	4.81	1.71	8.48	0.00	0.00	0.00	0.00	0.00		66.95
11:00	32.41	35.46	17.81	21.55	23.08	12.30	0.00	0.00	0.00	0.00	0.00		142.61
12:00	41.76	47.47	9.63	35.67	40.87	7.38	0.00	0.00	0.00	0.00	0.00		182.78
13:00	19.92	29.90	7.17	13.87	23.69	6.28	0.00	0.00	0.00	0.00	0.00		100.83
14:00	-22.64	0.09	0.19	-22.08	0.41	0.04	0.00	0.00	0.00	0.00	0.00		-43.98
15:00	-45.58	-25.53	0.10	-43.99	-25.06	0.14	0.00	0.00	0.00	0.00	0.00		-139.92
16:00	0.00	-51.34	-12.37	0.00	-50.25	-12.20	0.00	0.00	0.00	0.00	0.00		-126.15
17:00	0.00	0.00	-23.99	0.00	0.00	-23.94	-26.03	-25.67	0.00	0.00	0.00		-99.62
18:00	0.00	0.00	0.00	0.00	0.00	0.00	-4.93	-4.88	-35.96	-36.00	0.00	0.00	-81.77
19:00	0.00	0.00	0.00	0.00	0.00	0.00	20.61	20.41	21.92	20.63	-10.71	-11.37	61.48
20:00	0.00	0.00	0.00	0.00	0.00	0.00	25.41	25.08	47.41	47.22	43.46	44.47	233.06
21:00	0.00	0.00	0.00	0.00	0.00	0.00	24.13	23.72	39.64	40.74	34.00	35.27	197.49
22:00	0.00	0.00	0.00	0.00	0.00	0.00	0.16	0.18	0.18	0.21	0.18	0.17	1.09
23:00	0.00	0.00	0.00	0.00	0.00	0.00	-2.74	-2.58	-27.80	-28.72	-20.46	-22.93	-105.23
24:00	0.00	0.00	0.00	0.00	0.00	0.00	-17.19	-16.84	-41.76	-41.76	-38.41	-39.22	-195.18

4.6.2 不同场景调度分析

为进一步验证所建模型的合理性,设置不同调度场景。

场景 1:电动汽车不接入系统,装机容量为 50 MW 的风电接入系统。

场景 2:5 万辆电动汽车接入,风电不接入系统。

场景 3:5 万辆电动汽车及装机容量为 50 MW 的风电均接入系统。

在上述 3 个场景中,参数均保持一致,其求解结果见表 4-8 所列。

表 4-8 不同场景调度结果

场景	目标	燃料费用/ $	污染排放/lb
1	节能最优	$2.359\ 0 \times 10^6$	$3.036\ 6 \times 10^5$
	减排最优	$2.473\ 8 \times 10^6$	$2.748\ 4 \times 10^5$
	最优折中解	$2.406\ 6 \times 10^6$	$2.888\ 9 \times 10^5$

场景	目标	燃料费用/ $	污染排放/lb
2	节能最优	$2.370\ 9\times10^6$	$3.077\ 7\times10^5$
	减排最优	$2.510\ 1\times10^6$	$2.731\ 5\times10^5$
	最优折中解	$2.411\ 3\times10^6$	$2.904\ 1\times10^5$
3	节能最优	$2.306\ 5\times10^6$	$2.934\ 5\times10^5$
	减排最优	$2.448\ 0\times10^6$	$2.587\ 3\times10^5$
	最优折中解	$2.332\ 5\times10^6$	$2.760\ 9\times10^5$

由表 4-8 可看出,比较场景 1、2 的调度结果,当有风电接入时,最优燃料费用降低了 11 900 $,最优污染排放增加了 1 690 lb。由此可知,风电可减少火电机组的出力,降低系统燃料费用。同时,电动汽车能灵活调节机组的出力,增加机组的旋转备用,降低火电机组出力带来的污染排放。综合比较场景 1、3 可知,风电及电动汽车同时接入时,最优燃料费用降低了 52 500 $;比较场景 2、3,最优污染排放降低了 14 420 lb。综上可知,风–车互动参与电网调度可有效改善系统的节能减排运行,有助于节能减排。

4.6.3　不同电动汽车规模

将不同规模的电动汽车接入电力系统,调度结果见表 4-9 所列、如图 4-5 所示。

表 4-9　不同规模 EV 调度结果

电动汽车数量/万辆	目标	燃料费用/ $	污染排放/lb
2	节能最优	$2.335\ 1\times10^6$	$3.003\ 9\times10^5$
	减排最优	$2.462\ 1\times10^6$	$2.667\ 9\times10^5$
3	节能最优	$2.324\ 9\times10^6$	$2.975\ 7\times10^5$
	减排最优	$2.470\ 8\times10^6$	$2.637\ 7\times10^5$
4	节能最优	$2.312\ 8\times10^6$	$2.941\ 1\times10^5$
	减排最优	$2.449\ 3\times10^6$	$2.604\ 9\times10^5$
5	节能最优	$2.306\ 5\times10^6$	$2.934\ 5\times10^5$
	减排最优	$2.448\ 0\times10^6$	$2.587\ 3\times10^5$
6	节能最优	$2.301\ 9\times10^6$	$2.943\ 7\times10^5$
	减排最优	$2.445\ 5\times10^6$	$2.575\ 9\times10^5$
7	节能最优	$2.300\ 4\times10^6$	$2.937\ 9\times10^5$
	减排最优	$2.446\ 2\times10^6$	$2.570\ 2\times10^5$
8	节能最优	$2.299\ 7\times10^6$	$2.924\ 5\times10^5$
	减排最优	$2.446\ 5\times10^6$	$2.564\ 3\times10^5$

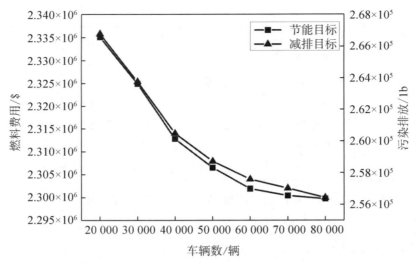

图 4-5   不同规模 EV 目标变化曲线

由表 4-9 及图 4-5 可知,随着电动汽车规模的增加,其灵活调节机组出力的能力增强,系统的经济费用及污染排放量呈下降趋势。其中,电动汽车规模为 2 万～5 万辆时,节能、减排目标的下降幅度较大,而为 6 万～8 万辆时,其下降幅度较小。由此可见,一定规模的电动汽车接入电网,能有效调节机组出力,而其规模过大时,其自身充电需求增加,机组在满足功率平衡的基础上,损失了部分负荷调节能力,最终影响电网的节能减排效果。

4.6.4 不同风电规模

表 4-10 给出不同风电规模(以 50 MW 为基准)下的极端解对比。

表 4-10   不同风电规模下的极端解对比

风电规模的增加倍数	目标	燃料费用/ $	污染排放/lb
1	节能最优	2.306 5×10⁶	2.934 5×10⁵
	减排最优	2.448 0×10⁶	2.587 3×10⁵
2	节能最优	2.252 7×10⁶	2.825 2×10⁵
	减排最优	2.392 6×10⁶	2.468 7×10⁵
3	节能最优	2.189 6×10⁶	2.677 9×10⁵
	减排最优	2.327 1×10⁶	2.328 7×10⁵
4	节能最优	2.146 1×10⁶	2.569 8×10⁵
	减排最优	2.278 3×10⁶	2.229 7×10⁵
5	节能最优	2.093 3×10⁶	2.464 8×10⁵
	减排最优	2.216 7×10⁶	2.118 4×10⁵
6	节能最优	—	—
	减排最优	—	—

由表 4-10 可知,随着风电规模的增加,节能及减排目标随之降低,因此,风电的接入可降低火电机组燃料消耗及污染气体的排放。但当风电规模增加到 6 倍时,调度结果无解,即系统不能提供风电所需的备用容量。且对比文献[21]可知,电动汽车灵活充放电可为系统提供更多的旋转备用容量,有效增加风电接入的规模。因此,风–车以互动模式接入电网,能有效提高系统对清洁能源的接纳能力,并最终提高电网的节能、减排效益。

4.7 结 论

在规模化电动汽车及风电接入电网这一背景下,针对电力系统多目标节能减排调度问题,本章的主要工作如下。

(1)考虑电动汽车及风电出力的不确定性,建立基于场景削减技术的风速时间序列模型及基于蒙特卡洛抽样的电动汽车集群模型。

(2)构建规模化风电及电动汽车接入的节能、减排调度模型,采用模糊两阶段规划方法,对模型进行有效调度求解。

(3)通过不同场景接入、不同电动汽车及风电规模等算例,验证大规模风电及电动汽车良性互动参与电网调度能有效改善电网的经济性及环保性。

参 考 文 献

[1]杰里米·里夫金.第三次工业革命[M].张体伟,孙豫宁,译.北京:中信出版社,2012:42-56.

[2]QIAO B J,ZHANG X W. Sparse deconvolution for the large-scale ill-posed inverse problem of impact force reconstruction [J]. Mechanical systems and signal processing, 2017, 83: 93-115.

[3]周玮,彭昱,孙辉,等.含风电场的电力系统动态经济调度[J].中国电机工程学报,2009,29(25):13-18.

[4]刘晓飞,张千帆,崔淑梅.电动汽车 V2G 技术综述[J].电工技术学报,2012,27(2):121-127.

[5]赵俊华,文福拴,薛禹胜,等.计及电动汽车和风电出力不确定性的随机经济调度[J].电力系统自动化,2010,34(20):22-29.

[6]张伯明,吴文传,郑太一,等.消纳大规模风电的多时间尺度协调的有功调度系统设计[J].电力系统自动化,2011,35(1):1-6.

[7]张文韬,王秀丽,吴雄,等.大规模风电接入下含大用户直购电的电力系统调度模型研究

[J]. 中国电机工程学报,2015,35(12):2927-2935.

[8]LIANG R H,LIAO J H. A fuzzy-optimization approach for generation scheduling with wind and solar energy systems[J]. IEEE transactions on power systems,2007,22(4):1665-1674.

[9]潘振宁,王克英,瞿凯平,等.考虑大量 EV 接入的电-气-热多能耦合系统协同优化调度[J].电力系统自动化,2018,42(4):104-112.

[10]ZHOU X,AI Q. Distributed economic and enironmental dispatch in two kinds of cchp microgrid clusters[J]. International journal of electrical power & energy systems,2019,112:109-126.

[11]ALLISON W,PAULINA J,JEREMY M. Estimating the potential of controlled plug-in hybrid electric vehicle charging to reduce operational and capacity expansion costs for electric power systems with high wind penetration[J]. Applied energy,2014,115:190-204.

[12]李本新,韩学山,刘国静,等.风电与储能系统互补下的火电机组组合[J].电力自动化设备,2017,37(7):32-37,54.

[13]刘东奇,王耀南,袁小芳.电动汽车充放电与风力/火力发电系统的协同优化运行[J].电工技术学报,2017,32(3):18-26.

[14]LI Z,GUO Q,SUN H,et al. Emission-concerned wind-ev coordination on the transmission grid side with network constraints:concept and case study[J]. IEEE transactions on smart grid,2013,4(3):1692-1704.

[15]葛晓琳,郝广东,夏澍,等.考虑规模化电动汽车与风电接入的随机解耦协同调度[J].电力系统自动化,2020,44(4):54-65.

[16]QU B Y,QIAO B H,ZHU Y S,et al. Dynamic power dispatch considering electric vehicles and wind power using decomposition based multiobjective evolutionary algorithm[J]. Energies,2017,10(12):1991.

[17]KHODAEI A,SHAHIDEHPOUR M. Microgrid-based co-optimization of generation and transmission planning in power systems[J]. IEEE transactions on power systems,2013,28(2):1582-1590.

[18]杨冰,王丽芳,廖承林.大规模电动汽车充电需求及影响因素[J].电工技术学报,2013,28(2):22-27.

[19]邱威,张建华,刘念.含大型风电场的环境经济调度模型与解法[J].中国电机工程学报,2011,31(19):8-16.

[20]李荣钧.多目标线性规划模糊算法与折中算法分析[J].运筹与管理,2001(3):13-18.

[21]朱永胜,王杰,瞿博阳,等.含风电场的多目标动态环境经济调度[J].电网技术,2015,39(5):1315-1322.

▶ 第5章　新能源微电网多层级车网协同优化策略

5.1　引　　言

电动汽车作为低碳出行的首选,近年来发展迅速[1],然而由我国一次能源利用现状可知,EV 直接入网不仅不易达到低碳的预期,而且会增大负荷峰谷差,进而影响系统运行的安全稳定性[2]。对 EV 接入新能源微网(new energy microgrid,NEMG)进行统一调配管理,可有效减缓规模化 EV 入网所带来的消极影响。此策略不仅可实时消纳清洁能源,达成真正的绿色低碳理念[3-4],还可利用车网互动(vehicle-to-grid,V2G)技术完成削峰填谷、提供辅助服务等目标,从而实现车网协同优化的多重效益[5-6]。

EV 作为一种交通工具,其使用主体是具有社会属性的群体,因此,应将用户参与调控的积极性放在考虑因素的首位。文献[7]提出车网互动激励价格机制,提升用户参与度系数后,使 EV 参与 V2G 的激励价格与当前系统的削峰需求呈正相关增长趋势。文献[8]指出,用户的积极性对 EV 的参与度起决定作用,当参与度小于最低临界值时,网内负荷曲线偏离正常趋势。文献[9]计及用户满意度与配网安全性建立"配网—充电站"双侧架构,但模型中 EV 的频繁充放电会对电池产生较大的负面影响。目前,较多研究将 EV 并入 NEMG,以达到加强 NEMG 经济性和安全性、改善资源配置、调节系统综合性能的目的[10-14]。文献[15-18]对 EV 接入 NEMG 的优化调度方式为集中式,随着参与电力系统调度的参与方类型的日益丰富,各利益主体的设备隐私需求也随之增加,导致集中式调度难以获取参与方的整体信息,进而限制电力系统的优化,而多层级协同调度恰好可解决这一难题。

针对规模化 EV 接入 NEMG 的经济运行与负荷波动问题,本章提出考虑用户积极性的 NEMG 多层级车网协同优化策略。根据各可调度单元属性的差异,将 EV、清洁能源等归纳至相应层级,每层充分考虑其运行特性,设定相应调度指标,以达到多方互利共赢的目标,最后通过微网系统验证了所建架构的合理性与有效性。

5.2　多层级车网协同优化策略框架

本章所研究的多层级车网协同优化策略框架如图 5-1 所示。其中，$P_L(t)$ 为经负荷层优化后的 NEMG 功率，$P_{NL}(t)$ 为经微网层优化后的 NEMG 功率。由图 5-1 可知，所研究的多层级车网互动系统包含风电机组（wind turbine，WT）、光伏机组（photo voltaic，PV）、燃气轮机（micro turbine，MT）、热电联产机组（cogeneration units，CU）、蓄电池（storage battery，SB）、智能充电桩等设备。本章调度的 EV 根据用户上报给微网调控中心的数据，分为 EV 集群 A 和 EV 集群 B。当 EV 集群 A 用户第 2 天有出行计划时，需考虑用户出行需求；当 EV 集群 B 用户第 2 天无出行计划时，此集群中的 EV 为实时可控 EV。负荷层对 NEMG 原始负荷削峰填谷的同时优化 EV 用户的积极性；微网层利用 EV 与 SB 的储能特性最大化消纳清洁能源，以减小净负荷均值并缩减运行成本；配网层优化 MT 与主网联络线出力来削减综合运行成本并减弱交互功率波动。

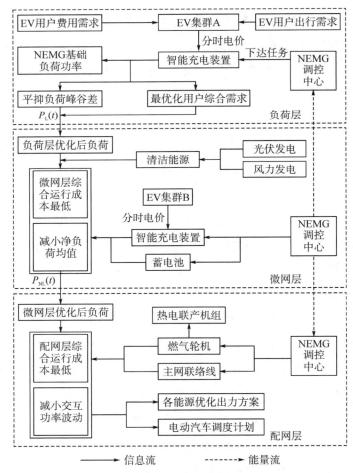

图 5-1　多层级车网协同优化策略框架

5.3　多层级优化调度策略

5.3.1　负荷层

5.3.1.1　EV 用户积极性模型

负荷层将 EV 作为调控负荷的手段。在负荷高峰时,制定较高交互电价,促使 EV 放电和减少充电行为;在负荷低谷时,制定较低交互电价,促使 EV 充电和减少放电行为,以达到通过分时电价引导 EV 有序充放电来优化负荷曲线的目的。此策略需要 EV 用户积极参与并接受调度,便利性与经济性是影响用户参与积极性的两个重要因素,因此,EV 用户积极性模型由便利性与经济性构成,对应指标分别为 EV 用户出行充电需求指标 γ_i^1 与 EV 用户费用支出指标 γ_i^2。

(1)EV 用户出行充电需求指标为

$$\gamma_i^1 = \begin{cases} 0, 0 \leqslant S_{\text{out},i} < \dfrac{Q_{\text{m},i}}{Q_{\text{s},i}} \\[2mm] \delta, \dfrac{Q_{\text{m},i}}{Q_{\text{s},i}} \leqslant S_{\text{out},i} < S_{\text{b},i} \\[2mm] 1, S_{\text{out},i} \geqslant S_{\text{b},i} \end{cases} \tag{5-1}$$

$$S_{\text{b},i} = \frac{Q_{\text{m},i} + Q_{\text{r},i}}{Q_{\text{s},i}} \tag{5-2}$$

式中,$S_{\text{out},i}$ 为第 i 辆 EV 离网时的荷电状态(SOC);$Q_{\text{m},i}$ 为日常行驶容量;$Q_{\text{s},i}$ 为电池容量;δ 为不同 SOC 的 EV 离网时出行充电需求指数;$S_{\text{b},i}$ 为用户预期 SOC;$Q_{\text{r},i}$ 为备用行驶容量。

(2)EV 用户费用支出指标为

$$\gamma_i^2 = 1 - \frac{C_i - C_i^{\min}}{C_i^{\max} - C_i^{\min}} \tag{5-3}$$

$$C_i = \sum_{t=1}^{T} \left[P_i(t)\psi_{\text{EV}}^{\text{buy}}(t)I_i(t) - P_i(t)\psi_{\text{EV}}^{\text{sel}}(t)I_i(t) \right] + \sum_{t=1}^{T} |P_i(t)| \frac{C_{\text{cha}}}{E_{\text{cha}}^{\max}} \tag{5-4}$$

式中,C_i 为第 i 辆 EV 的充电费用支出;$C_i^{\min}$ 和 $C_i^{\max}$ 分别为第 i 辆 EV 充电的最低与最高支出费用;$P_i(t)$ 为 t 时段的 EV 充放电功率;$\psi_{\text{EV}}^{\text{buy}}(t)$ 和 $\psi_{\text{EV}}^{\text{sel}}(t)$ 分别为 EV 购、售电价;$I_i(t)$ 为充放电状态 $[I_i(t)>0$ 充电,$I_i(t)<0$ 放电];T 为总时间;C_{cha} 为更换电池费用;$E_{\text{cha}}^{\max}$ 为最大充放电量。

（3）EV 用户的综合积极性指数 γ 为

$$\gamma = \frac{1}{Z} \sum_{i=1}^{Z} (\partial_1 \gamma_i^1 + \partial_2 \gamma_i^2) \tag{5-5}$$

式中，Z 为 EV 数量；∂_1 和 ∂_2 分别为 EV 用户出行充电需求指标系数和 EV 用户费用支出指标系数。

5.3.1.2　EV 荷电状态模型

EV 在行驶中，其行驶路程与车辆的 SOC 呈现出线性关系[19]，且 EV 充电功率恒定。单辆 EV 的 SOC 模型为

$$\begin{cases} E_{ch,i} = (S_{b,i} - S_{in,i}) Q_{s,i} \\ S_i(t+1) = S_i(t) + \dfrac{P_i(t)\eta\Delta t}{Q_{s,i}}, t \in [T_{in,t}, T_{out,t}] \\ 0 \leq |P_i(t)| \leq P_{max} \\ P_i(t) = 0, \qquad\qquad t \notin [T_{in,t}, T_{out,t}] \\ \eta \sum_{t=T_{in,t}}^{T_{out,t}} P_i(t)\Delta t = E_{ch,i} \end{cases} \tag{5-6}$$

式中，$E_{ch,i}$ 为第 i 辆 EV 充电电量；$S_{in,i}$ 为第 i 辆 EV 入网时的 SOC；$S_i(t+1)$ 为第 i 辆 EV 在 $t+1$ 时段的 SOC；$S_i(t)$ 为第 i 辆 EV 在 t 时段的 SOC；Δt 为单位时段；η 为 EV 充放电效率；P_{max} 为 EV 最大充放电功率；$T_{in,t}$ 与 $T_{out,t}$ 分别为 EV 入网、离网时刻。

5.3.1.3　EV 出行行为时空随机性模型

EV 用户每天的离网时刻与入网时刻分别服从均值为 6.92、方差为 1.24，以及均值为 17.47、方差为 1.80 的正态分布[15]，则 EV 出行行为时空随机性模型为

$$T_{out,i} \sim N(6.92, 1.24^2) \tag{5-7}$$

$$T_{in,i} \sim N(17.47, 1.80^2) \tag{5-8}$$

5.3.2　微网层

5.3.2.1　优化目标

为保证系统经济性及充分消纳清洁能源，微网层以 NEMG 运行成本最少和净负荷均值最低作为优化目标，其表达式为

$$\min F_1 = C_{SB}^{co} + C_{EVB}^{co} \tag{5-9}$$

$$\min F_2 = \frac{1}{T} \sum_{t=1}^{T} P_{NL}(t) \tag{5-10}$$

$$C_{SB}^{co} = |P_{SB}(t)| (K_{SB}^{om} + K_{SB}^{los}) \tag{5-11}$$

$$C_{EVB}^{co} = \left| \sum_{t=1}^{T} P_{EV}(t) \psi_{EV}^{sel}(t) \right| \quad P_{EV}(t) \leqslant 0 \tag{5-12}$$

$$P_{NL}(t) = -P_{PV}(t) - P_{WT}(t) + P_{SB}(t) + P_{EV}(t) + P_L(t) \tag{5-13}$$

$$P_L(t) = P_{LB}(t) + P_{EV}^A(t) \tag{5-14}$$

式中,F_1 为 NEMG 运行成本的目标函数;F_2 为净负荷均值的目标函数;C_{SB}^{co} 为储能的综合运行费用;C_{EVB}^{co} 为 EV 集群 B 的收益;$P_{SB}(t)$、$P_{EV}(t)$、$P_{PV}(t)$、$P_{WT}(t)$ 分别为 SB、EV、PV、WT 在 t 时段的功率;K_{SB}^{om} 和 K_{SB}^{los} 分别为 SB 运行成本系数与损耗成本系数;$P_{LB}(t)$ 为 NEMG 原始负荷;$P_{EV}^A(t)$ 为 EV 集群 A 的有序充放电功率。

5.3.2.2　约束条件

(1)SB 荷电状态约束为

$$S_{SB}^{min} \leqslant S_{SB}(t) \leqslant S_{SB}^{max} \tag{5-15}$$

式中,$S_{SB}(t)$ 为 SB 在 t 时段的荷电状态;S_{SB}^{max} 和 S_{SB}^{min} 分别为 $S_{SB}(t)$ 的上、下限。

(2)SB 出力上下限约束为

$$P_{SB}^{min} \leqslant P_{SB}(t) \leqslant P_{SB}^{max} \tag{5-16}$$

式中,P_{SB}^{max} 和 P_{SB}^{min} 分别为 $P_{SB}(t)$ 的上、下限。

(3)EV 荷电状态约束为

$$S_{EV}^{min} \leqslant S_i(t) \leqslant S_{EV}^{max} \tag{5-17}$$

式中,S_{EV}^{max} 和 S_{EV}^{min} 分别为 $S_i(t)$ 的上、下限。

5.3.3　配网层

5.3.3.1　优化目标

为降低对主网的影响以及保证自身的经济性,配网层以 MT 与主网联络线的综合运行成本最低和主网交互功率波动最低为优化指标,其表达式为

$$\min F_3 = C_{CO} + C_{EN} + C_{RMT} \tag{5-18}$$

$$\min F_4 = \frac{1}{24} \sum_{t=1}^{T} \left| P_{GRI}(t) - \frac{1}{T} \sum_{t=1}^{T} P_{GRI}(t) \right| \tag{5-19}$$

式中,F_3 为 MT 与主网联络线综合运行成本的目标函数;F_4 为主网交互功率波动的目标函

数;C_{CO}、C_{EN}、C_{RMT} 分别为配网层发电费用、环境治理总费用、供热的额外收益;$P_{GRI}(t)$ 为 t 时段微网与主网间的传输功率。

配网层发电费用 C_{CO} 的表达式为

$$C_{CO} = C_{MT} + C_{GC} \tag{5-20}$$

$$C_{MT} = \frac{\psi_G}{W_{LHV}} \sum_{t=1}^{T} \frac{P_{MT}(t)}{\eta_{MT}} + \sum_{t=1}^{T} K_{MT} P_{MT}(t) + \sum_{t=1}^{T} \frac{C_{MT}^{ins}}{8760 P_{MT} f_{MT}} \frac{h(1+h)^u}{(1+h)^u - 1} P_{MT}(t) \tag{5-21}$$

$$C_{GC} = \sum_{t=1}^{T} \left[P_{GRI}(t) \psi_{GRI}^{buy} I_{gri}^{buy}(t) - P_{GRI}(t) \psi_{GRI}^{sel} I_{gri}^{sel}(t) \right] \tag{5-22}$$

式中,C_{MT} 为 MT 发电费用;C_{GC} 为联络线交互费用;ψ_G 和 W_{LHV} 分别为天然气价格与低热值;η_{MT}、$P_{MT}(t)$、C_{MT}^{ins}、P_{MT} 分别为 MT 的效率、在 t 时段功率、装机费用、额定功率;f_{MT} 为容量因子;h 为折旧率;u 为有效使用期限;K_{MT} 为单位运维费用系数;$\psi_{GRI}^{buy}(t)$ 和 $\psi_{GRI}^{sel}(t)$ 分别为向主网购、售电价格;$I_{gri}^{buy}(t)$ 和 $I_{gri}^{sel}(t)$ 分别为购、售电状态。

传统能源发电会带来 CO_x、SO_2、NO_x 等一系列污染物,为实现绿色低碳理念,扩大清洁能源入网规模,引入环境治理费用 C_{EN} 为

$$C_{EN} = \sum_{t=1}^{T} \sum_{j=1}^{J} (C_j \lambda_{MT,j}) P_{MT}(t) + \sum_{t=1}^{T} \sum_{j=1}^{J} (C_j \lambda_{gri,j}) P_{GRI}(t) \tag{5-23}$$

式中,j 为污染物种类;J 为污染物种类总数;C_j 为处理第 j 类污染物的单位费用;$\lambda_{MT,j}$ 和 $\lambda_{gri,j}$ 分别为 MT 和主网联络线污染物的单位排放量。

在燃气轮机提供电能的同时,还可进行热电联产,以实现能量梯级利用,计算供热额外收益 C_{RMT} 为

$$C_{RMT} = \psi_R K_R \eta_{re} \sum_{t=1}^{T} P_{MT}(t) \frac{1 - \eta_{MT} - K_{loss}}{\eta_{MT}} \tag{5-24}$$

式中,ψ_R 为供热售卖价格;K_R 为供热系数;η_{re} 为余热回收效率;K_{loss} 为热量散失系数。

5.3.3.2　约束条件

(1)传输功率约束为

$$P_{GRI}^{min} \leqslant P_{GRI}(t) \leqslant P_{GRI}^{max} \tag{5-25}$$

式中,P_{GRI}^{max} 和 P_{GRI}^{min} 分别为 $P_{GRI}(t)$ 的上、下限。

(2)MT 出力约束为

$$P_{MT}^{min} \leqslant P_{MT}(t) \leqslant P_{MT}^{max} \tag{5-26}$$

式中,P_{MT}^{max} 和 P_{MT}^{min} 分别为 $P_{MT}(t)$ 的上、下限。

（3）MT 爬坡约束为

$$|P_{\mathrm{MT}}(t)-P_{\mathrm{MT}}(t-1)|\leqslant\Delta P_{\mathrm{MT}}^{\max} \tag{5-27}$$

式中，$P_{\mathrm{MT}}(t-1)$ 为 MT 在 $t-1$ 时刻的功率；$\Delta P_{\mathrm{MT}}^{\max}$ 为 MT 的最大爬坡功率。

（4）NEMG 购、售电状态变量约束为

$$0\leqslant I_{\mathrm{gri}}^{\mathrm{buy}}(t)+I_{\mathrm{gri}}^{\mathrm{sel}}(t)\leqslant 1 \tag{5-28}$$

（5）功率平衡约束为

$$P_{\mathrm{GRI}}(t)+P_{\mathrm{MT}}(t)=P_{\mathrm{NL}}(t) \tag{5-29}$$

5.4　求　解　方　法

采用蒙特卡洛模拟算法和多目标粒子群优化（multiobjective particle swarm optimization，MPSO）算法联合求解本章所建模型。使用前者求解负荷层模型，使用后者求解微网层和配网层多目标、高维、非线性、多约束的优化模型，并在求解的同时对算法进行改进。

5.4.1　改进粒子更新策略

为使标准 MPSO 算法在全局与局部都拥有较均衡的搜索能力，本章根据迭代次数 y 的不同来实时动态调节惯性权重，此方案可在算法前期保持多样性，在后期保持较好的收敛性并使搜索准确，惯性权重 ω 的调节表达式为

$$\omega=\omega_{\max}-(\omega_{\max}-\omega_{\min})(y/y_{\max})^2 \tag{5-30}$$

式中，$\omega_{\min}$ 与 $\omega_{\max}$ 分别为惯性权重的最小值与最大值；y 为迭代次数；$y_{\max}$ 为最大迭代次数。

5.4.2　时变变异

考虑到 MPSO 算法易在运算初期陷入局部最优，优选一种时变变异算子 ξ。通过调节算子来实现粒子变异，其步骤如下。

（1）选取位于区间 $[0,1]$ 的随机数赋值给 r_1、r_2。

（2）若 $\xi>r_1$，则在 1 和决策变量维数 n 间取整数 k；若 $\xi<r_1$，则继续进行变异循环。

（3）对于第 a 个粒子的第 k 维位置 $X_{a,k}$，利用 $X_{a,k}=X_{\min}+(X_{\max}-X_{\min})r_2$ 进行变异。$X_{\min}$、$X_{\max}$ 分别为粒子 a 位置的最小值和最大值。

多层级车网协同优化策略仿真计算流程如图 5-2 所示。

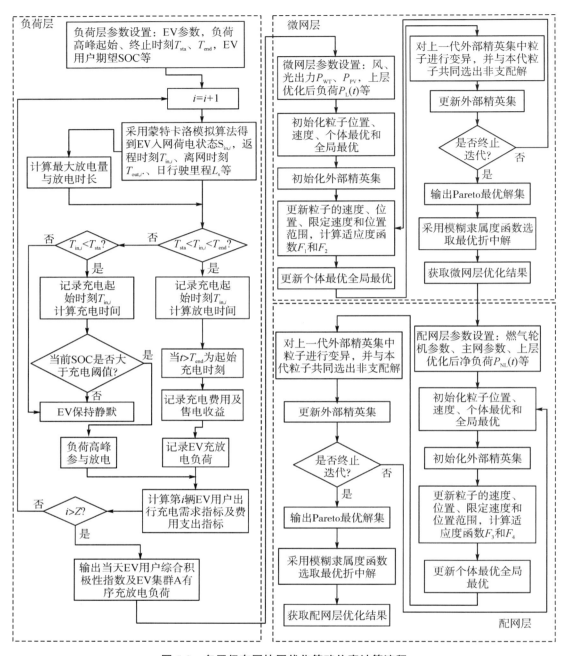

图 5-2　多层级车网协同优化策略仿真计算流程

5.5　算例分析

5.5.1　参数设定

本小节以某并网型 NEMG 为例,得到 EV 相关参数、NEMG 系统各单元相关参数、污染物排放及处理参数[20-25],分别见表 5-1 至表 5-3 所列。

表 5-1　EV 相关参数

参数	数值	参数	数值
$Q_i^s/(kW \cdot h)$	24	$S_{EV}^{min}, S_{EV}^{max}$	0.15,1
P_{max}/kW	3	η	0.9

表 5-2　NEMG 系统各单元相关参数

参数	数值	参数	数值
P_{MT}^{min}/kW	0	h	0.1
P_{MT}^{max}/kW	65	K_R	1.2
$\Delta P_{MT}^{max}/kW$	15	K_{los}	0.1
η_{MT}	0.3	K_{SB}^{los}	0.2
f_{MT}	0.148	K_{SB}^{om}	0.104

表 5-3　污染物排放及处理参数

类型		CO_2	SO_2	NO_x
处理成本/(元 $\cdot$ kg^{-1})		0.023	6	8
排放系数[g/(kW $\cdot$ h)]	WT	0	0	0
	PV	0	0	0
	MT	725	0.004	0.2
	主网	889	1.8	1.6

5.5.2　实验结果分析

5.5.2.1　负荷层优化结果

在负荷层对 EV 集群 A 进行 3 个方面的比较,分别为综合指标最优的 EV 有序充放电调度、用户便利性最优的 EV 无序充电调度和用户经济性最优的 EV 有序充放电调度。以原始负荷为参照,3 种调度方案的负荷曲线如图 5-3 所示。

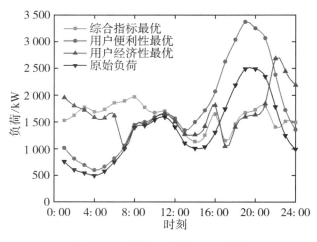

图 5-3　3 种调度方案的负荷曲线

由图 5-3 可知,在用户便利性最优情况下,EV 的充电时间集中在 8:00—12:00 与 18:00—22:00,此充电时间与用户的工作生活规律高度重合,该充电模式进一步加剧负荷 "峰上加峰",对 NEMG 产生消极作用。在用户经济性最优情况下,EV 的充电时间集中在电价低谷的 22:00—24:00 与 1:00—6:00,为获取收益,在电价高峰的 17:00—21:00 时段内放电,因"同群效应"的影响,此方案将会产生新的负荷峰谷。在综合指标最优情况下,EV 负荷可进行转移,处于负荷高峰时,符合条件的 EV 可向 NEMG 输送部分电能,以缓解高峰负荷带来的负面影响,并可产生一定收益,度过负荷高峰时段后,EV 可在电价较低时段充电,以满足出行需求并可减少用电费用支出。

3 种调度方案的指标对比见表 5-4 所列。

表 5-4　3 种调度方案的指标对比

方案	净支出费用/元	负荷峰谷差/kW	综合满意度
用户便利性最优	9 315.717	2 768.502	0.5
用户经济性最优	2 187.935	1 665.501	0.5
综合指标最优	2 436.149	833.773	0.817

由表 5-4 可知,综合积极性系数越大,代表用户参与调度的积极性越强烈。用户便利性最优方案的净支出费用与负荷峰谷差均为最大值。用户经济性最优方案与综合指标最优方案相比,虽然净支出费用略低,但负荷峰谷差较大,因此,对 NEMG 产生的消极影响较大。由上述方案的对比可知,本小节所提方案不仅兼顾用户出行便利性与经济性,使用户积极性综合指标达到最大,还使 EV 合理充放电达成削峰填谷的目标。

5.5.2.2　微网层优化结果

将负荷层优化得到的 EV 充放电功率与基础负荷叠加传送至微网层,与该层的风光出力共同组成净负荷。微网层采用 5.3 节所述方法求解,通过调控 SB 以及 EV 集群 B 的出力来进行净负荷的优化配置,取微网层运行成本为 1.540×10^3 元、净负荷均值为 613.03 kW 为最优折中解。

微网层各单元出力曲线如图 5-4 所示。

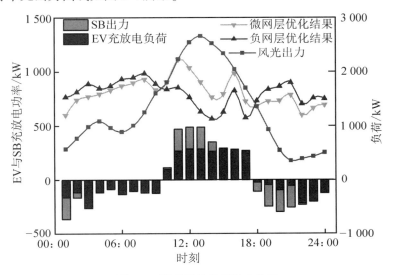

图 5-4　微网层各单元出力曲线

由图 5-4 可知,EV 与 SB 在风光出力较低的时段 18:00—24:00 与 1:00—9:00 放电,该时段内清洁能源供给量小于 NEMG 负荷的需求量。EV 与 SB 在清洁能源出力盈余的时间段 10:00—18:00 充电,该时段内的清洁能源供给量大于 NEMG 负荷的需求量。优化后的 NEMG 负荷曲线大体上已贴合清洁能源出力态势,可达到尽可能多消纳清洁能源以降低运行成本与碳排放的目的。

5.5.2.3　配网层优化结果

将微网层优化得到的 NEMG 净负荷传送至配网层,该层调度单元为 MT 与交互功率。配网层与微网层的求解方法相同,取配网层运行成本为 1.710×10^4 元、交互功率波动为 412.348 kW 为最优折中解。

配网层各单元出力曲线如图 5-5 所示。

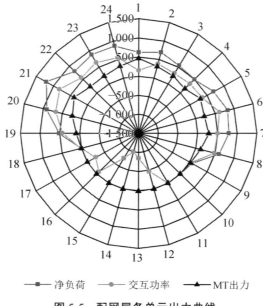

——■—— 净负荷　——●—— 交互功率　——▲—— MT出力

图 5-5　配网层各单元出力曲线

由图 5-5 可知,相对于主网发电的大量污染物排放,MT 发电不论是污染物排放量还是运行成本都相对较低,其在每个净负荷为正的时段均有出力,当不足以支撑需求量时,才从主网购买。在 10:00—17:00 这个时间段内,清洁能源出力充沛而微网层不足以完全消纳清洁能源,此时将电能出售给主网,不仅可以获取收益、提升经济性,还可以完全消纳清洁能源,杜绝弃风、弃光现象的发生。在 18:00—24:00 与 1:00—9:00 这 2 个时间段内,MT 几乎一直处于全额出力状态,但由于机组数量限制与净负荷较大,主网出力还是占据主要部分。

5.5.2.4　对比分析

将 NEMG 不分层级调度策略与本章所提的 NEMG 多层级调度策略的结果进行对比,两种策略下的 NEMG 运行结果对比见表 5-5 所列。

表 5-5　两种策略下的 NEMG 运行结果对比

策略	交互功率波动/kW	综合运行总成本/元	净负荷均值/kW
不分层级调度	457.984	$2.476×10^4$	800.727
多层级调度	412.348	$2.107×10^4$	613.03

由表 5-5 可知,与本章所提策略的运行结果相对比,采用不分层级调度策略时,其交互功率波动扩大 11.1%,系统综合运行成本增加 17.5%,净负荷均值扩大 30.5%。数据显示,不分层级调度策略的各项指标均远不及本章所提多层级调度策略。

5.6　结　　论

本章针对规模化 EV 接入 NEMG 的经济运行与负荷波动问题,提出一种考虑用户积极性的 NEMG 多层级车网协同优化策略。在负荷层考虑 EV 用户积极性的前提下,改善了 EV 充放电计划;微网层调动储能与 EV 最大化消纳清洁能源,以实现低碳理念并节约成本;配网层调度分布式电源出力,以减少运行成本、稳定交互波动。通过算例分析所得的结论如下。

(1)考虑 EV 用户积极性的模型令用户的积极性大幅提升,不仅在实现削峰填谷目标中发挥良好作用,还使 EV 充放电调度更加贴合实际。

(2)通过与不分层级调度策略对照,本章所提多层级调度策略调节了系统的综合性能,可实现系统经济性、稳定性、环境效益等方面的互利共赢。

参 考 文 献

[1]王震坡.双碳目标下电动汽车有序充电与车网互动技术研究[J].电力工程技术,2021,40
(5):1.

[2]CHENG S,WEI Z,ZHAO Z. Decentralized scheduling optimization for charging : torage station considering multiple spatial-temporal transfer factors of electric vehicles[J]. International Journal of Energy Research,2021,45(5):6800-6815.

[3]程杉,倪凯旋,赵孟雨.基于 Stackelberg 博弈的充换储一体化电站微电网双层协调优化调度[J].电力自动化设备,2020,40(6):49-55,69.

[4]SHI R,LI S,ZHANG P,et al. Integration of renewable energy sources and electric vehicles in V2G network with adjustable robust optimization[J]. Renewable Energy,2020,153(7):1067-1080.

[5]赵小瑾,张开宇,冯冬涵,等.基于强化学习的电动汽车集群实时优化调度策略[J].智慧电力,2022,50(1):53-59,81.

[6]林晓明,唐建林,张帆,等.基于虚拟同步策略的电动汽车 V2G 技术在多能互补系统中的研究及应用[J].电力系统保护与控制,2022,50(13):143-150.

[7]王敏,吕林,向月.计及 V2G 价格激励的电动汽车削峰协同调度策略[J].电力自动化设备,2022,42(4):27-33,85.

[8]崔金栋,罗文达,周念成.基于多视角的电动汽车有序充放电定价模型与策略研究[J].

中国电机工程学报,2018,38(15):4438-4450,4644.

[9]王行行,赵晋泉,王珂,等.考虑用户满意度和配网安全的电动汽车多目标双层充电优化[J].电网技术,2017,41(7):2165-2172.

[10]许梦瑶,艾小猛,方家琨,等.考虑用户积极性的电动汽车与机组联合调频的两阶段随机优化调度模型[J].电网技术,2022,46(6):2033-2041.

[11]KUMER G V,LU M Z,LIAW C M. Interconnected operations ofelectric vehicle to grid and microgrid[J]. Journal of Energy andPower Technology,2021,3(2):1-26.

[12]MICHAEL N E,HASAN S,MISHRA S. Virtual inertia provisionthrough data centre and electric vehicle for ancillary servicessupport in microgrid[J]. IET Renewable Power Generation,2020,14(18):3792-3801.

[13]张蒙.基于分布式优化算法的含风电和电动汽车的电网滚动优化运行[D].西安:西安理工大学,2021.

[14]CHENG S,WEI Z,SHANG D,et al. Charging load prediction anddistribution network reliability evaluation considering electricvehicles´ spatial- temporal transfer randomness[J]. IEEE Access,2020,99(8):124084-12409.

[15]李龙,贺瀚青,张钰声,等.配电网接纳电动汽车充电负荷能力的评估方法[J].电网与清洁能源,2022,38(11):107-116.

[16]叶子欣,刘金朋,郭霞,等.基于用户响应画像的居民小区电动汽车充放电优化策略研究[J].智慧电力,2022,50(10):87-94,115.

[17]LI F,GUO H,JING Z,et al. Peak and valley regulation ofdistribution network with electric vehicles[J]. The Journal ofEngineering,2019,2019(16):2488-2492.

[18]占恺峤,胡泽春,宋永华,等.含新能源接入的电动汽车有序充电分层控制策略[J].电网技术,2016,40(12):3689-3695.

[19]蒋卓臻,向月,刘俊勇,等.集成电动汽车全轨迹空间的充电负荷建模及对配电网可靠性的影响[J].电网技术,2019,43(10):3789-3800.

[20]LU X,ZHOU K,YANG S,et al. Multi-objective o-ptimal load dispatch of microgrid with stochastic acce-ss of electric vehicles[J]. Journal of Cleaner Productio-n,2018,195(10):187-199.

[21]占缘.基于改进模拟退火粒子群算法的微电网优化调度[D].南昌:南昌大学,2021.

[22]李国庆,翟晓娟,李扬,等.基于改进蚁群算法的微电网多目标模糊优化运行[J].太阳能学报,2018,39(8):2310-2317.

[23]HOU H,XUE M,XU Y,et al. Multiobjectivejoint economic dispatching of a microgrid with

multiple distributed generation[J]. Energies,2018,11(12):3264-3283.

[24]邢紫佩,王守相,梅晓辉,等.考虑电动汽车充放电全程功率变化率和用户舒适度的 V2H 调度策略[J].电力自动化设备,2020,40(5):70-77.

[25]WU Y J, LIANG X Y, HUANG T, et al. A hierarchical framework for renewable energy sources consumption promotion among microgrids through two-layer electricity prices[J]. Renewable and Sustainable Energy Reviews,2021,145(2):111140.

▶ 第6章　考虑需求响应的微电网低碳优化调度

6.1　引　　言

　　"碳达峰、碳中和"是我国的重大战略决策,如何实现"双碳"目标也是当前的研究热点与重点,对于电力行业,大力发展新能源,构建新型微电网系统,加快电力低碳化,推动能源清洁转型,是实现"碳达峰、碳中和"目标的必由之路[1-2]。因此,在构建新型的微电网系统时,需要对如何减少碳排放,以及促进可再生能源并网消纳和提高源荷两侧的运行安全性等问题予以考虑。

　　为了优化微电网运行,建立系统经济调度模型,提出了一种多时间尺度、两阶段鲁棒机组组合策略[3];为了提升可再生能源消纳,减少碳排放,建立了一种在不同负荷调度策略下的混合微电网系统优化模型[4]。上述研究多以提高微电网的经济性为目标,然而在低碳电力的要求下,碳排放问题格外重要,在当前碳交易市场的引导作用下,碳交易机制被认为是有效的碳减排措施之一。通过分析碳交易对发电计划的影响,充分利用需求侧的各种资源,一种低碳机组组合模型被提出[5];文献[6]中分析了不同发电资源的二氧化碳排放特征,考虑碳捕获单元和需求响应,将碳交易成本纳入目标函数,建立了低碳经济调度模型;为了实现发电公司的利润最大化,优化电力、燃料和碳市场的决策过程,提出了一种考虑碳市场收益的阶梯碳交易成本机制,并建立一个连续两个阶段的动态决策模型[7];以上对碳交易机制的研究并没有充分考虑未用完的碳排放配额,当机组的实际碳排放量低于碳排放配额时,应给予奖励,以更好地达到低碳目标,所以系统有必要深化碳交易机制。

　　可再生能源配额制 RPS（renewable portfolio standard）和绿色证书交易 TGC（tradable green certificate）机制为提高可再生能源发电消纳率以及降低碳排放提供了新的途径。为促进可再生能源的开发利用,提出一种基于可交易绿色证书机制的风能-太阳能-水电多目标动态经济排放调度策略[8];为帮助恢复可再生能源投资,构建考虑能源与绿色证书交易的日前和实时两阶段市场均衡模型[9];为分析可再生能源配额制和绿色证书交易政策对电力市场中参与者决策行为的影响,建立一个多参与者动态博弈模型[10];因此,碳交易和绿色证书交易机制互补,兼顾电力经济和节能减排的重要手段,可有效减少电力系统的碳排放,有必要将碳交易和绿色证书交易机制引入微电网系统中。

以上研究大多从源侧角度展开,但是系统调峰不足和多种负荷资源的出现,给电力系统的稳定运行带来挑战。文献[11]构建考虑风力发电和需求响应的电力系统经济环境日前调度模型,模型以燃料成本、碳排放和有功功率损耗为目标,采用常规燃煤发电、风电和需求响应的综合调度模式。根据电力系统对风电并网发电的调控能力不足,一种考虑调节容量约束的电力系统源-网-负荷协调规划模型被建立[12]。该模型考虑了电力系统的调峰能力和柔性调节能力,同时也考虑了需求响应的积极影响。

综上所述,在低碳目标下,如何优化碳交易机制,促进可再生能源的消纳,并考虑源荷之间的相互作用,仍需研究人员进一步研究。本章的主要创新点如下。

(1)在传统碳交易机制的基础上,建立奖惩阶梯型碳交易模型,提高企业的碳减排积极性。

(2)考虑到碳配额和可再生能源配额制度的新要求,在微网优化模型中引入碳市场和绿色证书交易,实现了可再生能源环境效益向经济效益的转化。

(3)基于需求响应,建立了一种新型的微电网低碳调度模型,既能完成系统碳减排和可再生能源消纳任务,又能减小系统的峰谷差。

6.2　微电网调度框架

在对微电网进行低碳处理的研究中,若系统只考虑采用碳交易运行方式的电厂,忽略了通过灵活调整荷侧的用电策略来减少碳排放的潜力,将不能有效地实现低碳目标,因此,需要引入需求响应。需求响应可削减高峰负荷,缓解电厂负荷的净出力压力,减小电厂提供上旋转备用的压力,缓解机组在需减小出力满足低碳要求与需额外开机提供备用两方面的矛盾。同时,若系统只考虑需求响应,在源侧不进行阶梯碳交易,则减少二氧化碳排放的压力将会转移到荷侧,导致系统对需求响应的过度依赖,进而不利于系统的稳定运行。

结合上述,因此本节构建如图 6-1 所示的微电网系统调度框架,在源荷两侧分别进行赏罚碳、绿色证书交易及充分发挥需求响应资源,以便在微电网系统中达到减少二氧化碳排放的效果,提高系统的低碳性能,促进系统低碳运行。

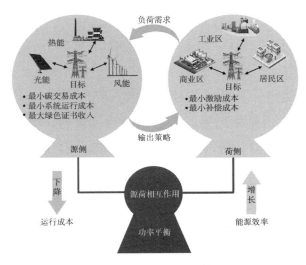

图 6-1　微电网系统调度框架

6.3　微电网低碳调度模型

本章所研究的微电网电力系统由火电机组、风电机组、光伏及储能装置等构成,在源侧通过碳、绿色证书交易联合运行,对火电、风电及光伏机组进行节能减排处理,在荷侧进行需求响应,灵活调整用户的用电行为,实现削峰填谷。

6.3.1　奖惩阶梯型碳交易模型

碳交易机制是指通过对碳排放配额进行买卖,实现碳减排。发电企业通过政府或相关部门分配一定的碳排放配额来调节发电计划,当发电企业的实际碳排放量高于所分配的碳配额时,必须从碳交易市场购买碳排放配额;当发电企业的碳排放量低于碳配额时,可以在碳市场出售多余碳配额,提高企业的收益。目前,我国的碳交易机制处于初期阶段,本小节采用基于电力需求的免费碳排放配额,具体方法如下。

$$E_{\mathrm{L}} = \sum_{t=1}^{T} \delta_{\mathrm{L}} P_{\mathrm{D},t} \tag{6-1}$$

式中,E_{L} 为排放额度;δ_{L} 为单位电量碳排放配额;$P_{\mathrm{D},t}$ 为 t 时刻的系统负荷需求;T 为系统调度周期的总小时数。

火电机组的实际碳排放量可按式(6-2)计算。

$$E_{\mathrm{C}} = \sum_{t=1}^{T} \sum_{i \in \Omega_{\mathrm{G}}} \delta_{\mathrm{C},i} P_{\mathrm{G}i,t} \tag{6-2}$$

式中,E_{C} 为实际碳排放量;$\delta_{\mathrm{C},i}$ 为第 i 台火电机组的碳排放系数;$P_{\mathrm{G}i,t}$ 为第 i 台火电机组在 t

时刻的输出功率；Ω_G 为火电机组的数量。

在传统的碳交易中，当企业的二氧化碳排放量超过碳排放配额时，需要购买超额成本。然而，这种贸易形式并不能很好地激发企业节能减排的积极性。为了挖掘企业的减排潜力，本小节提出了奖励系数。当企业的实际碳排放量低于碳排放配额时，政府将给予相应的奖励；相反，当企业的碳排放量高于碳排放配额时，企业需要购买碳排放权。

奖罚阶梯的碳交易成本计算模型见式（6-3）。当系统碳排放量小于碳排放的分配额度时，f_c 为负，表示能源供应企业可以在碳交易市场上出售多余的碳排放配额，并获得一定的奖励；当碳排放量大于碳排放的自由分配时，f_c 为正，这意味着能源供应企业需要在碳交易市场上购买多余的碳排放权。

$$f_c = \begin{cases} -c(1+2\mu)(E_L-d-E_C), & E_C<E_L-d \\ -c(1+2\mu)d-c(1+\alpha)(E_L-E_C), & E_L-d<E_C<E_L \\ c(E_C-E_L), & E_L<E_C<E_L+d \\ cd+c(1+\alpha)(E_C-E_L-d), & E_L+d<E_C<E_L+2d \\ cd(2+\alpha)+c(1+2\alpha)(E_C-E_L-2d), & E_L+2d<E_C<E_L+3d \end{cases} \quad (6-3)$$

式中，f_c 为系统所承担的碳交易成本；c 为绿色证书交易市场上的碳交易价格；d 为碳排放区间长度；μ、α 分别为惩罚系数与奖励系数。

6.3.2　绿色证书交易市场模型

绿色证书交易机制是配合可再生能源配额制顺利实施的辅助政策，由专门机构对特定的可再生能源发电量进行认证，发放具有可再生能源电量标识的可交易的证书。

与 CET（碳交易市场）类似，GCT（绿色证书交易市场）也是通过交易来发挥市场在资源优化配置中的作用。GCT 成本模型的第一阶段为发电企业的实际可再生能源发电比例严重不足，超出惩罚裕度，此时不仅需要对可再生能源电量进行购买（反映在模型上时，以购买绿证形式表示），而且还需要缴纳罚款；GCT 成本模型的第二阶段为实际可再生能源发电比例小于规定配额比例，但仍在惩罚裕度内，此时仅需要对不足可再生能源发电量以绿色证书证形式进行购买；GCT 成本模型的第三阶段为实际可再生能源发电比例大于规定配额比例，此时企业可以出售多余绿色证书获取收益。GCT 模型表示为

$$f_{GCT} = \begin{cases} -c_{gre}P_{total}s-c_f(k-s-\eta)P_{total}, & \eta<k-s \\ -c_{gre}(kP_{total}-P_w-P_v), & k-s\leqslant\eta<k \\ c_{gre}(P_w+P_v-kP_{total}), & \eta\geqslant k \end{cases} \quad (6-4)$$

式中，f_{GCT} 为绿色证书交易成本；c_{gre} 为绿色证书交易价格；c_f 为处罚价格；k 为政府规定的可

再生能源发电量占总并网电量的比例;s 为处罚系数;η 为实际可再生能源占上网电量的比例;P_{total}、P_w、P_v 分别为发电企业、WT、PV 的上网电量。P_{total}、P_w、P_v 和 P_t 的关系如下。

$$\eta = \frac{P_w + P_v}{P_{total}} \tag{6-5}$$

$$P_{total} = P_G + P_w + P_v \tag{6-6}$$

6.3.3 基于需求响应的调度模型

需求响应可以分为价格型需求响应和激励型需求响应,本小节主要考虑较为常用的基于补偿手段的激励型需求响应机制。激励型需求响应是指电力公司利用补偿手段激励具有调节能力的大负荷用户签订协议,在负荷高峰或低谷期间,或者根据电力公司的要求在固定时间降低或增加电力需求。当用户按照合同实时减少用电需求时,电力公司将对用户给予一定的补偿,当用户按照合同实时增加用电需求时,电力公司将提供折扣电价,用来激励用户的用电行为,因此,可将用户的用电行为视为可调度资源。本小节研究的激励型响应类型为可中断、可激励负荷,是电力系统中削峰填谷时的常用方法。建立的考虑需求响应的优化模型为

$$f_{load} = f_{It} + f_{Ic} \tag{6-7}$$

式中,f_{load} 为负荷侧调度模型综合成本;f_{It} 和 f_{Ic} 分别为可中断负荷的补偿成本、激励负荷的激励成本。它们的计算公式为

$$f_{It} = \sum_{t=1}^{T} \sum_{m=1}^{M} \delta_m \boldsymbol{U}_{Im,t} P_{Im,t} \tag{6-8}$$

$$f_{Ic} = \sum_{t=1}^{T} \sum_{n=1}^{N} \delta_n \boldsymbol{U}_{In,t} P_{In,t} \tag{6-9}$$

$$\sum_{j=1}^{H} Load_{j,t} = P_{D,t} - \sum_{m=1}^{M} \boldsymbol{U}_{Im,t} P_{Im,t} + \sum_{n=1}^{N} \boldsymbol{U}_{In,t} P_{In,t} \tag{6-10}$$

式中,δ_m 为补偿系数;δ_n 为激励系数;$\boldsymbol{U}_{Im,t}$ 和 $\boldsymbol{U}_{In,t}$ 分别为可中断负荷用户的状态向量和激励负荷用户的状态向量,$\boldsymbol{U}_{Im,t} = 1$ 表示中断用户的负载,$\boldsymbol{U}_{Im,t} = 0$ 表示不中断用户的负载,$\boldsymbol{U}_{In,t} = 1$ 表示用户的负载增加,$\boldsymbol{U}_{In,t} = 0$ 表示用户的负载下降;$P_{Im,t}$ 为用户在 t 时刻的中断量;$P_{In,t}$ 为用户在 t 时刻的激励量;$Load_{j,t}$ 为时刻 t 的负荷实际功率。

6.4　微电网低碳经济优化模型

本节主要介绍微电网的目标函数和约束条件。

6.4.1　目标函数

为兼顾系统的低碳经济性,本小节以系统的综合成本为优化目标,考虑各机组的约束条件,构建低碳经济调度模型。目标函数可以写为

$$F = \min \left(f_{G} + f_{w} + f_{v} + f_{c} + f_{e} + f_{load} - f_{GCT} \right) \tag{6-11}$$

火电机组运行成本为

$$f_{G} = \sum_{t=1}^{T} \sum_{i=1}^{U} \left(a_{i} P_{Gi,t}^{2} + b_{i} P_{Gi,t} + c_{i} \right) \tag{6-12}$$

式中,a_i、b_i、c_i 分别为火电机组 i 的煤耗成本系数;U 为火电机组数量;$P_{Gi,t}$ 为 i 号火电机组在 t 时刻的输出功率。

风电运行成本为

$$f_{w} = \sum_{t=1}^{T} k_{w} P_{w,t} \tag{6-13}$$

式中,k_w 为 WT 的运行费用系数;$P_{w,t}$ 为 WT 在 t 时刻的输出功率。

光伏发电运行成本为

$$f_{v} = \sum_{t=1}^{T} k_{v} P_{v,t} \tag{6-14}$$

式中,k_v 为光伏的运行成本系数;$P_{v,t}$ 为 t 时刻光伏的输出功率。

储能的充放电成本为

$$f_{e} = \sum_{i=1}^{T} c_{e} \left| P_{es,t} \right| \tag{6-15}$$

式中,c_e 为储能充放电的单位成本系数;$P_{es,t}$ 为 t 时刻储能的控制功率。

6.4.2　约束条件

系统功率均衡约束为

$$\sum_{i=1}^{U} P_{Gi,t} + P_{w,t} + P_{v,t} + P_{ews,t} = \sum_{j=1}^{H} Load_{j,t} \tag{6-16}$$

火电输出约束为

$$P_{Gi,\min} \leqslant P_{Gi,t} \leqslant P_{Gi,\max} \tag{6-17}$$

式中,$P_{Gi,\min}$ 和 $P_{Gi,\max}$ 分别为火电机组运行时的最小输出和最大输出。

火电机组爬坡约束为

$$\begin{cases} P_{Gi,t} - P_{Gi,t-1} \leqslant R_{i}^{u} \Delta t \\ P_{Gi,t-1} - P_{Gi,t} \leqslant R_{i}^{d} \Delta t \end{cases} \tag{6-18}$$

式中，R_i^u、R_i^d 分别为火电机组的上爬升功率和下爬升功率。

WT 和 PV 的输出约束为

$$0 \leqslant P_{w,t} \leqslant P_{w,t}^{pre} \tag{6-19}$$

$$0 \leqslant P_{v,t} \leqslant P_{v,t}^{pre} \tag{6-20}$$

式中，$P_{w,t}^{pre}$ 和 $P_{v,t}^{pre}$ 分别为 WT 和 PV 的日前预测功率。

为了指导储能设备合理充放电，延长其使用时间，对储能电站的约束设置为

$$-P_{es,max} \leqslant P_{es,t} \leqslant P_{es,max} \tag{6-21}$$

$$SOC_{es,min} \leqslant SOC_{es}(t) \leqslant SOC_{es,max} \tag{6-22}$$

式中，$P_{es,max}$ 为储能设备的最大充电功率；$SOC_{es,min}$ 和 $SOC_{es,max}$ 分别为储能设备的下限和上限；$SOC_{es}(t)$ 为 t 时刻的充电状态，计算公式为

$$SOC_{es}(t) = (1-\rho)SOC_{es}(t-1)\Delta SOC_{es}(t) \tag{6-23}$$

$$\Delta SOC_{es}(t) = \begin{cases} \dfrac{\varphi_c P_{es,t}}{E_{es,max}}, & P_{es,t} \leqslant 0 \\[3mm] \dfrac{P_{es,t}}{\varphi_d E_{es,max}}, & P_{es,t} > 0 \end{cases} \tag{6-24}$$

式中，ρ 为储能电池的自持放电率；$\Delta SOC_{es}(t)$ 为 t 时刻储能装置的电荷变化量；φ_c、φ_d 分别为储能装置的充电功率和放电功率；$E_{es,max}$ 为储能装置的最大容量。当 $P_{es,t}$ 大于 0 时，表示设备处于充电状态；当 $P_{es,t}$ 小于 0 时，表示器件处于放电状态。

绿色证书配额约束为

$$\sum_{t=1}^{T} khP_{D,t} = \sum_{t=1}^{T} [h(P_{w,t} + P_{v,t}) + G_{b,t} - G_{s,t}] \tag{6-25}$$

式中，h 为量化系数 [1 份/(MW·h)]，即绿色电力生产单位可获得的绿色证书数量；$G_{b,t}$、$G_{s,t}$ 分别为系统在 t 时刻购买和销售的绿色证书数量。

可中断和削减负荷约束为

$$\begin{cases} P_{Im,min} \leqslant P_{Im,t} \leqslant P_{Im,max} \\ P_{In,min} \leqslant P_{In,t} \leqslant P_{In,max} \end{cases} \tag{6-26}$$

式中，$P_{Im,min}$ 和 $P_{Im,max}$ 分别为可中断负载用户 m 在 t 时刻的下限值和上限值；$P_{In,min}$ 和 $P_{In,max}$ 分别为激励负荷用户 n 在 t 时刻的下限值和上限值。

6.4.3 解决方法

基于阶梯型碳交易机制的微网优化调度模型需要优化系统调度策略，减少碳排放，并减少系统成本。绿色证书交易机制鼓励可再生能源发电，使系统获得收益。用户的用电策略

可以通过负荷需求响应灵活改变,保证系统稳定运行。本小节采用粒子群算法求解,这是一种基于群体智能的优化算法,模拟了群体行为中的信息共享与协作过程,通过不断地迭代寻优搜寻更合适的粒子,从而找到整体最优解。该算法的求解过程:首先,随机产生一个粒子作为候选解,在此优化问题中设定其所在的位置和移动速度上下限,确定加速度因子参数,设定进化次数和群体规模,选定惯性权重;然后,根据迭代进行寻优,在每次迭代中,所有粒子都会计算自己的适应度值,并更新自己的历史最优位置和群体中所有粒子的历史最优位置。当满足停止条件时,算法输出全局最优解,停止搜索。

本小节进行求解时,微电网机组内考虑到多源机组出力,将出力上下限整体作为一个粒子,方便计算,多源机组出力粒子位置坐标为

$$L_1 = [P_{1,1}, P_{1,2}, \cdots, P_{1,24}, \cdots, P_{5,1}, P_{5,2}, \cdots, P_{7,24}]$$

式中,L_1 为多源机组调度指令;$P_{1,1}$ 到 $P_{4,24}$ 为火电机组功率维度;$P_{5,1}$ 到 $P_{5,24}$ 为光伏机组功率维度;$P_{6,1}$ 到 $P_{6,24}$ 为风电机组功率维度;$P_{7,1}$ 到 $P_{7,24}$ 为储能装置充放电功率维度,其目标函数设置为前文所提到的总成本。

6.5　算例分析

6.5.1　基础数据

微电网包括 WT、PV 和 4 台火电机组,调度周期为 24 h。WT 和 PV 的额定容量为 100 MW。WT、PV 和负荷的预测曲线如图 6-2 所示。碳排放配额系数为 0.587 35 t/(MW·h)。该储能装置的最大充放电功率为 30 MW。储能的 SOC 上下限分别为 0.2、0.8,储能电池的自持放电率为 0,储能装置容量为 60 MW。充放电效率为 0.9。可中断负荷和激励负荷的参数见文献[13]。火电机组参数见表 6-1 所列,其他参数见表 6-2 所列。

表 6-1　火电机组参数

机组	$P_{Gi,min}$	$P_{Gi,max}$	R^u	a	b	c	$\delta_{C,i}$
1	50	15	25	0.002 3	100	1 250	0.97
2	50	15	25	0.002 3	100	1 250	0.97
3	35	10	18	0.001 5	225	167	1.08
4	35	10	15	0.000 9	150	500	1.15

表 6-2　其他参数

参数名称	数值
k	0.15
s	0.02
α	0.2
d	300
c(碳交易价格)$/$(元$/$t)	100
$c_R/[$元$/($MW$\cdot$h$)]$	50
c_{gre}(绿证交易价格)$/[$元$/($MW$\cdot$h$)]$	120
c_f(惩罚价格)$/[$元$/($MW$\cdot$h$)]$	540
k_w(风电运行成本)$/[$元$/($MW$\cdot$h$)]$	30
k_v(光伏运行成本)$/[$元$/($MW$\cdot$h$)]$	40

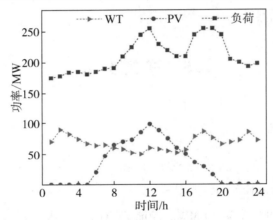

图 6-2　WT、PV 和负荷的预测曲线

6.5.2　方案对比分析

本小节设置了以下 5 个方案,通过对方案的分析,验证了所提模型的合理性,并比较了各方案调度结果的差异。不同方案下的微网调度结果对比见表 6-3 所列。

(1)方案 1:未考虑碳交易机制调度、GCT 和需求响应。

(2)方案 2:考虑传统的碳交易机制,但不考虑 GCT 的调度和需求响应。

(3)方案 3:考虑奖惩阶梯的碳交易,但不考虑 GCT 的调度和需求响应。

(4)方案 4:考虑奖惩阶梯和 GCT 的碳交易,但不考虑需求响应的调度。

(5)方案 5:考虑奖惩阶梯的碳交易、GCT 和需求响应。

表 6-3 不同方案下的微网调度结果对比

方案	系统运行成本/ 10^3 元	碳交易成本/ 10^3 元	绿色证书收入/ 10^3 元	需求响应补偿 成本/10^3 元	碳排放量/t
1	683.35	27.42	0	0	3 290.26
2	669.09	15.65	0	0	3 148.77
3	605.79	−43.58	0	0	2 902.01
4	509.36	−48.89	70.81	0	2 782.90
5	500.54	−50.45	72.52	8.08	2 704.65

6.5.2.1 不同碳交易成本计算模型对微电网运行的影响分析

由表 6-3 可知,对比方案 1 与方案 2,方案 2 的碳排放量降低了 141.49 t,碳交易成本减少,这是因为方案 2 在进行系统调度时引入了碳交易机制,系统能够获得免费的碳配额,所得碳配额能够缩减一部分交易成本,系统的总运行成本也随之减少。

对比方案 2 和方案 3,方案 3 的碳排放量较方案 2 降低了 246.76 t,碳交易成本为负,表明此时系统获得碳收益。这是因为在奖惩阶梯型碳交易机制下,碳配额呈阶梯式上涨,而企业为了避免过多支付碳配额费用,加大了约束系统碳排放量的力度,减少了碳排放量,同时在奖励机制下,企业更愿意出售多余碳配额以获得经济奖励。

通过以上对比发现,奖惩阶梯型碳交易成本计算模型对降低系统碳排放量具有重要作用,使微电网系统更具低碳性。

6.5.2.2 GCT 对微网运行的影响

可再生能源产出的不同情况如图 6-3 所示。为了验证绿色证书交易机制对微电网系统调度的影响,通过对比方案 3 和方案 4 可知,系统得到额外收益 70.81×10^3 元,碳排放量减少了 119.11 t,系统总成本减少了 15.9%,这是因为考虑绿色证书交易后,系统可通过提高可再生能源消纳来获得收益,并减少碳排放量;从绿电占比角度来看,由图 6-3 可知,方案 4 的可再生能源日消纳量为 1 788.44 MW,且与方案 3 的可再生能源消纳量相比,绿电占比率提高了 45.5%,由于绿色证书交易作用,将系统本身富余的绿电配额随绿色证书出售给买方,而系统本身绿电占比仍满足要求,体现本章所提方法促进系统绿色转型的有效性。由此可见,引入绿色证书交易后,在保证系统一定比例绿色电能时,促进了可再生能源的消纳,降低了火电机组在系统中的比重,也使得系统的碳排放量有一定的减少,为社会带来较大的环境效益。

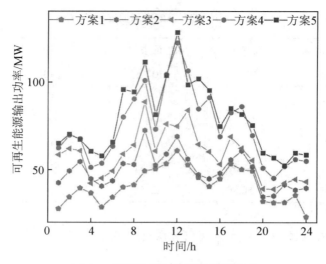

图 6-3　可再生能源产出的不同情况

6.5.2.3　需求响应机制对微电网运行的影响

在方案 4 中,未考虑需求响应策略,用户未及时调整用电策略。因此,在用电高峰期,火电机组的供电压力大,导致系统碳排放量高。在图 6-4 和表 6-3 中,方案 5 引入了需求响应策略。由于用户对用电行为的灵活调整,源侧以更经济和更有效的调度水平运行。从碳排放量来看,方案 5 的碳排放量比方案 4 少 78.25 t,减少了 2.81%。从经济层面上看,方案 5 的系统总成本比方案 4 低 8.82×10³ 元,降低了 1.73%。结果表明,该需求响应策略具有削峰填谷的优势,充分利用了源侧和负荷侧的减排潜力。因此,所提出的方法不仅可以提高微电网的经济效益,也有效降低了系统的碳排放。

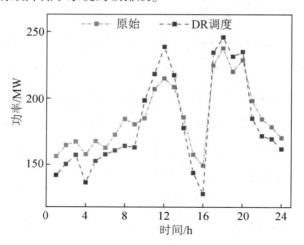

图 6-4　原始和 DR 调度后

6.5.3　碳交易参数对系统的影响

6.5.3.1　碳交易价格对系统碳排放量的影响

图 6-5 描述了在方案 1～5 情景下,碳交易价格变化对系统碳排放总量的影响。在方案 1 中,由于没有考虑碳交易成本,所以碳交易价格的变化不会对系统的总碳排放量产生影响。在方案 2 和 3 中,随着碳交易价格的逐渐上升,碳交易成本在总成本中的占比上升,故对系统的碳排放约束逐渐加强,总碳排放量逐渐减少。然而,当碳交易价格接近 220 元时,由于碳排放量较少的机组已经满发,因此其输出功率逐渐稳定,系统碳排放量的下降趋势逐渐缓慢。

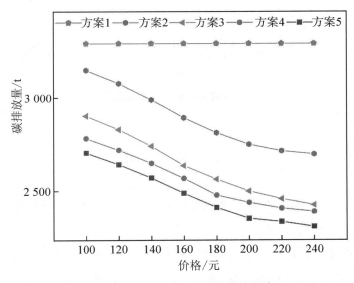

图 6-5　不同价格对碳排放量的影响

6.5.3.2　奖励系数对碳交易成本的影响

为了更好地激励发电企业的积极性,在碳交易成本模型中定义奖励系数,当系统的碳排放总量小于免费分配的碳排放额度时,发电企业可以在碳交易市场出售多余的碳排放额,并且可以获得一定的奖励。

从图 6-6 中可以看出,当系统的碳交易成本大于零时,即系统的碳排放量大于免费分配的碳排放额时,奖励系数对碳交易成本没有影响。当系统的碳交易成本小于零,即系统开始有碳收益时,奖励系数对碳交易成本的影响较大:奖励系数越大,碳交易成本减少得越快,即系统碳排放量下降越显著。

当 $\alpha = 0.2$、单位碳交易价格为 68 元/t 时,系统开始有碳收益,随着碳交易价格的上升,碳收益也随之增大,这是因为此时系统以碳排放量较少的机组为输出主力,从而减少了碳排放量。当碳交易价格为 225 元/t 时,碳交易成本与碳交易价格的变化程度逐渐缓慢,说明此种机组已经满发,碳排放量不再下降。

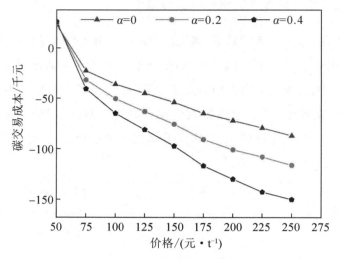

图 6-6　不同奖励系数下的碳交易成本

6.6　结　　论

基于碳交易和 GCT 机制,建立了考虑需求响应的微电网低碳经济调度模型。通过分析优化结果,得出如下结论。

(1)奖惩阶梯型碳交易规划模型通过建立不同区间的交易成本,以及奖励和惩罚系数,用来惩罚高碳排放企业,激励企业节能减排以获得碳收益。相较于无碳交易和传统碳交易机制,该模型展现出更为严格的微电网碳排放控制能力,显著增强了系统的经济性与低碳性。

(2)碳交易和绿色证书交易机制以市场化的方式降低碳排放量,使得微电网优先考虑消纳可再生能源电量,具有良好的经济性和可行性。

(3)微电网优化调度模型中引入了需求响应策略,用户可以更加灵活地调整用电策略,进而降低负荷曲线的峰谷差,减少碳排放量,提高系统的安全性和经济性。

参 考 文 献

[1]LI M Q,GAO H W,ABDULLA A,et al. Combined effects of carbon pricing and power market reform on CO₂ emissions reduction in China's electricity sector[J]. Energy,2022,257:124739.

［2］LAN Z, KUANG J, YANG K, et al. Near-Zero Carbon Coordinated Control Of Renewable Energy Considering Environmental Costs［C］. 2021 IEEE 5th Conference on Energy Internet and Energy System Integration（EI2）,2021:2113-2118.

［3］HAN J, YAN L, LI Z. A Multi-Timescale Two-Stage Robust GridFriendly Dispatch Model for Microgrid Operation［J］. IEEE Access,2020（8）:74267-74279.

［4］ISHRAQUE M F, SHEZAN S A, RASID M M, et al. Techno-Economic and Power System Optimization of a Renewable Rich Islanded Microgrid Considering Different Dispatch Strategies ［J］. IEEE Access,2021（9）:77325-77340.

［5］ZHANG N, HU Z, DAI D, et al. Unit Commitment Model in Smart Grid Environment Considering Carbon Emissions Trading［J］. IEEE Transactions on Smart Grid,2016,7（1）: 420-427.

［6］ZHOU R, LI Y, SUN J, et, al. Low-Carbon Economic Dispatch considering carbon capture unit and demand response under carbon trading［C］. 2016 IEEE PES Asia-Pacific Power and Energy Engineering Conference（APPEEC）,2016:1435-1439.

［7］LI X R, YU C W, XU Z, et al. A Multimarket Decision-Making Framework for GENCO Considering Emission Trading Scheme［J］. IEEE Transactions on Power Systems, 2013, 28 （4）:4099-4108.

［8］LI X Z, WANG W Q, WANG H Y, et al. Dynamic environmental economic dispatch of hybrid renewable energy systems based on tradable green certificates［J］. Energy,2020,193:116699.

［9］GUO H, CHEN Q, XIA Q, et al. Modeling Strategic Behaviors of Renewable Energy With Joint Consideration on Energy and Tradable Green Certificate Markets［J］. IEEE Transactions on Power Systems,2020,35（5）:1898-1910.

［10］XU L, DONG X, TANG H, et al. A MultiParticipant Dynamic Game Model in Electricity Market Under Renewable Portfolio Standard and Green Certificates Trading［C］. 2021 IEEE 5th Conference on Energy Internet and Energy System Integration（EI2）,2021:3477-3482.

［11］MA R, LI X, LUO Y, et al. Multi-objective dynamic optimal power flow of wind integrated power systems considering demand response［J］. CSEE Journal of Power and Energy Systems,2019,5（4）:466-473.

［12］ZHANG N, HU Z G, SHEN B, et al. A source-grid-load coordinated power planning model considering the integration of wind power generation［J］. Applied Energy,2016,168:13-24.

［13］LIU J, LI J. A Bi-Level Energy-Saving Dispatch in Smart Grid Considering Interaction Between Generation and Load［J］. IEEE Transactions on Smart Grid,2015,6（3）:1443-1452.

［14］FAN X, WU S, LI S. Spatial-temporal analysis of carbon emissions embodied in interprovincial trade and optimization strategies: A case study of Hebei, China ［J］. Energy,2019,185:1235-1249.

▶ 第7章 多时间尺度下智能楼宇异构负荷协同调度

7.1 引　　言

随着具有异构特性的灵活负荷与分布式可再生能源(distributed renewable energy,DRE)大规模接入智能楼宇,供需不平衡问题日益显著。激发需求侧异构负荷的功能性和互补性[1],是调节供需平衡[2]、实现能量梯级利用的有效方法[3]。

异构负荷的时域特性使其调控能力局限于各自使用时段,但在聚合状态下,整体的用电行为特征是连续的,且不同聚合体之间存在协同优化空间[4-5]。目前,已有针对异构负荷调控的研究[6-7]。文献[6]基于贝叶斯网络预测温控负荷使用时域的概率,将其与DRE联合调控,有效提高了能源利用效率,但其考虑的异构负荷种类较少。文献[7]通过分析多种储能(energy storage,ES)的调度潜力,并与异构负荷协调优化,有效降低运行成本,但采用单一时间尺度的方法,无法准确平衡DRE随机性带来的影响。综上所述,仅通过聚合多种灵活性负荷难以满足智能楼宇系统的调控需求,因此,结合不同时间尺度对其进行梯级利用,有助于减少楼宇负荷波动带来的经济损失。

近年来,国内外学者已经对智能楼宇的能量管理展开了较多的研究工作。文献[8-10]考虑综合能源楼宇日前协同优化,协调冷热电联供系统、电动汽车、温控负荷及ES等灵活性资源进行需求侧响应。上述单一时间尺度的调度方法不能完全平抑由日前预测误差导致的功率波动,而多时间尺度能够对预测偏差进行调节控制,成为应对智能楼宇中多随机、不确定性问题的有效手段。文献[11-14]考虑需求响应,并从多时间尺度的角度对楼宇进行能量管理,在促进DRE消纳的同时,提升楼宇经济效益,并满足多场景运行需求。

综上所述,本章提出一种计及多时间尺度下智能楼宇异构负荷协同调控策略。首先,构建含多种异构负荷和DRE的智能楼宇架构,深入分析智能楼宇内不同异构负荷之间的互补协调潜力;其次,针对DRE出力不确定性与异构负荷时域互补特性,建立日前-日内两阶段联合优化调度模型,引入动态分时电价激励可转移负荷,改善其用电曲线,降低负荷波动;最后,以办公楼为例分析多种调度场景的优化结果,证明了所提模型和方法的合理性。

7.2　智能楼宇异构负荷架构及其调度框架

7.2.1　异构负荷架构

本小节基于负荷用电特性及响应特性差异,将智能楼宇异构负荷等效为可转移负荷与可削减负荷两种群体,其中,考虑 EV 和 ES 均具有储能特性但固有参数不同,形成参数异构,聚类为可转移负荷,可转移负荷在负荷高峰时段为智能楼宇降低出力,在负荷低谷时段增加出力,总出力代数和不变;楼宇中的空调负荷可减少一定的运行功率和运行时间,聚类为可削减负荷。可转移负荷与可削减负荷是不同种类的负荷,形成类型异构,且用电规律相互独立,因此,在时域上有较强的互补性,能够实现一定时域范围内的动态互补优化。

7.2.2　智能楼宇多时间尺度调度框架

本小节针对异构负荷的时域互补性,制定"多级协调、逐步细化"两阶段联合优化调度策略,构建如图 7-1 所示的智能楼宇多时间尺度调度框架。

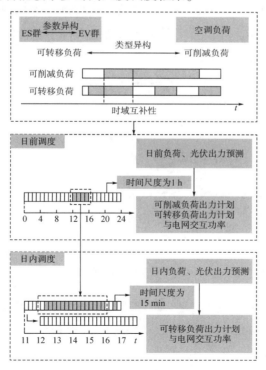

图 7-1　智能楼宇多时间尺度调度框架

（1）日前优化调度阶段：24 h 为一个周期，1 h 为一个时段，提前预测次日各时段光伏出力、室外温度、基础负荷以及各单元技术参数，并提供给智能楼宇，智能楼宇根据电网电价信息制定次日调度计划。

（2）日内优化调度阶段：预测实时 PV 出力，把日前调度计划作为已知量代入日内优化调度模型中，每 15 min 为一个时段，预测后 4 h 内的调度计划，每次优化保留第一个 15 min 内调度计划。

7.3 智能楼宇两阶段优化调度模型

本节构建智能楼宇多时间尺度协调调度模型，包括日前、日内优化调度模型，以及动态激励电价模型。

7.3.1 日前优化调度模型

7.3.1.1 目标函数

在保证智能楼宇可靠运行的前提下，对异构负荷进行削减或转移。削减负荷势必会影响用电舒适度，但仍保持在可接受的范围内；可转移负荷通过动态电价激励的方式，改变用电时域，实现削峰填谷。本小节以楼宇系统运行总成本和净负荷波动方差之和最小为优化目标，构建日前阶段目标函数，表达式如下。

$$f_a = \min(f_1 + f_2) \tag{7-1}$$

$$f_1 = \sum_{i=1}^{24} (\lambda_i^{grid} P_i^{grid} + C_i^{ES} + C_i) \tag{7-2}$$

$$f_2 = \sum_{i=1}^{24} (P_i^{load} - P_i^{PV} + P_i^{EV} + P_i^{ES} + P_i^{AC} - \bar{P}_1^{load})^2 \tag{7-3}$$

$$\bar{P}_1^{load} = \frac{1}{24} \sum_{i=1}^{24} (P_i^{load} - P_i^{PV} + P_i^{EV} + P_i^{ES} + P_i^{AC}) \tag{7-4}$$

$$C_i = c_i(P_i^{ES} + P_i^{EV}) \tag{7-5}$$

$$C_i^{ES} = \sum_{j=1}^{N^{ES}} \eta^{ES,deg} |P_i^{ES}| \Delta i \tag{7-6}$$

式中，f_1 为楼宇日前阶段运营总成本；f_2 为日前阶段楼宇净负荷波动方差；λ_i^{grid} 为 i 时段的电网购电电价；P_i^{grid} 为 i 时段与电网交互电功率；C_i^{ES} 为 i 时段的储能损耗成本；C_i 为 i 时段对可转移负荷的激励成本；P_i^{load} 为 i 时段的楼宇基础负荷功率；P_i^{PV} 为 i 时段的光伏实际功率；P_i^{AC} 为 i 时段的空调群的功率；$\bar{P}_i^{load}$ 为日前阶段净负荷平均负荷功率；c_i 为 i 时段的激励电价；P_i^{ES} 为 i 时段 ES 群的功率；P_i^{EV} 为 i 时段 EV 群的功率；$\eta^{ES,deg}$ 为 ES 运行维护成本系数；N^{ES} 为 ES 群总数量。

7.3.1.2　ES 群模型

$$S_{i+1,j}^{ES} = S_{i,j}^{ES} + D_{i,j}^{ES,ch} P_{i,j}^{ES,ch} \eta^{ES,ch} \Delta i - \frac{D_{i,j}^{ES,dis} P_{i,j}^{ES,dis} \Delta i}{\eta^{ES,dis}} \tag{7-7}$$

$$D_{i,j}^{ES,dis} + D_{i,j}^{ES,ch} \leq 1 \tag{7-8}$$

$$S_{min}^{ES} \leq S_{i,j}^{ES} \leq S_{max}^{ES} \tag{7-9}$$

$$P_{min}^{ES} \leq \left(D_{i,j}^{ES,ch} P_{i,j}^{ES,ch} \eta^{ES,ch} - \frac{D_{i,j}^{ES,dis} P_{i,j}^{ES,dis}}{\eta^{ES,dis}} \right) \leq P_{max}^{ES} \tag{7-10}$$

$$S_j^{ES,o} = S_j^{ES,d} \tag{7-11}$$

$$P_i^{ES} = \sum_{j=1}^{N^{ES}} \left(D_{i,j}^{ES,ch} P_{i,j}^{ES,ch} \eta^{ES,ch} - \frac{D_{i,j}^{ES,dis} P_{i,j}^{ES,dis}}{\eta^{ES,dis}} \right) \tag{7-12}$$

式中，$S_{i,j}^{ES}$ 为 i 时段第 j 台 ES 的电池容量，维持在下限 S_{min}^{ES} 和上限 S_{max}^{ES} 之间；$P_{i,j}^{ES,ch}$ 和 $P_{i,j}^{ES,dis}$ 分别为 i 时段第 j 台 ES 的充放电功率，其上下限分别为 P_{max}^{ES} 和 P_{min}^{ES}；$\eta^{ES,ch}$ 和 $\eta^{ES,dis}$ 分别为 ES 的充放电效率；$D_{i,j}^{ES,ch}$ 和 $D_{i,j}^{ES,dis}$ 分别为 i 时段第 j 台 ES 的充放电状态，两者取值都为 0 或 1；$S_j^{ES,o}$ 和 $S_j^{ES,d}$ 分别为第 j 台 ES 的初、末时段容量。

7.3.1.3　EV 模型

考虑到充放电技术对 EV 电池寿命的损耗，在调度过程中需计及电池充放电次数限制。EV 的充放电模型为

$$S_{i+1,k}^{EV} = S_{i,k}^{EV} + D_{i,k}^{EV,ch} P_{i,k}^{EV,ch} \eta^{EV,ch} \Delta i - \frac{D_{i,k}^{EV,dis} P_{i,k}^{EV,dis} \Delta i}{\eta^{EV,dis}} \tag{7-13}$$

$$D_{i,k}^{EV,dis} = 0, D_{i,k}^{EV,ch} = 0, i \notin T_k^{EV} \tag{7-14}$$

$$D_{i,k}^{EV,dis} + D_{i,k}^{EV,ch} \leq 1 \tag{7-15}$$

$$S_{min}^{EV} \leq S_{i,k}^{EV} \leq S_{max}^{EV} \tag{7-16}$$

$$\sum_{i=1} D_{i,k}^{EV,ch} D_{i+1,k}^{EV,dis} \leq w \tag{7-17}$$

$$P_{min}^{EV} \leq \left(D_{i,k}^{EV,ch} P_{i,k}^{EV,ch} \eta^{EV,ch} - \frac{D_{i,k}^{EV,dis} P_{i,k}^{EV,dis}}{\eta^{EV,dis}} \right) \leq P_{max}^{EV} \tag{7-18}$$

$$P_i^{EV} = \sum_{k=1}^{N_i^{EV}} \left(D_{i,k}^{EV,ch} P_{i,k}^{EV,ch} \eta^{EV,ch} - \frac{D_{i,k}^{EV,dis} P_{i,k}^{EV,dis}}{\eta^{EV,dis}} \right) \tag{7-19}$$

式中，$S_{i,k}^{EV}$ 为 i 时段第 k 辆 EV 的电池容量；S_{max}^{EV} 和 S_{min}^{EV} 分别为 EV 电池容量的上下限；Δi 为每

时段时长；$P_{i,k}^{\mathrm{EV,ch}}$ 和 $P_{i,k}^{\mathrm{EV,dis}}$ 分别为第 k 辆 EV 的充放电功率，其上下限分别为 $P_{\max}^{\mathrm{EV}}$ 和 $P_{\min}^{\mathrm{EV}}$；$\eta^{\mathrm{EV,ch}}$ 和 $\eta^{\mathrm{EV,dis}}$ 分别为充放电效率；T_k^{EV} 为第 k 辆 EV 的停留时间段；$D_{i,k}^{\mathrm{EV,ch}}$ 和 $D_{i,k}^{\mathrm{EV,dis}}$ 分别为 i 时段第 k 辆 EV 的充放电状态，两者取值都为 0 或 1；w 为 EV 最大充放电次数；N_i^{EV} 为 i 时段可调度 EV 的数量。

7.3.1.4　可削减负荷模型

可削减负荷考虑空调负荷，以常用的一阶热力学等值模型对空调进行简化建模。忽略干扰因素噪声、光照等对空调模型的影响，可削减负荷模型表示为

$$T_{i+1,l}^{\mathrm{in}}=T_{i+1,l}^{\mathrm{out}}-Q_{i,l}^{\mathrm{AC}}R_{\mathrm{b}}-\left(T_{i,l}^{\mathrm{out}}-Q_{i,l}^{\mathrm{AC}}R_{\mathrm{b}}-T_{i,l}^{\mathrm{in}}\right)\mathrm{e}^{-\Delta i/(R_{\mathrm{b}}C_{\mathrm{b}})} \tag{7-20}$$

$$T_i^{\mathrm{set}}-\Delta T\leqslant T_{i,l}^{\mathrm{in}}\leqslant T_i^{\mathrm{set}}+\Delta T \tag{7-21}$$

$$P_{i,l}^{\mathrm{AC}}=\frac{C_{\mathrm{b}}}{\delta\Delta i}Q_{i,l}^{\mathrm{AC}} \tag{7-22}$$

$$P_i^{\mathrm{AC}}=\sum_{l=1}^{N^{\mathrm{AC}}}P_{i,l}^{\mathrm{AC}} \tag{7-23}$$

式中，$T_{i+1,l}^{\mathrm{in}}$ 和 $T_{i+1,l}^{\mathrm{out}}$ 分别为 $i+1$ 时段第 l 个房间的室内外温度；R_{b} 为房间的热阻；C_{b} 为房间的比热容；$Q_{i,l}^{\mathrm{AC}}$ 为 i 时段第 l 个房间的空调制冷量；T_i^{set} 为 i 时段的楼宇室内温度设定值；ΔT 为最大室内温度偏移量；$P_{i,l}^{\mathrm{AC}}$ 为 i 时段第 l 个房间的空调功率；δ 为空调的能效比；N^{AC} 为空调总数目。

7.3.1.5　光伏模型

智能楼宇含有屋顶光伏，出力后仅供内部负荷使用。光伏出力模型可表示为

$$P_i^{\mathrm{PV}}=P_i^{\mathrm{PV_{max}}}-P_i^{\mathrm{PV_{cur}}} \tag{7-24}$$

$$0\leqslant P_i^{\mathrm{PV_{cur}}}\leqslant\omega P_i^{\mathrm{PV_{max}}} \tag{7-25}$$

式中，$P_i^{\mathrm{PV_{max}}}$ 为 i 时段预测光伏的最大功率；$P_i^{\mathrm{PV_{cur}}}$ 为光伏可削减的功率；ω 为光伏的最大削减比例，本书选取 20%。

7.3.2　日内优化调度模型

为缩小由预测误差导致的实际与调度计划之间的偏差，根据日内实时的 PV 出力重新进行调整。以楼宇系统运行总成本和净负荷波动方差之和最小为优化目标，构建日内阶段目标函数，表达式如下。

$$f_{\mathrm{b}}=\min(f_3+f_4) \tag{7-26}$$

$$f_3=\sum_{i=1}^{96}\left(\lambda_i^{\mathrm{grid}}P_i^{\mathrm{grid}}+C_i^{\mathrm{ES}}+C_i\right) \tag{7-27}$$

$$f_4 = \sum_{i=1}^{96} (P_i^{\text{load}} + P_i^{\text{AC}} + P_i^{\text{EC}} + P_i^{\text{ES}} - P_i^{\text{PV}} - \bar{P}_2^{\text{load}})^2 \tag{7-28}$$

$$\bar{P}_2^{\text{load}} = \frac{1}{96} \sum_{i=1}^{96} (P_i^{\text{load}} + P_i^{\text{AC}} + P_i^{\text{EC}} + P_i^{\text{ES}} - P_i^{\text{PV}}) \tag{7-29}$$

式中, f_3 为楼宇日内阶段运营总成本; f_4 为日内阶段楼宇净负荷波动方差; $\bar{P}_2^{\text{load}}$ 为日内阶段净负荷平均负荷功率。

7.3.3　约束条件

7.3.3.1　EV 充放电个数约束

EV 充放电个数约束如下。

$$N_i^{\text{EV,dis}} = \sum_{k=1}^{N_i^{\text{EV}}} D_{i,k}^{\text{EV,dis}} \tag{7-30}$$

$$N_i^{\text{EV,ch}} = \sum_{k=1}^{N_i^{\text{EV}}} D_{i,k}^{\text{EV,ch}} \tag{7-31}$$

$$0 \leqslant N_i^{\text{EV,ch}} + N_i^{\text{EV,dis}} \leqslant N_i^{\text{EV}} \tag{7-32}$$

式中, $N_i^{\text{EV,ch}}$ 和 $N_i^{\text{EV,dis}}$ 分别为 i 时段电动汽车群的充放电数目。

7.3.3.2　楼宇内部功率平衡约束

楼宇内部功率平衡约束如下。

$$P_i^{\text{ES}} + P_i^{\text{EV}} + P_i^{\text{AC}} + P_i^{\text{PV}} + P_i^{\text{load}} = P_i^{\text{grid}} \tag{7-33}$$

7.3.3.3　外部电网交互功率约束

外部电网交互功率约束如下。

$$P_{\text{min}}^{\text{grid}} \leqslant P_i^{\text{grid}} \leqslant P_{\text{max}}^{\text{grid}} \tag{7-34}$$

式中, $P_{\text{max}}^{\text{grid}}$ 和 $P_{\text{min}}^{\text{grid}}$ 分别为楼宇与电网功率交互的上下限。

7.3.4　动态激励电价策略

通过分时电价的方式引导可转移负荷参与调控,且为防止出现楼宇负荷"峰上加峰"的现象,重新划分电价时段,制定动态激励电价策略:根据楼宇基础负荷与 PV 出力确定其等效负荷 P 及其平均值 P_{av} ,基于等效负荷的平均值 P_{av} 及峰谷差 P_{b} 来重新规定激励电价时段。激励电价可以表示为

$$P_i = P_i^{\text{load}} - P_i^{\text{PV}} \tag{7-35}$$

$$P = \left[P_1, P_2, \cdots, P_n \right]^{\mathrm{T}} \tag{7-36}$$

$$P_{\mathrm{av}} = \frac{1}{n} \sum_{i=1}^{n} \left(P_i^{\mathrm{load}} - P_i^{\mathrm{PV}} \right) \tag{7-37}$$

$$P_{\mathrm{b}} = \max(\boldsymbol{P}) - \min(\boldsymbol{P}) \tag{7-38}$$

$$C(i) = \begin{cases} c_1, P_i \leqslant P_{\mathrm{av}} \leqslant -\sigma P_{\mathrm{b}} \\ c_2, P_{\mathrm{av}} - \sigma P_{\mathrm{b}} \leqslant P_i \leqslant P_{\mathrm{av}} + \sigma P_{\mathrm{b}} \\ c_3, P_{\mathrm{av}} + \sigma P_{\mathrm{b}} \leqslant P_i \end{cases} \tag{7-39}$$

式中，P_i 为等效负荷；$\boldsymbol{P}$ 为一维向量；P_{av} 为等效负荷的平均值；σ 为峰谷差系数；c_1、c_2、c_3 分别为谷时段、平时段、峰时段可转移负荷的激励电价。

7.4 算 例 分 析

7.4.1 数据基础

本小节模型在 MATLAB 中通过 YALMIP 调用商业优化软件 CPLEX 进行求解。光伏出力曲线如附录 C 的附图 C-1 所示，楼宇建筑参数参考文献[16]，电网分时电价、动态激励电价及其他楼宇内可控设备具体参数参考附录 C。

7.4.2 日前调度分析

7.4.2.1 调度结果分析

可转移负荷 1 为 EV 群,可转移负荷 2 为 ES 群,异构负荷在日前阶段的调度结果如附录 D 的附图 D-10 所示。

由附图 D-11 可知,可削减负荷能够在电网高电价时段 12:00—14:00 削减功率,15:00 时的功率增加是因为此时可转移负荷 1、2 放电较多,在电网电价平时段 10:00 与 16:00 时选择削减功率,避免了楼宇负荷出现新的峰值。

由附图 D-12 可知,可转移负荷 1 能够在楼宇负荷峰时段 9:00—11:00 内调整功率,转移至楼宇负荷谷时段 12:00—14:00,且 12:00—14:00 时段内的 PV 出力较高,有助于消纳 PV 出力。由附图 D-13 可知,可转移负荷 2 在楼宇负荷峰时段 9:00—11:00 与 14:00—16:00 内增加放电功率,有助于削减负荷峰值。

7.4.2.2 不同场景下的利益分析

为验证本章所提出的异构负荷之间的协同优化的有效性,设置 3 种场景进行对比:

（1）场景1：通过动态激励电价的方式引导可转移负荷参与调度，可削减负荷独立运行；

（2）场景2：通过可削减负荷参与调度，可转移负荷独立运行；

（3）场景3：通过动态激励电价的方式引导可转移负荷，并与可削减负荷联合参与调度。

日前阶段不同场景的优化曲线如图7-2所示，场景2的曲线波动最大，未考虑可转移负荷参与响应；场景1、3考虑以动态分时电价的方式引导可转移负荷，使得负荷在峰时段减少出力，在谷时段增加出力，从而减小峰谷差；场景3利用可转移负荷，并与可削减负荷在时域上进行互补，增加其调控能力，使得负荷曲线的波动较小。

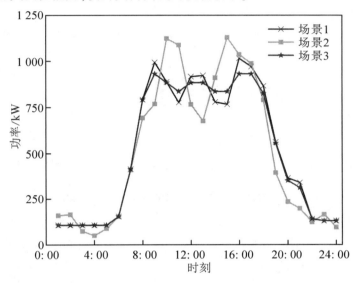

图7-2　日前阶段不同场景的优化曲线

表7-1为日前阶段不同场景的运行结果对比，场景3相较于场景1，在总成本上降低了178元，在净负荷方差方面降低了2.4%；场景2的总成本高于场景3，且净负荷方差增加了19.7%。可以看出，场景3相较于其他方案，在楼宇负荷波动和经济性上有明显改善。

表 7-1　日前阶段不同场景的运行结果对比

场景	购电成本/元	激励成本/元	总成本/元	净负荷方差
1	12 435	207	12 642	2 941 883
2	12 553	—	12 553	3 577 468
3	12 255	209	12 464	2 871 162

7.4.3　日内调度分析

7.4.3.1　不同时间尺度下的结果分析

图7-3、图7-4为不同时间尺度下的可转移负荷优化调度结果。日前调度中，以1 h为时

间尺度,不能精确应对 PV 出力波动。日内调度中,以 15 min 为时间尺度滚动优化,能够在短时间内调整可转移负荷出力,避免了由预测误差导致的楼宇调度成本增大,通过多时间尺度滚动优化,能有效解决系统负荷波动问题。

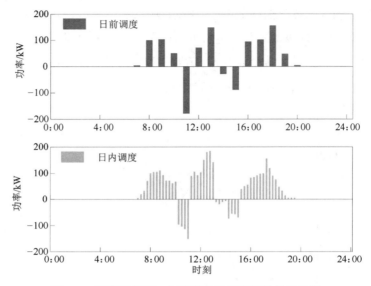

图 7-3 可转移负荷 1 在不同时间尺度下的优化结果

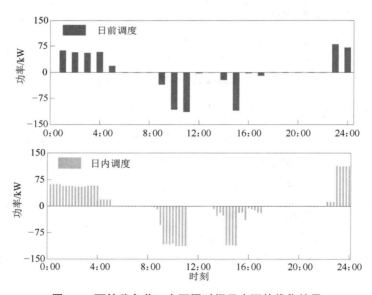

图 7-4 可转移负荷 2 在不同时间尺度下的优化结果

7.4.3.2 不同策略下的结果分析

为验证本章所提的多时间尺度下的异构负荷调度方法的有效性,设置 3 种策略进行对比。

（1）策略 1：考虑异构负荷日前优化调度，采用动态电价激励可转移负荷。

（2）策略 2：考虑异构负荷多时间尺度优化调度，采用电网分时电价激励可转移负荷。

（3）策略 3：考虑异构负荷多时间尺度优化调度，采用动态电价激励可转移负荷。

不同策略下的负荷优化曲线如图 7-5 所示，策略 1 仅考虑异构负荷日前优化调度，无法精准处理由 PV 出力预测误差导致的偏差，从而导致总成本增加；策略 2 采用异构负荷多时间尺度优化，并选择电网分时电价激励可转移负荷参与调度，但出现新的负荷峰值和负荷低谷；策略 3 考虑异构负荷多时间尺度优化调度，能够应对 PV 预测误差并优化异构负荷出力，实现对日前调度计划的修正，且负荷波动较小。

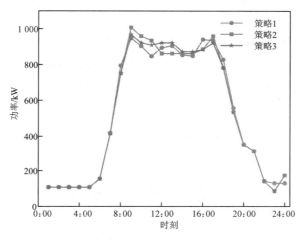

图 7-5　不同策略下的负荷优化曲线

不同策略下的结果对比见表 7-2 所列。由表 7-2 可以看出，策略 2 的总成本最低，但净负荷方差比策略 3 有所增加；在总成本上，策略 3 相较于策略 1 明显下降，由于 PV 日前预测与日内预测出力存在一定偏差，而策略 3 可以提前预测一定时间内的调度计划，并快速调整异构负荷出力，因此总成本比策略 1 降低 2.4%，显著提升了整体运行经济性。

表 7-2　不同策略下的结果对比

策略	购电成本/元	激励成本/元	总成本/元	净负荷方差
1	12 399	209	12 608	2 968 313
2	11 891	193	12 084	3 036 854
3	11 971	340	12 311	3 014 668

7.4.3.3　不同峰谷差系数下的对比分析

本小节选取 $\sigma = 0.23$，为进一步探究峰谷差系数 σ 对楼宇的调控影响，仿真分析了不同峰谷差系数下的楼宇系统总成本与净负荷方差。不同峰谷差系数下的优化结果如图 7-6 所示。由图 7-6 可以看出,净负荷方差、总成本与 σ 呈非线性关系,总成本最小与净负荷方差最小在不同 σ 下达到,对于本书而言,更倾向于净负荷方差最小,实际运营中可针对不同楼宇灵活调整 σ。

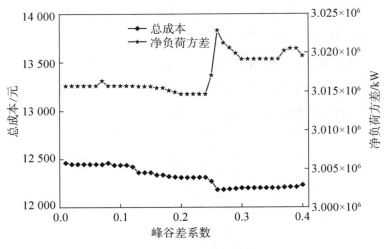

图 7-6　不同峰谷差系数下的优化结果

7.5　结　　论

针对智能楼宇内 PV 随机性与异构负荷的互补性,提出一种计及多时间尺度下的智能楼宇异构负荷联合优化调度策略,通过分析不同场景下的优化结果,所得结论如下。

(1)楼宇内各个资源互动,使不同时间尺度下的异构负荷参与各级调度,最大限度地发挥自身作用。

(2)多时间尺度下采用日前-日内逐级递进调度方法,可以更加精确地协调异构负荷出力,促进了 PV 消纳,提高了智能楼宇的运行效益。

(3)动态激励电价能够较好地引导可转移负荷,实现削峰填谷,相较于电网分时电价,有效减少楼宇负荷波动。

参 考 文 献

[1]孙毅,李泽坤,鲍荟谕,等.清洁供热模式下多能异构负荷调控框架及关键技术剖析[J].中国电机工程学报,2021,41(20):6827-6842.

[2]徐筝,孙宏斌,郭庆来,等.综合需求响应研究综述及展望[J].中国电机工程学报,2018,38(24):7194-7205,7446.

[3]彭春华,陈思畏,徐佳璐,等.综合能源系统混合时间尺度多目标强化学习低碳经济调度[J].电网技术,2022,46(12):4914-4925.

[4]楼家辉,杨欢,王京,等.考虑异质性的定频空调负荷聚合建模及功率跟踪策略[J].电力建设,2017,38(11):55-63.

[5]孙毅,李泽坤,许鹏,等.异构柔性负荷建模调控关键技术及发展方向研究[J].中国电机工程学报,2019,39(24):7146-7158+7488.

[6]孙毅,黄绍模,李泽坤,等.考虑时域特性的异构温控负荷联合调控策略[J].电网技术,2020,44(12):4722-4734.

[7]马志程,周强,张金平,等.考虑灵活性负荷异构性质的多类型储能优化配置[J].储能科学与技术,2022,11(12):3926-3936.

[8]胡佳怡,严正,王晗.考虑清洁电力共享的社区电能日前优化调度[J].电网技术,2020,44(1):61-70.

[9]胡鹏,艾欣,杨昭,等.考虑电能共享的综合能源楼宇群日前协同优化调度[J].电力自动化设备,2019,39(8):239-245.

[10]吴界辰,艾欣,张艳,等.配售分离环境下高比例分布式能源园区电能日前优化调度[J].电网技术,2018,42(6):1709-1719.

[11]张大海,贠韫韵,王小君,等.计及风光不确定性的新能源虚拟电厂多时间尺度优化调度[J].太阳能学报,2022,43(11):529-537.

[12]王智,陶鸿俊,蔡文奎,等.多时间尺度滚动优化在冷热电联供系统中的优化调度研究[J].太阳能学报,2023,44(2):298-308.

[13]傅质馨,李紫嫣,朱俊澎,等.面向多用户的多时间尺度电力套餐与家庭能量优化策略[J].电力系统保护与控制,2022,50(11):21-31.

[14]湛归,殷爽睿,艾芊,等.智能楼宇型虚拟电厂参与电力系统调频辅助服务策略[J].电力工程技术,2022,41(6):13-20,57.

[15]朱磊,黄河,高松,等.计及风电消纳的电动汽车负荷优化配置研究[J].中国电机工程学报,2021,41(S1):194-203.

[16]余苏敏,杜洋,史一炜,等.考虑V2B智慧充电桩群的低碳楼宇优化调度[J].电力自动化设备,2021,41(9):95-101.

[17]陆燕娟,潘庭龙,杨朝辉.计及电动汽车的社区微网储能容量配置[J].太阳能学报,2021,42(12):362-367.

[18]胡澄,刘瑜俊,徐青山,等.面向含风电楼宇的电动汽车优化调度策略[J].电网技术,2020,44(2):564-572.

[19]刘方,徐耀杰,杨秀,等.考虑电能交互共享的虚拟电厂集群多时间尺度协调运行策略[J].电网技术,2022,46(2):642-656.

[20]屈富敏,赵健,蔡帜,等.电动汽车与温控负荷虚拟电厂协同优化控制策略[J].电力系统及其自动化学报,2021,33(1):48-56.

[21] YU Y, JIA Q S, DECONINCK G, et al. Distributed coordination of ev charging with renewableenergy in a microgrid of buildings[J]. IEEE transactions on smart grid,2018,9(6):6253-6264.

[22]LIU Z X, WU Q W, SHAHIDEHPOUR M, et al. Transactive real-time electric vehicle charging management for commercial buildings with pv on-site generation[J]. IEEE transactions on smart grid,2019,10(5):4939-4950.

[23]师阳,李宏伟,陈继开,等.计及激励型需求响应的热电互联虚拟电厂优化调度[J].太阳能学报,2023,44(4):349-358.

[24] LI Y, HAN M, YANG Z, et al. Coordinating flexible demand response and renewable uncertainties for scheduling of community integrated energy systems with an electric vehicle charging station:a bi-level approach[J]. IEEE transactions on sustainable energy,2021,12(4):2321-2331.

[25]蔡文辉,高红均,李海波,等.净零能耗驱动的楼宇群能源共享对等聚合模型[J].中国电机工程学报,2022,42(24):8832-8844.

▶ 第 8 章 混合时间尺度下微网群系统多重博弈调度

8.1 引　　言

构建以新能源为主体的微网群系统是"碳达峰、碳中和"目标下促进新能源发展与消纳的重要举措[1-2]。微网群在电力市场中作为发用电一体的"产消者",其内各微网兼具售电和购电双重性,且微网间通过信息交互,能够有效促进可再生能源的就地消纳[3-4]。

目前,国内外学者已经在以可再生能源为主体的电力系统安全稳定运行及电力市场电能交互方面展开了大量研究[5-6]。文献[7-11]在碳交易机制下,根据可再生能源与负荷的预测精度随时间尺度缩短而提高的特性,考虑了含风电并计及需求响应(demand response,DR)的多时间尺度电力系统调度策略,在促进可再生能源消纳的同时,满足了系统的经济性与安全性要求,但并未考虑系统内不同利益主体的冲突问题。文献[12-14]以具有不同利益主体的综合能源微网利益协调分配为目标,解决可再生能源波动性与用电行为不确定性问题,提高了系统运行的稳定性。文献[15-16]引入博弈论思想,用于解决电力市场中多方主体的协调分配问题。文献[17-20]提出基于主从博弈的电力市场能源交易方法,通过研究多微网能量交易市场中多方利益相关者的相互作用,以提高系统的经济效益。文献[21-22]基于电价策略,采用非合作博弈方法描述供能侧与用户侧之间的电能交易形式。文献[23-24]引入需求响应,用于调节系统的安全稳定运行,通过合作博弈的方法,实现供电侧与负荷侧效益在合作意义上的最优。但上述文献并未描述负荷侧各主体的选择行为状态。文献[25-27]提出将演化博弈思想用于电能交易市场"多卖家-多买家"互动模式中,并通过求解其演化博弈均衡解确定多主体的行为策略,然而,在调度过程中弱化了可再生能源出力波动性及不确定性因素对系统产生的影响。

本章考虑微网群系统中风、光出力不确定性,以及多方利益主体参与者的能量互济及利益均衡等问题,首先,利用需求响应的多时间尺度特性,建立"日前-日内-实时"混合尺度下的多微网多重博弈协调优化调度模型,进而采用并行分布式[28]求解方法,得到博弈模型的均衡策略。最后,通过分析不同调度场景验证了所提模型的合理性。

8.2 基于多时间尺度的微网群系统多重博弈协同调度框架

在大规模新能源装机下,新型电力市场协同碳交易市场,以微网群系统为依托,为新能源的持续稳定发展提供市场支持。从系统演化过程来看,微网群系统将呈现出"双随机"的特点,即系统中供给侧与需求侧均存在随机性特征。以风、光等可再生能源发电为主体的微网群系统,在其需求侧存在多种支持系统安全稳定运行的灵活性负荷资源,通过激励型需求响应(incentive demand response,IDR)等市场机制,可释放灵活性资源潜力,有效促进系统平稳运行。

IDR 资源类见表 8-1 所列,本节将具有不同响应时间的 IDR 资源参与到不同时间尺度的微网群系统调度中,并且考虑到新型电力市场交易机制中各微网的利益均衡问题,构建如图 8-1 所示的调度框架,实现"多级协调、逐级细化"的调度原则,充分发挥负荷侧需求响应资源的调度特性。

表 8-1 IDR 资源类

类别	性能	
	响应时间	调度时间尺度
A 类 IDR 资源	>1 h	日前 1 h
B 类 IDR 资源	5 ~ 15 min	日内 15 min
C 类 IDR 资源	<5 min	实时 5 min

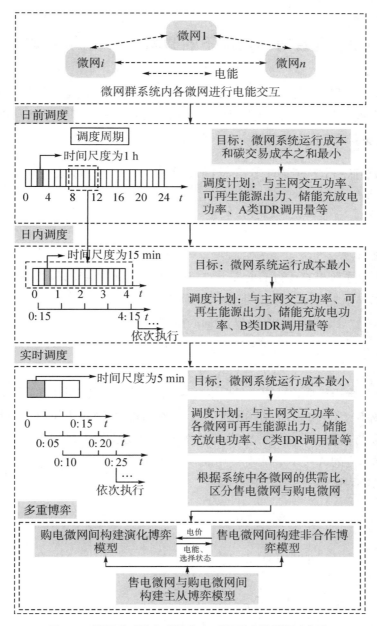

图 8-1 微网群系统多重博弈多时间尺度协同调度框架

多时间尺度调度周期描述如下。

（1）在日前阶段，调度任务每 24 h 执行一次，时间尺度为 1 h。

（2）在日内阶段，调度任务在日前调度计划的基础上，以 15 min 为时间尺度，提前预测后 4 h 的调度计划，即日内调度计划每 15 min 滚动一次，每次滚动优化后 4 h 的调度任务。

（3）在实时调度阶段，在日内调度计划的基础上，每 5 min 执行一次，每次优化后 15 min 的调度任务，并基于该阶段的调度结果构建各微网之间的多重博弈模型。

8.3　混合时间尺度下的微网群系统调度模型

本节中的微网由风电、光伏、燃气轮机、储能装置等构成,并假定微网从主网购得的电能均为火电机组发电。基于如图 8-1 所示的微网群系统多重博弈多时间尺度协同调度框架,对各阶段调度策略进行逐级建模。

8.3.1　日前-日内-实时多阶段调度架构

8.3.1.1　目标函数

1. 日前调度阶段

在保证微网群系统可靠运行的前提下,将碳交易机制加入其中,以微网系统运行成本与碳交易成本之和最小为目标,构建日前阶段目标函数:

$$F_k^1 = \min(f_k + f_k^C) \tag{8-1}$$

$$\begin{cases} f_k = C_k^{bt} + C_k^{ld} + C_k^{mg} + C_k^{grid} + C_k^{AIDR} \\ f_k^C = \lambda(E_p - E_L) \end{cases} \tag{8-2}$$

式中,F_k^1 为微网系统运行成本与碳交易成本之和;f_k 为微网 k 日前阶段的运行成本;f_k^C 为微网 k 的碳交易成本;C_k^{bt} 为微网 k 储能系统的运行成本;C_k^{ld} 为微网 k 系统的可控负荷补偿成本;C_k^{mg} 为微网 k 与其他微网之间的电能交互成本;C_k^{grid} 为微网 k 与主网之间的电能交易成本;C_k^{AIDR} 为微网 k 内的 A 类 IDR 资源调用成本;λ 为市场上的碳交易价格;E_p 为微网系统的实际碳排放量;E_L 为微网的无偿碳排放额度。

$$\begin{cases} C_k^{bt} = \sum_{t=1}^{T} c_{bt} P_{k,t}^{bt} \\ C_k^{ld} = \sum_{t=1}^{T} \sigma(P_{k,t}^{ld} - P_{k,t}^{LD})^2 \\ C_k^{mg} = \sum_{t=1}^{T} c_t^{mg} P_{k,t}^{mg} \\ C_k^{grid} = \sum_{t=1}^{T} (c_t^s P_{k,t}^{grids} + c_t^p P_{k,t}^{gridp}) \\ C_k^{AIDR} = \sum_{t=1}^{T} c_k^{AIDR} \mid P_{k,t}^{AIDR} \mid \\ E_L = \delta_3 \sum_{t=1}^{T} (P_{k,t}^{DAw} + P_{k,t}^{DAv} + P_{k,t}^g + P_{k,t}^{gridp}) \\ E_p = \sum_{t=1}^{T} \delta_1 P_{k,t}^{gridp} + \sum_{t=1}^{T} \delta_2 P_{k,t}^g \end{cases} \tag{8-3}$$

式中,T 为微网 k 的调度时长;c_{bt} 为微网 k 的储能运行成本系数;$P_{k,t}^{bt}$ 为 t 时段微网 k 的储能装置的充放电功率,且 $P_{k,t}^{bt}$ 在储能装置充电时为正,在放电时为负;σ 为可控负荷调度补偿系数;$P_{k,t}^{ld}$ 为 t 时段微网 k 调度优化后的负荷需求;$P_{k,t}^{LD}$ 为 t 时段微网 k 的原始负荷需求量;c_t^{mg} 为 t 时段微网间的交易电价;$P_{k,t}^{mg}$ 为 t 时段微网 k 与其他微网之间的交互量;c_t^p、c_t^s 分别为 t 时段主网的购、售电电价;$P_{k,t}^{gridp}$、$P_{k,t}^{grids}$ 分别为 t 时段主网向微网 k 的购、售电电量;c_k^{AIDR} 为 A 类 IDR 调用成本系数;$P_{k,t}^{AIDR}$ 为 t 时段 A 类 IDR 负荷调用量;$P_{k,t}^{DAw}$、$P_{k,t}^{DAv}$、P_k^g 分别为日前阶段 t 时段微网 k 的风力、光伏、燃气轮机发电功率;δ_1、δ_2 分别为火电机组和燃气轮机的单位有功出力碳排放强度;δ_3 为单位电量排放配额。

2. 日内调度阶段

与日前调度阶段相比,日内调度阶段不考虑碳交易成本与 A 类 IDR 调用成本,但需考虑 B 类 IDR 调用成本。以微网系统成本最优为目标构建日内调度阶段目标函数:

$$F_k^2 = \min (C_k^{bt} + C_k^{ld} + C_k^{mg} + C_k^{grid} + C_k^{BIDR}) \tag{8-4}$$

式中,F_k^2 为微网 k 在日内阶段的调度总成本;C_k^{BIDR} 为微网 k 的 B 类 IDR 调用成本。

$$C_k^{BIDR} = \sum_{t=t_0}^{t_0 + \Delta T} c_k^{BIDR} \mid P_{k,t}^{BIDR} \mid \tag{8-5}$$

式中,t_0 为调度当前时段;ΔT 为滚动优化时间尺度;c_k^{BIDR} 为 B 类 IDR 调用成本系数;$P_{k,t}^{BIDR}$ 为 t 时段 B 类 IDR 负荷调用量。

3. 实时调度阶段

实时调度阶段与日内调度阶段类似,在日前、日内调度结果的基础上,引入 C 类 IDR 资源,以微网系统运行成本最小为目标构建目标函数:

$$F_k^3 = \min (C_k^{bt} + C_k^{ld} + C_k^{mg} + C_k^{grid} + C_k^{CIDR}) \tag{8-6}$$

式中,F_k^3 为微网 k 在实时阶段的调度总成本;C_k^{CIDR} 为微网 k 的 C 类 IDR 调用成本。

$$C_k^{CIDR} = \sum_{t=t_0}^{t_0 + \Delta T} c_k^{CIDR} \mid P_{k,t}^{CIDR} \mid \tag{8-7}$$

式中,c_k^{CIDR} 为 C 类 IDR 调用成本系数;$P_{k,t}^{CIDR}$ 为 t 时段 C 类 IDR 负荷调用量。

8.3.1.2　约束条件

1. 功率平衡约束

日前调度阶段功率平衡约束:

$$P_{k,t}^{LD} + P_{k,t}^{gridp} = P_{k,t}^{bt} + P_{k,t}^{grids} + P_{k,t}^{mg} + P_{k,t}^{DAw} + P_{k,t}^{DAv} + P_k^g + P_{k,t}^{AIDR} \tag{8-8}$$

日内调度阶段功率平衡约束:

$$P_{k,t}^{\mathrm{LD}}+P_{k,t}^{\mathrm{gridp}}=P_{k,t}^{\mathrm{bt}}+P_{k,t}^{\mathrm{grids}}+P_{k,t}^{\mathrm{mg}}+P_{k,t}^{\mathrm{Iw}}+P_{k,t}^{\mathrm{Iv}}+P_{k,t}^{\mathrm{g}}+P^{\mathrm{AIDR}}+P^{\mathrm{BIDR}} \tag{8-9}$$

实时调度阶段功率平衡约束：

$$P_{k,t}^{\mathrm{LD}}+P_{k,t}^{\mathrm{gridp}}=P_{k,t}^{\mathrm{bt}}+P_{k,t}^{\mathrm{grids}}+P_{k,t}^{\mathrm{mg}}+P_{k,t}^{\mathrm{RTw}}+P_{k,t}^{\mathrm{RTv}}+P_{k,t}^{\mathrm{g}}+P_{k,t}^{\mathrm{AIDR}}+P_{k,t}^{\mathrm{BIDR}}+P_{k,t}^{\mathrm{CIDR}} \tag{8-10}$$

式中，$P_{k,t}^{\mathrm{Iw}}$、$P_{k,t}^{\mathrm{RTw}}$ 分别为日内、实时阶段的风电出力；$P_{k,t}^{\mathrm{Iv}}$、$P_{k,t}^{\mathrm{RTv}}$ 分别为日内、实时阶段的光伏出力。

2. IDR 调用量约束

各类 IDR 调用量受其响应速度与响应容量的影响，其中，A 类 IDR 调用量约束条件为

$$0\leqslant P_{k,t}^{\mathrm{AIDR}}\leqslant P_{k,t}^{\mathrm{AIDR,max}} \tag{8-11}$$

$$|P_{k,t}^{\mathrm{AIDR}}-P_{k,t-1}^{\mathrm{AIDR}}|\leqslant R^{\mathrm{AIDR}} \tag{8-12}$$

式中，$P_{k,t}^{\mathrm{AIDR,max}}$ 为微网 k 中 A 类 IDR 负荷在 t 时段的最大响应量；R^{AIDR} 为 A 类 IDR 负荷的响应速率。B 类、C 类 IDR 调用量约束条件与其类似，文中不再赘述。

3. 储能装置荷电状态约束

$$S_{\mathrm{OC},k,t}^{\mathrm{bt}}=S_{\mathrm{OC},k,t-1}^{\mathrm{bt}}+\omega_{\mathrm{c}}(1-b)P_{k,t}^{\mathrm{bt}}\Delta t+\left(\frac{1}{\omega_{\mathrm{d}}}\right)bP_{k,t}^{\mathrm{bt}}\Delta t \tag{8-13}$$

$$S_{\mathrm{OC},k,0}^{\mathrm{bt}}=S_{\mathrm{OC},k,T}^{\mathrm{bt}} \tag{8-14}$$

$$S_{\mathrm{OC},k}^{\mathrm{bt,min}}<S_{\mathrm{OC},k,t}^{\mathrm{bt}}<S_{\mathrm{OC},k}^{\mathrm{bt,max}} \tag{8-15}$$

式中，$S_{\mathrm{OC},k,t}^{\mathrm{bt}}$ 为微网 k 内储能装置在 t 时段的储能功率；ω_{c}、ω_{d} 分别为储能装置的充、放电效率；b 为储能装置的充放电状态，处于充电状态时，b 为 0，处于放电状态时，b 为 1；$S_{\mathrm{OC},k,0}^{\mathrm{bt}}$、$S_{\mathrm{OC},k,T}^{\mathrm{bt}}$ 分别为微网 k 内的储能装置在一个调度周期内的起始、终止电量；$S_{\mathrm{OC},k}^{\mathrm{bt,max}}$、$S_{\mathrm{OC},k}^{\mathrm{bt,min}}$ 分别为微网 k 内的储能装置电量的上、下限。

4. 可再生能源出力约束

风电出力约束：

$$0\leqslant P_{k,t}^{\mathrm{w}}\leqslant P_k^{\mathrm{w,max}} \tag{8-16}$$

光伏出力约束：

$$0\leqslant P_k^{\mathrm{v}}\leqslant P_k^{\mathrm{v,max}} \tag{8-17}$$

式中，$P_k^{\mathrm{w,max}}$、$P_k^{\mathrm{v,max}}$ 分别为微网 k 风电、光伏出力的上限。

5. 储能充放电功率约束

$$P_k^{\mathrm{bt,min}}\leqslant P_{k,t}^{\mathrm{bt}}\leqslant P_k^{\mathrm{bt,max}} \tag{8-18}$$

式中，$P_k^{\mathrm{bt,max}}$、$P_k^{\mathrm{bt,min}}$ 分别为微网 k 内的储能装置充、放电功率的上、下限。

6. 微网间交互功率约束

$$-P_k^{\mathrm{mg,max}}\leqslant P_{k,t}^{\mathrm{mg}}\leqslant P_k^{\mathrm{mg,max}} \tag{8-19}$$

式中，$P_k^{\text{mg,max}}$ 为微网间交互功率的最大值。

7. 微网与主网间交互功率约束

$$\begin{cases} 0 \leqslant P_{k,t}^{\text{gridp}} \leqslant P_{\text{max}}^{\text{grid}} \\ 0 \leqslant P_{k,t}^{\text{grids}} \leqslant P_{\text{max}}^{\text{grid}} \end{cases} \tag{8-20}$$

式中，$P_{\text{max}}^{\text{grid}}$ 为微网与主网之间交互功率的最大值。

8.3.2 微网群系统多重博弈实时调度

基于实时调度阶段的资源配置情况，通过引入供需比系数 SDR（supply – to – demand ratio）[29]，将微网群系统内的各微网设置为售电微网和购电微网。

$$S_{k,t} = \frac{P_{k,t}^{\text{S}}}{P_{k,t}^{\text{D}}} \tag{8-21}$$

$$P_{k,t}^{\text{S}} = P_{k,t}^{\text{G}} + P_{k,t}^{\text{bt}} \tag{8-22}$$

式中，$P_{k,t}^{\text{S}}$ 为 t 时段微网 k 的实时电能供应量；$P_{k,t}^{\text{D}}$ 为 t 时段微网 k 的实时负荷需求；$P_{k,t}^{\text{G}}$ 为 t 时段微网 k 的可再生能源实时出力。

当 $S_{k,t} < 1$ 时，定义 t 时段的微网 k 为购电微网；当 $S_{k,t} > 1$ 时，定义 t 时段的微网 k 为售电微网。将微网群系统中售电微网的个数集合记为 J，将购电微网的个数记为 I，且满足博弈存在的边界条件为

$$IJ = 0 \tag{8-23}$$

在该调度阶段，针对系统内多主体利益均衡问题，本小节构建了基于购电微网选择状态的演化博弈模型，模拟售电微网之间价格竞争的非合作博弈模型，以及协调微网间电能交互关系的主从博弈模型。

微网群系统多重博弈结构图如图 8-2 所示。

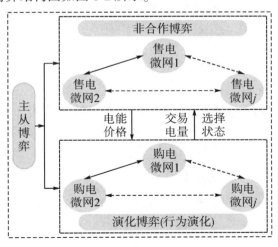

图 8-2 微网群系统多重博弈结构图

8.3.2.1 微网效用函数

1. 售电微网的效用函数

售电微网通过向负荷侧及购电微网出售过剩电能来获取经济收益,其效用函数可表示为

$$U_{j,t}^{\mathrm{s}} = \alpha_{j,t} P_{j,t}^{\mathrm{sld}} - \frac{\beta_t}{2}(P_{j,t}^{\mathrm{sld}})^2 + \gamma_{j,t}(P_{j,t}^{\mathrm{w}} + P_{j,t}^{\mathrm{v}} + P_{j,t}^{\mathrm{bt}}) - C_j^{\mathrm{CIDR}} \tag{8-24}$$

式中,$\alpha_{j,t}$ 为 t 时段售电微网 j 的需求侧满意度系数;$P_{j,t}^{\mathrm{sld}}$ 为 t 时段售电微网 j 的实时负荷需求量;β_t 为大于零的常数;$\gamma_{j,t}$ 为 t 时段售电微网 j 发布的电能价格。

2. 购电微网的效用函数

购电微网由于电能供应量无法满足自身负荷需求,出现电量缺额现象,需要向售电微网购买电能以实现供需平衡,购电微网 i 在 t 时段选择售电微网 j 购电的效用函数可表示为

$$U_{i,j,t}^{\mathrm{p}} = \alpha_{i,t} P_{i,t}^{\mathrm{sld}} - \frac{\beta_t}{2}(P_{i,t}^{\mathrm{sld}})^2 - \gamma_{j,t}\rho_{ij,t} + C_i^{\mathrm{CIDR}} \tag{8-25}$$

购电微网 i 在 t 时段的实际负荷总需求量为

$$\rho_{ij,t} = P_{i,t}^{\mathrm{sld}} + P_{i,t}^{\mathrm{AIDR}} \tag{8-26}$$

式中,$\alpha_{i,t}$ 为 t 时段购电微网 i 的需求侧满意度系数;$P_{i,t}^{\mathrm{sld}}$ 为 t 时段购电微网 i 的实时负荷需求量。

8.3.2.2 购电微网间的演化博弈

购电微网对售电微网发布的电价信息进行综合评价,并选择其中一个售电微网购买电能,所有购电微网的选择结果反映为群体的选择状态,购电微网在选择的过程中不断地调整自身的选择策略,形成演化博弈过程。

购电微网间的演化博弈模型如下。

(1)参与者:I 个购电微网。

(2)策略:购电微网购电时的选择状态,可用购电微网 i 在时段 t 选择售电微网 j 购买电能的概率 $r_{j,t}(0 \leqslant r_{j,t} \leqslant 1, \sum_{j=1}^{J} r_{j,t} = 1)$ 表示。

(3)收益:t 时段购电微网 i 所获得的效用。

在演化过程中,引入修正因子 $\upsilon_{m,j}(U_{i,t}^{\mathrm{p}})$ 表示 t 时段购电微网 i 从选择的售电微网 m 转移到售电微网 j 的比例。

动态演化博弈的修正协议可表述为

$$\upsilon_{m,j}(U_{i,t}^{\mathrm{p}}) = \frac{\exp(U_{i,j,t}^{\mathrm{p}})}{\sum\limits_{m=1}^{J} \exp(U_{i,m,t}^{\mathrm{p}})} \tag{8-27}$$

用微分方程表示购电微网群体动态演化过程：

$$\frac{\partial r_{j,t}}{\partial t} = \sum_{m=1}^{J} r_{m,t}\upsilon_{m,j}(U_{i,t}^{\mathrm{p}}) - r_{j,t}\sum_{m=1}^{J} \upsilon_{j,m}(U_{i,t}^{\mathrm{p}}) \tag{8-28}$$

购电微网群体动态演化方程为

$$\frac{\partial r_{j,t}}{\partial t} = \frac{\exp(U_{i,j,t}^{\mathrm{p}})}{\sum\limits_{m=1}^{J} \exp(U_{i,m,t}^{\mathrm{p}})} - r_{j,t} = \upsilon_{m,j}(U_{i,t}^{\mathrm{p}}) - r_{j,t} \tag{8-29}$$

当 $\dfrac{\partial r_{j,t}}{\partial t} = 0$，即 $\upsilon_{m,j}(U_{i,t}^{\mathrm{p}}) - r_{j,t} = 0$ 时，购电微网种群达到演化均衡。

8.3.2.3　售电微网间的非合作博弈

在售电微网与购电微网进行交易的过程中，售电微网 j 发布的售电价格由微网群内所有售电微网共同决定，因此，售电微网 j 的效用不仅取决于自身上报的电能价格和购电微网的选择状态，还与其他参与售电的微网发布的电能价格有关，从而使得售电微网 j 的效益受到其他参与者决策行为的影响，即售电微网群参与的发布售电价格的过程可描述为非合作博弈模型。

（1）参与者：J 个售电微网。

（2）策略：t 时段售电微网 j 的售电价格 $\gamma_{j,t}$。

（3）收益：t 时段售电微网 j 所获得的效用。

由式（8-25）可得，t 时段购电微网 i 的最优购买电量为

$$P_{ij,t} = \frac{\alpha_{i,t} - \gamma_{j,t}}{\beta_t} \tag{8-30}$$

t 时段购电微网 i 从售电微网 j 购买的总电量为

$$Q_{j,t} = \sum_{i=1}^{I} r_{j,t} P_{ij,t} \tag{8-31}$$

由式（8-25）至式（8-27），可将售电微网的效用函数表示为

$$U_{j,t}^{\mathrm{s}} = \begin{cases} \alpha_{j,t}P_{j,t}^{\mathrm{sld}} - \dfrac{\beta_t}{2}(P_{j,t}^{\mathrm{sld}})^2 + \gamma_{j,t}P_{ij,t} - C_j^{\mathrm{CIDR}}, & P_{ij,t} \leqslant Q_{j,t} \\[3mm] \alpha_{j,t}P_{j,t}^{\mathrm{sld}} - \dfrac{\beta_t}{2}(P_{j,t}^{\mathrm{sld}})^2 + \gamma_{j,t}r_{j,t}\sum\limits_{i=1}^{I} \dfrac{\alpha_{i,t} - \gamma_{j,t}}{\beta_t} - C_j^{\mathrm{CIDR}}, & P_{ij,t} > Q_{j,t} \end{cases} \tag{8-32}$$

各售电微网在多次博弈过程中，根据其效用函数不断改变价格策略，直到达到效用最

优,当所有售电微网不能通过自身策略使其效用提高时,博弈达到纳什均衡状态。

8.3.2.4 售电微网与购电微网之间的主从博弈

微网群系统在实时调度过程中,售电微网通过价格响应来引导购电微网的选择状态,使得购电微网收益最大化,同时售电微网的效益取决于购电微网的用电状态。可将电力市场中参与者先后作出决策的行为描述为主从博弈模型,其中,售电微网为领导者,购电微网为跟随者。

(1)参与者:微网群系统中的 I 个购电微网和 J 个售电微网。

(2)策略: t 时段售电微网 j 发布的售电价格 $\gamma_{j,t}$;购电微网 i 在 t 时段选择售电微网 j 的概率 $r_{j,t}$,即购电微网的用电选择状态。

(3)收益:购电微网 i 和售电微网 j 在 t 时段分别获得的效用。

领导者售电微网可选择的策略案为

$$\boldsymbol{\gamma}_j = [\gamma_{j,1}, \gamma_{j,2}, \cdots, \gamma_{j,t}, \cdots, \gamma_{j,T}] \tag{8-33}$$

式中, $\boldsymbol{\gamma}_j$ 为售电微网 j 发布的电价策略向量; T 为总调度时段。

跟随者购电微网的策略集可表述为

$$\boldsymbol{r}_j = [r_{j,1}, r_{j,2}, \cdots, r_{j,t}, \cdots, r_{j,T}] \tag{8-34}$$

式中, $\boldsymbol{r}_j$ 为购电微网 i 选择售电微网 j 的概率向量。

在主从博弈模型中,售电微网和购电微网的目标均为效用最优,针对售电微网发布的电价信息 $\boldsymbol{\gamma}_j$,购电微网均能找到一个使其自身效益最优的均衡策略,用 $\boldsymbol{r}_j^*$ 表示,并将其反馈给售电微网;售电微网根据自身效用函数及购电微网的最优反应策略确定最优电价策略集 $\boldsymbol{\gamma}_j^*$,则该主从博弈的纳什均衡解可用 $(\boldsymbol{\gamma}_j^*, \boldsymbol{r}_j^*)$ 表示。

8.3.2.5 实时阶段多重博弈的求解流程

对于所提出的多重博弈模型,本小节采用并行分布式的求解方法,求解流程如图 8-3 所示。

具体求解步骤如下。

步骤1:售电微网作为主从博弈的领导者,首先向跟随者购电微网传递初始电价信息。

步骤2:购电微网依据领导者的策略对自身的用电选择状态作出决策,并不断进行更新,直到使其效用达到最优,得到演化博弈均衡策略,演化博弈均衡解的求解过程如下。

(1)购电微网 i 根据领导者的策略选择一个售电微网购电,并根据式(8-30)和式(8-25)分别计算购电微网最优购电量和用电效用。

(2)将式(8-29)离散化可得

$$r_{j,t}^{m+1} = r_{j,t}^m + \tau_1 [v_{m,j}(U_{i,t}^p) - r_{j,t}^m] \tag{8-35}$$

式中, m 为演化博弈的迭代次数; τ_1 为迭代步长。

购电微网通过式(8-35)更新用电状态。

(3)判断购电微网的用电策略是否达到演化均衡,若达到均衡状态,进行步骤 3,反之执行(1)。

步骤 3:根据购电微网的最优用电策略,各售电微网通过非合作博弈得到最优售电电价,非合作博弈求解流程图如图 8-3 所示。

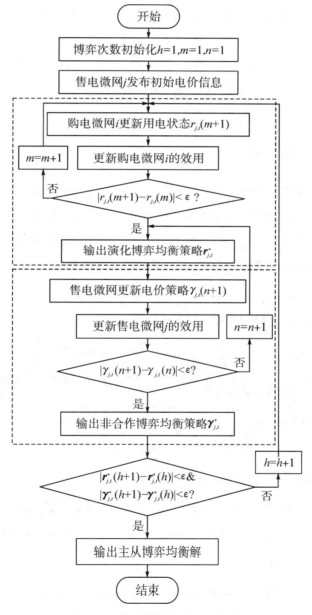

图 8-3　非合作博弈求解流程图

（1）根据式（8-31）和式（8-32）计算 t 时段购电微网 i 从售电微网 j 购买的总电量和售电微网 j 的自身效用。

（2）售电微网 j 通过式（8-36）更新自身电价策略。

$$\gamma_{j,t}^{n+1} = \gamma_{j,t}^n + \tau_2(Q_{j,t}^n - P_{ij,t}) \tag{8-36}$$

式中，n 为非合作博弈的迭代次数；τ_2 为迭代步长。

（3）判断售电微网策略是否达到均衡，若达到均衡状态，进行步骤4，反之执行（1）。

步骤4：判断系统主从博弈是否达到了均衡状态，若达到则停止迭代求解，输出结果，否则返回步骤2。

8.4 算 例 分 析

8.4.1 基础数据设置

本小节考虑由5个微网（MG1、MG2、MG3、MG4、MG5）组成的微网群系统。各微网的可再生能源出力及负荷需求预测曲线如图8-4所示。储能系统的额定容量为 $100\ kW \cdot h$，微网需求满意度系数的取值范围为 $[5,10]$。售电市场规定的微网售电价格区间为 $[0.3,1.2]$。微网向主网的购售电电价见表8-2所列，其余参数见表8-3所列。

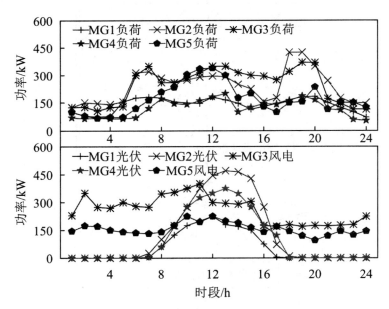

图8-4 可再生能源出力及负荷需求预测曲线

表 8-2　微网向主网的购售电电价

交易形式	时段	价格/[元/(kW·h)]
购电	09:00—11:00;18:00—22:00	1.289
	07:00—08:00;12:00—17:00	0.873
	01:00—06:00;23:00—24:00	0.457
售电	01:00—24:00	0.405

表 8-3　其余参数

参数名称	数值
β	0.5
λ(碳交易市场价格)/(元/t)	150
σ(负荷调度补偿系数)/(元/kW)	0.9
c_{bt}(储能运行成本系数)/(元/kW)	0.02
δ_1(火电机组单位出力碳排放强度)	1.3
δ_2(燃气轮机单位出力碳排放强度)	0.4
δ_3(单位出力碳排放额)	0.7
c_k^{AIDR}(A 类 IDR 调用成本系数)/(元/kW)	0.13
c_k^{BIDR}(B 类 IDR 调用成本系数)/(元/kW)	0.16
c_k^{CIDR}(C 类 IDR 调用成本系数)/(元/kW)	0.19

8.4.2　调度结果分析

为验证本章所述策略在微网群系统资源配置中的优势,分析一天(24 h)日前-日内-实时 3 个阶段下连续的系统调度结果。将每个时段微网群内 5 个微网的调度结果进行整合并绘制为附录 D 的附图 D-14、图 8-5 的结果图。

从附图 D-14 可以看出,对于日前-日内-实时三阶段仿真结果,在时段 7:00—9:00、18:00—21:00,微网群内储能系统通过放电弥补由可再生能源出力不足造成的电能短缺;10:00—15:00,储能通过充电消纳过剩可再生能源;0:00—5:00,负荷需求减少,储能系统通过充电将负荷用电低峰时段的电能储存起来,满足高峰时段的用电需求,缓解电能高峰时段的压力,使收益达到最大化。

对于 24 h 内日前-日内-实时 3 个阶段来说,每个阶段系统内各资源的出力以及负荷调用情况相较于前一阶段的预测精度有一定的提高。因此,日内阶段相较于日前阶段,实时阶段相较于日内阶段,均需对微网的可再生能源出力、IDR 调用量进行一定的调整,以适应调度时间精度的提高。图 8-5 给出了日前-日内-实时 3 个时间尺度下 5 个微网总的可再生能源出力,以及 A 类 IDR 调用量、B 类 IDR 调用量和 C 类 IDR 调用量。可以看出,3 个阶段下的可再生能源出力及 IDR 调用量的曲线波动幅度相似,但日内和实时阶段的曲线波动幅度较大。在日前、日内、实时 3 个阶段下,夜间时段(0:00—5:00,20:00—24:00)的 IDR 调用量均明显低于白天阶段(5:00—20:00)的 IDR 调用量,具有削峰填谷的趋势,对维持系统功率平衡具有重要作用。

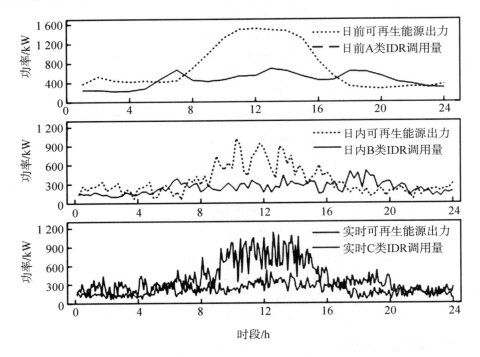

图 8-5　24 h 连续的日前-日内-实时阶段的可再生能源出力及 IDR 调用量

以 MG1(光伏)和 MG5(风电)为例,分别绘制如附录 D 的附图 D-15、附图 D-16、附图 D-17 所示的日前、日内、实时阶段资源调度曲线,研究不同可再生能源出力对系统产生的影响。

在附图 D-15 中,在光照强度较高的时段(07:00—17:00),MG1 的光伏出力呈现高峰趋势,且在该时段的 A 类 IDR 调用量较少;以风电出力为主的 MG5 在夜间负荷需求小及风电出力高峰时段进行充电,其储能系统在一天的 24 个时段内,有 3 个时段在充电,可见微网储能系统通过充电在满足自身负荷需求的同时,将过剩电能出售给其他微网,以促进系统的供需平衡,提高系统的总经济效用。

结合附图 D-15、附图 D-16、附图 D-17 可以看出,24 时段内的各微网储能充放电功率,以及风、光出力和各类 IDR 调用量在日前、日内、实时 3 个调度时段的趋势相似。在 MG1 的负荷高峰时段(06:00—08:00、11:00—13:00、19:00—21:00),以及 MG5 的负荷高峰时段

（08：00—16：00、19：00—21：00），由于其可再生能源出力无法满足负荷增加给系统带来的压力，该时段的 IDR 调用量会出现高峰。通过将附录 D 的附图 D-16 和附图 D-17 分别与附图 D-15 对比可以看出，随着时间尺度的缩短，日内调度阶段和实时调度阶段对日前阶段的调度结果不断更新调整，提高了调度精度，促进了大规模风、光消纳。

实时阶段得到各类资源调度结果后，在每个时段内，系统根据供需比系数，以及微网的电能充裕与缺额状态，将 5 个微网分为售电微网和购电微网，当多重博弈达到均衡状态时，每个时段的各售电微网的售电价格不同，且购电微网选择售电微网的概率也不同，图 8-6、图 8-7 分别为 t 时段售电微网的售电价格，以及每个售电微网被购电微网选择的概率分布。

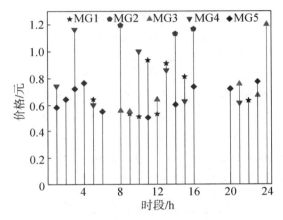

图 8-6　t 时段售电微网的售电价格

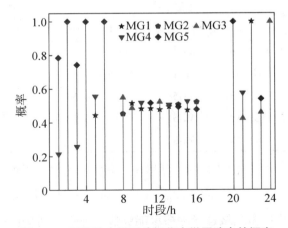

图 8-7　t 时段购电微网选择售电微网购电的概率

以 02：00、12：00、18：00 时段为例，从图 8-6 中可以看出，在时段 02：00，只有 MG5 为售电微网，MG5 在满足自身负荷的同时，向其余 4 个微网输送电能；时段 12：00 的售电微网为

MG1 和 MG3;从时段 18:00 可以看出,5 个微网均为购电微网,在该时段,微网之间没有电能互动,微网仅从主网购电。由此可见,在一天的 24 个时段中,每个时段内的各微网可呈现出不同的状态,其内部可用电能在出现盈余的状态时,通过与其他微网交互实现消纳。

各微网的资源配置见表 8-4 所列。由图 8-6 和图 8-7 可知,购电微网优先选择售电价格低的售电微网,但可以观察到,在 10:00、12:00、14:00、16:00、23:00 时段,购电微网选择价格最低的售电微网的概率并不是最高的,具体情况见表 8-5 所列。结合图 8-6、表 8-4 与表 8-5,以 10:00 为例,MG1(售电微网)发布的最优电价低于 MG4(售电微网),但购电微网选择 MG1 的概率为 0.481 9,低于选择 MG4 的概率 0.518 1。由此可见,系统在调度过程中,购电微网在选择售电微网购电时,电价并不是唯一考虑的因素,同时也要考虑各类 IDR 调用量及微网的负荷需求量对购电微网的策略选择产生的影响。

表 8-4 各微网的资源配置

时刻	可再生能源出力/kW					IDR 资源调用量/kW					负荷需求量/kW				
	MG1	MG2	MG3	MG4	MG5	MG1	MG2	MG3	MG4	MG5	MG1	MG2	MG3	MG4	MG5
10:00	169.3	38.8	340.4	256.0	91.5	53.6	33.1	17.5	64.7	103.3	91.8	15.5	215.8	31.1	146.0
12:00	209.8	232.5	270.6	118.7	105.2	28.5	51.0	105.0	14.1	13.1	86.7	132.7	19.4	171.1	197.9
14:00	59.1	456.9	288.4	243.8	155.1	12.1	85.5	119.8	86.8	27.9	111.1	130.3	75.91	58.2	147.4
16:00	64.9	183.5	175.6	172.0	136.7	14.0	39.7	116.7	39.9	64.4	58.5	265.2	86.4	82.3	
23:00	0	0	117.2	0	123.3	29.4	27.2	28.2	16.1	35.3	71.8	38.0	97.4	34.8	126.6

表 8-5 购电微网的选择策略

时刻	售电微网	购电微网	电价最低的售电微网	购电微网选择概率				
				MG1	MG2	MG3	MG4	MG5
10:00	MG1、MG4	MG2、MG3、MG5	MG1	0.481 9	—	—	0.518 1	—
12:00	MG1、MG3	MG2、MG4、MG5	MG1	0.476 6	—	0.523 4	—	—
14:00	MG2、MG5	MG1、MG3、MG4	MG5	—	0.506 5	—	—	0.493 5
16:00	MG2、MG5	MG1、MG3、MG4	MG5	—	0.522 4	—	—	0.477 6
23:00	MG3、MG5	MG1、MG2、MG4	MG3	—	—	0.460 0	—	0.540 0

取实时阶段 03:00,根据供需比参数,可将 5 个微网分为售电微网(MG4、MG5)和购电微网(MG1、MG2、MG3),购电微网购买电能时,每个售电微网被选择的概率收敛过程如图 8-8 所示。可以看出,每个售电微网被选择的概率能够快速地收敛到均衡值,即购电时购电微网的动态选择行为能在短时间内达到演化均衡状态。

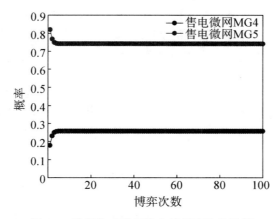

图 8-8 选择售电微网购电的概率收敛过程

8.4.3 不同场景调度结果分析

为验证本章所提的混合时间尺度下多重博弈动态协同优化调度方法的合理性,设置 4 个不同运行场景,以分析多微网调度结果。

(1)场景 1:不考虑碳交易的微网群日前阶段调度模型。

(2)场景 2:计及碳交易的微网群日前阶段调度模型。

(3)场景 3:计及碳交易的微网群多时间尺度优化调度,在实时阶段,各微网之间不构建博弈模型。

(4)场景 4:本章所述微网群调度模型,即混合时间尺度下计及碳交易的系统调度模型,在实时调度阶段,考虑购售电微网之间的主从博弈策略,并在售电微网之间、购电微网之间分别采用非合作博弈、演化博弈调度模式。

8.4.3.1 经济性分析

表 8-6 对比了以上所述 4 个场景下各微网系统的碳交易成本及各微网运行总成本。

表 8-6 不同场景微网调度成本

场景	微网	碳交易成本/元	微网运行总成本/元
1	MG1	—	2.3223×10^5
	MG2	—	4.6911×10^5
	MG3	—	3.1471×10^5
	MG4	—	2.8571×10^5
	MG5	—	1.9255×10^5
	总成本/元	—	1.4943×10^6

场景	微网	碳交易成本/元	微网运行总成本/元
2	MG1	$-1.759\ 0\times10^3$	$2.299\ 2\times10^5$
	MG2	$-3.501\ 0\times10^3$	$4.673\ 5\times10^5$
	MG3	$-6.636\ 9\times10^3$	$3.094\ 3\times10^5$
	MG4	$-2.863\ 0\times10^3$	$2.845\ 5\times10^5$
	MG5	$-3.841\ 2\times10^3$	$1.895\ 0\times10^5$
	总成本/元	$-1.860\ 1\times10^4$	$1.480\ 8\times10^6$
3	MG1	$-2.042\ 0\times10^3$	$2.273\ 3\times10^5$
	MG2	$-3.789\ 0\times10^3$	$4.336\ 0\times10^5$
	MG3	$-6.942\ 8\times10^3$	$2.977\ 8\times10^5$
	MG4	$-3.151\ 0\times10^3$	$2.812\ 6\times10^5$
	MG5	$-4.438\ 0\times10^3$	$1.286\ 0\times10^5$
	总成本/元	$-2.036\ 3\times10^4$	$1.368\ 6\times10^6$
4	MG1	$-2.687\ 3\times10^3$	$1.851\ 3\times10^5$
	MG2	$-3.857\ 5\times10^3$	$3.883\ 4\times10^5$
	MG3	$-7.468\ 0\times10^3$	$1.034\ 5\times10^5$
	MG4	$-3.350\ 7\times10^3$	$2.527\ 5\times10^5$
	MG5	$-4.984\ 8\times10^3$	$8.713\ 7\times10^4$
	总成本/元	$-2.234\ 8\times10^4$	$1.016\ 8\times10^6$

从表 8-6 中可以看出,场景 3 相较于场景 2,各微网系统的运行成本均有明显的下降,碳交易收益均有提高,微网群系统总碳交易收益提升了 1 762 元,场景 3 下的微网群系统运行总成本相较于场景 1 和场景 2,分别降低了 $1.257\ 0\times10^5$ 元和 $1.122\ 0\times10^5$ 元,说明碳交易机制对各微网系统及整个微网群系统的经济运行都会有显著的优化效果。对比场景 2 与场景 3 的调度结果可见,无论是对于单一微电网,还是对于整个微网群系统,仅考虑日前阶段的调度成本和碳交易成本均是最高的,这验证了本章所提计及碳交易机制的多时间尺度调度策略的优势性。

8.4.3.2 可再生能源消纳能力分析

将微网内的可再生能源利用率作为可再生能源出力占电源总出力的比重,由图 8-9 可知,在场景 4(本章所提出的调度策略)下,MG1(光伏)、MG2(光伏)、MG3(风力)、MG4(光伏)、MG5(风力)的可再生能源利用率始终是较高的,最高分别可达到 65.48%、68.71%、63.33%、63.11%、48.34%。在场景 2 下,各微网的可再生能源利用率最高分别只达到 34.99%、54.89%、54.27%、54.11%、33.33%。结合表 8-6 和图 8-9 可知,对比场景 2、3、4 的仿真结果,可再生能源利用率的提升伴随着碳交易成本和微网群系统运行成本的降低,说明场景 4 所提方法可有效减少微网群系统向主网的购电费用,提高系统对可再生能源的消纳能力。

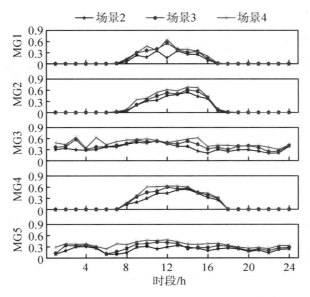

图 8-9　不同场景下各微网的可再生能源利用率

8.4.3.3　基于场景对比的博弈策略分析

通过对比表 8-6 中场景 4(考虑多重博弈策略)与场景 3(不考虑博弈策略)可知,微网群系统碳交易总成本和系统运行总成本分别降低了 1 985 元和 3.518 0×10⁵ 元。图 8-9 中场景 4 的各微网可再生能源利用率在调度周期内的各个时刻均高于场景 3。由此可以看出,若各微网之间没有电能互动,微网内电能不能满足自身负荷需求时,仅从主网购电增加了微网系统的运行成本。这说明微网群内各主体间通过博弈思想进行资源配置时,可以提高微网的资源利用率,促进系统经济运行。

8.5　结　　论

针对含有多个利益主体的微网群系统,提出一种计及多时间尺度的多主体动态博弈调度策略,通过微网内的各资源互动,使不同时间尺度下的 IDR 资源参与各级调度,实现了混合时间尺度下含风光的多微网协同优化调度。分析不同调度场景下的配置结果,得出以下主要结论。

(1)在碳交易机制下考虑含风光的微网群系统调度模型,有效地促进了风光消纳、实现了系统经济运行目标。

（2）混合时间尺度下采用日前－日内－实时逐级递进调度方法，可以使调度周期内的各资源在不同的时间尺度发挥不同的调度效果，最大限度地发挥自身作用，提高决策的准确性。

（3）在逐级调度周期内，在实时阶段从多售电微网－多购电微网角度出发，采用多重博弈调度策略，使系统安全稳定运行，进而对系统内的各主体利益协调分配产生积极作用。

参 考 文 献

[1]康重庆,杜尔顺,李姚旺,等.新型电力系统的"碳视角":科学问题与研究框架[J].电网技术,2022,46(3):821-833.

[2]刘迎澍,陈曦,李斌,等.多微网系统关键技术综述[J].电网技术,2020,44(10):3804-3820.

[3]CHE,ZHANG X P,SHAHIDEHPOUR M,et al. Optimal interconnection planning of community microgrids with renewable energy sources[J]. IEEE Transactions on Smart Grid,2017,8(3):1054-1063.

[4]刘志坚,刘瑞光,梁宁,等.一种基于博弈论的多微网能源交易方法[J].电网技术,2021,45(2):587-595.

[5]朱永胜,王杰,瞿博阳,等.含风电场的多目标动态环境经济调度[J].电网技术,2015,39(5):1315-1322.

[6]AREFIFAR S A,ORDONEZ M,MOHAMED Y A R I. Voltage and current controllability in multi-microgrid smart distribution systems[J]. IEEE Transactions on Smart Grid,2018,9(2):817-826.

[7]崔杨,邓贵波,曾鹏,等.计及碳捕集电厂低碳特性的含风电电力系统源-荷多时间尺度调度方法[J].中国电机工程学报,2022,42(16):5869-5886.

[8]崔杨,张家瑞,仲悟之,等.考虑源-荷多时间尺度协调优化的大规模风电接入多源电力系统调度策略[J].电网技术,2021,45(5):1828-1836.

[9]WU H Y,KRAD I,FLORITA A,et al. Stochastic multi-timescale power system operations with variable wind generation[J]. IEEE Transactions on Power Systems,2017,32(5):3325-3337.

[10]包宇庆,王蓓蓓,李扬,等.考虑大规模风电接入并计及多时间尺度需求响应资源协调优化的滚动调度模型[J].中国电机工程学报,2016,36(17):4589-4599.

[11] KOU P, LIANG D L, GAO L. Distributed EMPC of multiple microgrids for coordinated stochastic energy management[J]. Applied Energy,2017,185:939-952.

[12] 刘方,徐耀杰,杨秀,等. 考虑电能交互共享的虚拟电厂集群多时间尺度协调运行策略 [J]. 电网技术,2022,46(2):642-654.

[13] 赵毅,陈雨婷,孙文瑶. 多微网配电系统区间调度方法与市场交易策略研究[J]. 电网技术,2022,46(1):47-56.

[14] 黄张浩,张亚超,郑峰,等. 基于不同利益主体协调优化的主动配电网日前-实时能量管理方法[J]. 电网技术,2021,45(6):2299-2308.

[15] 卢强,陈来军,梅生伟. 博弈论在电力系统中典型应用及若干展望[J]. 中国电机工程学报,2014,34(29):5009-5017.

[16] 梅生伟,王莹莹,刘锋. 风-光-储混合电力系统的博弈论规划模型与分析[J]. 电力系统自动化,2011,35(20):13-19.

[17] 李旵,马瑞,罗阳. 基于 Stackelberg 博弈的微网价格型需求响应及供电定价优化[J]. 电力系统保护与控制,2017,45(5):88-95.

[18] 黄伟,李玟萱,车文学. 基于 Stackelberg 模型的主动配电网动态电价需求响应设计[J]. 电力系统自动化,2017,41(14):70-77.

[19] WU Q, XIE Z, LI Q F, et al. Economic optimization method of multi-stakeholder in a multi-microgrid system based on Stackelberg game theory[J]. Energy Reports,2022,8: 345-351.

[20] MAHARJAN S,ZHU Q Y,ZHANG Y,et al. Dependable demand response management in the smart grid:a Stackelberg game approach[J]. IEEE Transactions on Smart Grid,2013,4(1): 120-132.

[21] CHEN H, LI Y H, LOUIE R H Y, et al. Autonomous demand side management based on energy consumption scheduling and instantaneous load billing:an aggregative game approach [J]. IEEE transactions on Smart Grid,2014,5(4):1744-1754.

[22] YANG P, TANG G G, NEHORAI A. A game-theoretic approach for optimal time-of-use electricity pricing[J]. IEEE Transactions on Power Systems,2013,28(2):884-892.

[23] 周明,殷毓灿,黄越辉,等. 考虑用户响应的动态尖峰电价及其博弈求解方法[J]. 电网技术,2016,40(11):3348-3354.

[24] BERA S, MISRA S, CHATTERJEE D. C2C:community-based cooperative energy consumption in smart grid[J]. IEEE Transactions on Smart Grid,2018,9(5):4262-4269.

[25]程乐峰,余涛.开放电力市场环境下多群体非对称演化博弈的均衡稳定性典型场景分析[J].中国电机工程学报,2018,38(19):5687-5703.

[26]孙云涛,宋依群,姚良忠,等.售电市场环境下电力用户选择售电公司行为研究[J].电网技术,2018,42(4):1124-1131.

[27]伍惠铖,王淳,尹发根,等.考虑负荷转移和多重博弈的智能小区需求响应策略[J].电网技术,2019,43(12):4550-4557.

[28]张彦,张涛,孟繁霖,等.基于模型预测控制的能源互联网系统分布式优化调度研究[J].中国电机工程学报,2017,37(23):6829-6845.

[29]LIU N,YU X F,WANG C,et al. Energy-sharing model with price-based demand response for microgrids of peer-to-peer prosumers[J]. IEEE Transactions on Power Systems,2017,32(5):3569-3583.

▶ 第9章　基于零和博弈的电力系统鲁棒优化调度

9.1　引　　言

随着人类对资源的过度需求,能源短缺问题成为各国政府亟需解决的关键问题[1-2]。风电凭借其清洁、可再生等优势,近年来发展迅速[3-5]。一方面,风电固有的随机、不确定性给电力系统经济运行(economic dispatch,ED)带来新的挑战;另一方面,电动汽车成为全球汽车产业转型发展的主要方向,逐渐步入大众的生活[6],但其电能来源问题一直是制约其发展的重要因素。

文献[7]研究了风电接入的碳捕集电场的经济调度问题,以机组运行成本、碳交易成本等经济因素作为优化目标。文献[8-9]采用神经网络的预测方法对风电误差进行预测,结果验证了所建预测模型可有效地降低经济调度成本。文献[10-13]充分考虑电动汽车 V2G 特性,建立含电动汽车接入的电网调度模型,充分验证了电动汽车的削峰填谷效应。上述文献只关注单一能源形式入网的经济调度研究,然而,随着国家"光储充放"等政策的落地,相应研究应全面考虑风、车良性互动的协调增效作用。

文献[14]在分时电价机制的基础上,提出了一种风、车互动参与电网的经济调度问题。文献[15]研究了含风电及电动汽车参与的电力市场调度问题,采用轮盘赌方法处理风电不确定性。文献[16]采用多场景模拟技术,将风电不确定性分解为典型的离散概率场景,但处理场景样本相对复杂。上述文献虽然同时考虑了风电及电动汽车接入,然而对其不确定性方面的研究有待完善。研究表明,鲁棒优化理论是解决不确定的有效办法[17]。文献[18]建立鲁棒双层随机优化调度模型,兼顾了电网和电动汽车的利益。文献[19]采用两阶段鲁棒调度模型,采用列约束生成分解方法,将原模型分解为日前调度主问题和附加调整子问题。上述文献未全面考虑由新能源不确定性因素造成的预测误差问题,同时,在鲁棒优化过程中,大自然与调度人员之间具有"此消彼长"的关系,博弈论是解决利益冲突与关联的有效工具,为研究此类鲁棒优化问题提供了新的思路和途径[20]。文献[21]研究了光伏不确定并网背景下的日前鲁棒经济调度模型。文献[22]以增量配电网作为研究对象,研究了多主体间的动态博弈过程。整体看来,有待对分布式能源不确定因素下的电力系统鲁棒博弈经济调度开展深入研究。

本章在电动汽车及风电广泛接入电力系统的背景下,综合大自然出力的随机性,提出相关鲁棒优化博弈框架,随后建立了电力系统鲁棒经济调度"二人零和"博弈模型,采用两阶段松弛算法对所建模型进行求解,解决了风车互动模式下考虑风电不确定性的电力系统最优经济运行问题。在不依赖于精确风电出力预测的同时,所建模型不仅极易被推广应用于一切含有不确定性因素的决策问题,同时也扩宽了工程博弈论的应用范围。

9.2　鲁棒经济调度框架

从调度人员角度考虑,其关注的核心是在分布式能源各种不确定的因素下,识别出这些不确定因素可能对系统运行造成的最坏影响,并采取措施尽可能去避免这一最坏情况所造成的后果。这正是鲁棒优化的核心所在。不同于传统机组发电,风电的出力受环境的影响较大。一方面,电网调度人员关心如何制定合理的调度策略,以保证系统以最优经济运行;另一方面,大自然产生的实际风功率不能保证风电计划出力,使得电力系统的经济运行成本升高。现代电力系统经济调度具备对立竞争的属性,其符合"博弈"的思想。

基于规模化风电,以及以"清洁电"换"汽油"的电动汽车应用背景,考虑风-车不确定性,采用"零和博弈"框架进行建模,解决了风车互动接入的电力系统鲁棒经济调度问题,所建框架如图9-1所示。

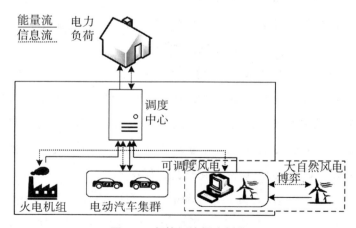

图 9-1　鲁棒经济调度框架

针对大自然与人为控制对电力系统经济运行造成的影响,"二人零和"博弈关系可采用 min-max 模型表述为

$$\min_{x} \max_{y \in Y} f(x, y)$$

$$\text{subject to. } G(x, y) \leqslant 0$$

$$x \in X$$

$$y \in Y$$

(9-1)

式中,$f(x,y)$ 为优化函数;x 为调度人员策略;y 为大自然策略;X、Y 为调度人员及大自然策略集;$G(x,y)$ 为同时含有 x 及 y 的约束条件。

9.3　电动汽车集群模型

随着电动汽车逐渐步入大众的生活,其兼具的移动及储能属性,使其在未来的智能电力系统中占据重要的地位。电车的购置方属于车主,其接入电力系统可有效降低电力系统的投资费用。但是电动汽车的入、离网时间具有不确定性,因此电车的大规模接入将导致系统的信息流量增高,如对单台电动汽车考虑其充放电行为,将大幅度增加计算复杂度,带来"维数灾"。当电动汽车的规模达到一定水平时,其交通行为较为稳定,其出行行为符合正态分布函数[23]:

$$f(t) = \frac{1}{\sqrt{2\pi} \delta_s} \exp \left[-\frac{(t - u_s)^2}{2\delta_s^2} \right]$$

(9-2)

式中,u_s 及 δ_s 为均值与方差。

基于电动汽车交通行为模型,生成大规模电动汽车的入、离网时间场景,按出行规律的不同,将其分为若干个集群,分类见表 9-1 所列。

表 9-1　EV 分类规则

集群名称	接入时间	离开时间	集群名称	接入时间	离开时间
集群 1	08:00	16:00	集群 7	17:00	07:00
集群 2	08:00	17:00	集群 8	17:00	08:00
集群 3	08:00	18:00	集群 9	18:00	07:00
集群 4	09:00	16:00	集群 10	18:00	08:00
集群 5	09:00	17:00	集群 11	19:00	07:00
集群 6	09:00	18:00	集群 12	19:00	08:00

9.4 系统经济运行模型

含风电及电动汽车接入的电力系统经济运行主要包含机组发电成本、电动汽车充放电成本及风电误差成本,并基于各发电单元特性,建立相关模型。

9.4.1 目标函数

$$F = \sum_{i=1}^{I} \sum_{t=1}^{T} f(P_{i,t}) + \sum_{n=1}^{N} \sum_{t=1}^{T} f(P_{n,t}^{EV}) + \sum_{t=1}^{T} f(Pw_t^D, Pw_t^N) \tag{9-3}$$

式中,$P_{i,t}$ 为火电机组 i 在 t 时段的发电功率;$P_{n,t}^{EV}$ 为电动汽车集群 n 在 t 时段的充放电功率,其中,电动汽车放电时为正,充电时为负;Pw_t^D 为风电调度风功率;Pw_t^N 为大自然实际风功率;I 为火电机组台数;N 为电动汽车集群数;T 为调度周期,$T=24$ h。

火电机组主要以煤炭等作为原料进行工作,采用二次函数表示其发电成本,即

$$f(P_{i,t}) = \alpha_i + \beta_i P_{i,t} + \gamma_i P_{i,t}^2 \tag{9-4}$$

式中,α_i、β_i 及 γ_i 为火电机组 i 的燃料费用系数。

为平滑风电及电网的能量波动,电动汽车需要进行充放电来维持电网的平稳运行。电动汽车放电时属于电力供应侧,因此,电网需支付其费用;反之为电力需求侧,需向电网支付充电费用。电动汽车的充放电费用可表示为

$$f(P_{n,t}^{EV}) = \begin{cases} \nu P_{n,t}^{EV}, & P_{n,t}^{EV} > 0 \\ 0, & P_{n,t}^{EV} = 0 \\ o P_{n,t}^{EV}, & P_{n,t}^{EV} < 0 \end{cases} \tag{9-5}$$

式中,o、ν 分别为电动汽车的充放电电价。

由于风电预测技术的限制,实际风电的出力相较于调度风电会有所偏差。电力系统需预备足够的旋转备用来应对其出力的波动性。当调度风电功率高于大自然实际风电功率时,电力系统需启动备用容量来满足实际风电出力的不足;反之,实际风电功率产量过剩,需进行弃风操作,进而产生相应费用,风电出力偏差费用表示为

$$f(Pw_t^D, Pw_t^N) = \omega_1 \max(0, Pw_t^D - Pw_t^N) + \omega_2 \max(0, Pw_t^N - Pw_t^D) \tag{9-6}$$

式中,ω_1 为系统备用费用系数;ω_2 为风电弃风费用系数。

9.4.2 约束条件

9.4.2.1 功率平衡约束

为满足电力系统的平稳运行,需保证供需侧功率平衡,即

$$\sum_{i=1}^{I} P_{i,t} + \sum_{n=1}^{N} P_{n,t}^{\mathrm{EV}} + P w_t^{\mathrm{D}} = P_{\mathrm{load},t} \qquad (9\text{-}7)$$

式中，$P_{\mathrm{load},t}$ 为 t 时段的电力负荷需求。

9.4.2.2　火电机组出力约束

火电机组出力应满足出力上下限，即

$$P_{i,\min} \leqslant P_{i,t} \leqslant P_{i,\max} \qquad (9\text{-}8)$$

式中，$P_{i,\max}$、$P_{i,\min}$ 分别为机组出力的上下限。

9.4.2.3　机组爬坡约束

受实际机组工作环境限制，其相邻时段出力不能出现突变，即

$$\begin{cases} P_{i,t} - P_{i,t-1} \leqslant U_{\mathrm{R},i} \times \Delta T \\ P_{i,t-1} - P_{i,t} \leqslant D_{\mathrm{R},i} \times \Delta T \end{cases} \qquad (9\text{-}9)$$

式中，$U_{\mathrm{R},i}$、$D_{\mathrm{R},i}$ 为机组 i 的上下爬坡速率；ΔT 为调度时间间隔，$\Delta T = 1$ h。

9.4.2.4　电动汽车约束

电动汽车在 t 时段的功率状态既与该时段的充放电功率相关，也与上一时段的功率状态相关，即

$$S_{n,t}^{\mathrm{EV}} = S_{n,t-1}^{\mathrm{EV}} + P_{n,t}^{\mathrm{EV}} \qquad (9\text{-}10)$$

式中，$S_{n,t}^{\mathrm{EV}}$ 为电动汽车 t 时段的功率状态。

电动汽车在 t 时段的功率状态应满足电池容量限制，该时段的充放电功率应小于额定充放电功率，即

$$N_n^{\mathrm{EV}} S_{\min}^{\mathrm{EV}} \leqslant S_{n,t}^{\mathrm{EV}} \leqslant N_n^{\mathrm{EV}} S_{\max}^{\mathrm{EV}} \qquad (9\text{-}11)$$

$$-\eta_{\mathrm{ch}} N_n^{\mathrm{EV}} p_{\mathrm{ev}} \leqslant P_{n,t}^{\mathrm{EV}} \leqslant \eta_{\mathrm{dch}} N_n^{\mathrm{EV}} p_{\mathrm{ev}} \qquad (9\text{-}12)$$

式中，$S_{\max}^{\mathrm{EV}}$、$S_{\min}^{\mathrm{EV}}$ 分别为电动汽车电池容量的上下限；N_n^{EV} 为集群 n 电动汽车数量；η_{ch}、η_{dch} 为电动汽车的充放电速率；p_{ev} 为电动汽车的电池容量。

为满足电动汽车用户出行，其接入电网的周期内的充放电量应相等，即

$$\sum_{t=1}^{T} P_{n,t}^{\mathrm{EV}} = 0 \qquad (9\text{-}13)$$

9.4.2.5　风电功率约束

风电出力具有随机及不确定性，受预测误差限制，调度风电功率及实际风电功率应在预测上下误差区间范围内，即

$$Pw_{\min} \leqslant Pw_t^{\mathrm{D}} \leqslant Pw_{\max} \tag{9-14}$$

$$Pw_{\min} \leqslant Pw_t^{\mathrm{N}} \leqslant Pw_{\max} \tag{9-15}$$

式中,$Pw_{\max}$、$Pw_{\min}$ 分别为风电出力的上下限。

9.4.3 min-max 调度模型

基于火电机组、电动汽车、风电出力费用及出力约束,本章所建含风电及电动汽车接入的鲁棒经济调度模型可表述如下。

$$\min_{[P_{i,t}, P_{n,t}^{\mathrm{EV}}, Pw_t^{\mathrm{D}}]} \max_{Pw_t^{\mathrm{N}}} F$$

subject to.

$$\sum_{i=1}^{I} P_{i,t} + \sum_{n=1}^{N} P_{n,t}^{\mathrm{EV}} + Pw_t^{\mathrm{D}} = P_{\mathrm{load},t}, \forall t$$

$$P_{i,\min} \leqslant P_{i,t} \leqslant P_{i,\max}, \forall i, \forall t$$

$$\begin{cases} P_{i,t} - P_{i,t-1} \leqslant U_{\mathrm{R},i} \times \Delta T \\ P_{i,t-1} - P_{i,t} \leqslant D_{\mathrm{R},i} \times \Delta T \end{cases}, \forall i, \forall t \tag{9-16}$$

$$S_{n,t}^{\mathrm{EV}} = S_{n,t-1}^{\mathrm{EV}} + P_{n,t}^{\mathrm{EV}}, \forall n, \forall t$$

$$N_n^{\mathrm{EV}} S_{\min}^{\mathrm{EV}} \leqslant S_{n,t}^{\mathrm{EV}} \leqslant N_n^{\mathrm{EV}} S_{\max}^{\mathrm{EV}}$$

$$-\eta_{\mathrm{ch}} N_n^{\mathrm{EV}} p_{\mathrm{ev}} \leqslant P_{n,t}^{\mathrm{EV}} \leqslant \eta_{\mathrm{dch}} N_n^{\mathrm{EV}} p_{\mathrm{ev}}$$

$$\sum_{t=1}^{T} P_{n,t}^{\mathrm{EV}} = 0$$

$$Pw_{\min} \leqslant Pw_t^{\mathrm{D}} \leqslant Pw_{\max}, \forall t$$

$$Pw_{\min} \leqslant Pw_t^{\mathrm{N}} \leqslant Pw_{\max}, \forall t$$

9.5 基于博弈论的鲁棒调度方法

9.5.1 博弈论规划模型

博弈论是现代数学理论的重要组成部分,是解决多方利益冲突与关联的有效工具。针对规模化风-车互动接入的电力系统经济调度问题,将大自然作为博弈参与者,调度人员为另一博弈方。博弈的最终目的是在大自然可能出现的任何情景下,调度人员制定的调度策略均能保证电力系统的经济运行。调度人员及大自然分别用 DS 及 NA 表示,双方为典型的"二人零和"博弈格局,其经济调度模型可归结为 min-max 优化问题,博弈模型如下。

参与者集合如下。

$$N = \{DS, NA\} \tag{9-17}$$

策略集合如下。

$$DS = \{ P_{i,t}, P_{n,t}^{EV}, Pw_t^D \}$$
$$NA = \{ Pw_t^N \} \tag{9-18}$$

博弈目标如下。

$$F_{DS} = \min_{[P_{i,t}, P_{n,t}^{EV}, Pw_t^D]} F$$
$$F_{NA} = \max_{[Pw_t^N]} F \tag{9-19}$$

9.5.2　模型求解

对于本小节所建 min-max 模型,采用两阶段松弛算法[24]对所建模型进行求解,求解流程如图 9-2 所示。

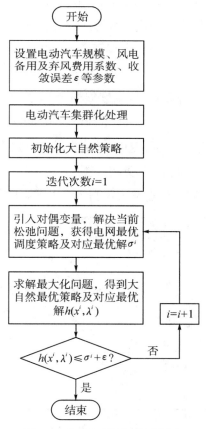

图 9-2　鲁棒经济调度求解流程

步骤 1:初始化内层优化问题的策略 y^1,设置迭代次数 $i=1$。

步骤 2:引入对偶变量 σ 及辅助变量 λ,解决当前松弛问题,并获得一个最优点 (x^i, λ^i) 及最优值 σ^i。

$$
\begin{cases}
\min\limits_{(x,\lambda)}\sigma \\
\text{subject to.}\, f(x,y^i)-\lambda G(x,y^i)\leqslant\sigma \\
x\in X
\end{cases}
\tag{9-20}
$$

步骤3:解决最大化问题。

$$
\begin{cases}
\max\limits_{y} f(x^i,y)-\lambda^i G(x^i,y) \\
\text{subject to.}\, y\in Y
\end{cases}
\tag{9-21}
$$

优化内层子问题的策略为 y^{i+1},其对应最大值为 $h(x^i,\lambda^i)=f(x^i,y^{i+1})-\lambda^i G(x^i,y^{i+1})$。

步骤4:判断是否达到终止条件。

若 $h(x^i,\lambda^i)\leqslant\sigma^i+\varepsilon$ 成立,则 (x^i,y^{i+1}) 为所求 min−max 模型的最优解;若 $h(x^i,\lambda^i)>\sigma^i+\varepsilon$,则设置 $i=i+1$,返回步骤2,同时增加约束,见式(9-22)。

$$
\text{subject to.}\, f(x,y^i)-\lambda G(x,y^i)\leqslant\sigma
\tag{9-22}
$$

可以看出,所求外层优化问题随迭代次数增加,约束条件增加,松弛度不断缩小。

9.5.3 参数设置

本小节以 10 机组系统作为研究对象,调度周期为 24 h,电动汽车分为 12 个集群,电池容量为 24 kW·h。假定电动汽车接入电网时的荷电状态为 50%,电动汽车在网期间均能参与电网能量调度,电池的最大放电深度为容量的 30%,电动汽车放电电价为 0.1 \$/(kW·h),充电电价为 0.08 \$/(kW·h),系统备用费用系数为 150 \$/(MW·h),弃风费用系数为 100 \$/(MW·h),假定实际及调度风功率为预测风电上下限的 20%,出力如图 9-3 所示。

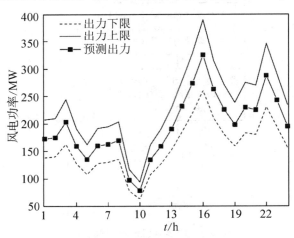

图 9-3　风电出力的上下限

9.5.4　实验结果

9.5.4.1　调度结果

所建 min-max"二人零和"博弈模型,采用两阶段松弛算法求解。策略结果及功率平衡见表 9-2 所列,如附录 D 的附图 D-18 所示。

表 9-2　调度结果

| 时段 | 功率/MW | | | | | | | | | | | | |
	机组 1	机组 2	机组 3	机组 4	机组 5	机组 6	机组 7	机组 8	机组 9	机组 10	调度风电	电动汽车	实际风电
1	150.00	135.00	100.56	109.03	229.54	159.98	129.99	119.99	29.61	21.20	166.05	−314.97	138.32
2	150.00	135.00	100.72	109.15	229.75	159.98	129.99	119.99	29.65	21.24	167.93	−243.41	139.88
3	150.00	135.00	100.86	109.29	229.95	159.98	129.99	119.99	29.69	21.27	195.07	−123.10	244.14
4	150.00	135.00	124.66	128.15	242.97	159.98	129.99	119.99	35.78	26.40	153.09	−0.04	127.40
5	150.00	135.00	167.72	162.14	242.99	159.99	130.00	120.00	46.83	35.70	129.60	0.04	162.24
6	150.00	135.00	189.43	179.36	242.99	159.99	130.00	120.00	52.39	40.37	153.90	74.55	127.92
7	150.00	135.00	208.29	201.28	242.99	159.99	130.00	120.00	52.60	40.43	155.59	105.82	195.00
8	150.00	135.00	288.27	251.26	243.00	160.00	130.00	120.00	79.97	54.99	162.92	0.59	135.72
9	155.89	188.42	340.00	300.00	243.00	160.00	130.00	120.00	80.00	55.00	93.73	57.96	78.00
10	155.89	188.46	340.00	300.00	243.00	160.00	130.00	120.00	80.00	55.00	75.43	174.22	94.38
11	155.90	188.46	340.00	300.00	243.00	160.00	130.00	120.00	80.00	55.00	129.22	204.42	107.64
12	155.90	188.46	340.00	300.00	243.00	160.00	130.00	120.00	80.00	55.00	152.31	225.34	126.88
13	155.88	188.40	340.00	300.00	243.00	160.00	130.00	120.00	80.00	55.00	182.81	116.91	228.54
14	150.00	135.00	334.66	294.11	243.00	160.00	130.00	120.00	79.99	54.99	222.29	−0.04	185.12
15	150.00	135.00	280.91	251.62	242.99	160.00	130.00	120.00	75.78	54.98	262.78	−88.07	218.92
16	150.00	135.00	224.18	207.08	242.99	160.00	130.00	120.00	61.32	47.85	311.86	−236.28	390.00
17	150.00	135.00	221.35	204.60	242.99	159.99	130.00	120.00	60.59	47.26	252.61	−244.40	210.08
18	150.00	135.00	221.46	204.69	242.99	159.99	130.00	120.00	60.62	47.28	216.67	−60.70	180.44
19	150.00	135.00	221.51	204.72	242.99	160.00	130.00	120.00	60.63	47.28	190.45	113.42	158.60
20	150.00	135.00	221.62	204.80	242.99	160.00	130.00	120.00	60.65	47.30	220.07	279.56	275.34
21	150.00	135.00	221.46	204.49	242.99	160.00	130.00	120.00	60.61	47.27	215.74	236.44	269.88
22	150.00	135.00	169.13	161.32	242.99	159.99	130.00	120.00	47.20	36.02	276.34	0.01	345.54
23	150.00	135.00	101.07	111.59	230.04	159.98	129.99	119.99	29.73	21.30	232.82	−89.51	193.96
24	150.00	135.00	100.76	109.19	229.81	159.98	129.99	119.99	29.66	21.25	187.18	−188.82	234.00

由附录 D 的附图 D-18 可知,调度结果满足电力平衡约束,电力负荷需求主要由火电机

组提供,运行总成本为 2. 103 5×10^6 $,即无论大自然对调度风电造成何种影响,发电成本均不会超过采取此种调度策略的经济运行费用。其中,火电机组运行费用为 1. 953 3×10^6 $,电动汽车费用为 3. 710 1×10^4 $,风电误差费用为 1. 131 2×10^5 $ 。电动汽车各集群调度策略见表 9-3 所列,如附录 D 的附图 D-19 所示。

表 9-3　电动汽车充放电功率

| 时段 | 电动汽车充放电功率/MW | | | | | | | | | | | | |
	集群 1	集群 2	集群 3	集群 4	集群 5	集群 6	集群 7	集群 8	集群 9	集群 10	集群 11	集群 12	总计
1	0.00	0.00	0.00	0.00	0.00	0.00	−30.34	−30.33	−66.27	−66.51	−61.37	−60.15	−314.97
2	0.00	0.00	0.00	0.00	0.00	0.00	−21.88	−21.88	−52.34	−52.56	−47.92	−46.83	−243.41
3	0.00	0.00	0.00	0.00	0.00	0.00	−16.87	−16.87	−22.59	−22.62	−22.13	−22.01	−123.10
4	0.00	0.00	0.00	0.00	0.00	0.00	−0.01	−0.01	−0.01	−0.01	−0.01	−0.01	−0.04
5	0.00	0.00	0.00	0.00	0.00	0.00	0.01	0.01	0.01	0.01	0.01	0.01	0.04
6	0.00	0.00	0.00	0.00	0.00	0.00	14.38	7.72	17.50	8.88	17.29	8.78	74.55
7	0.00	0.00	0.00	0.00	0.00	0.00	23.38	−7.73	56.27	−8.89	51.58	−8.79	105.82
8	−66.19	−76.35	−36.34	0.00	0.00	0.00	37.77	0.00	74.03	0.00	67.68	0.00	0.59
9	34.99	38.84	21.36	−14.10	−22.37	−0.77	0.00	0.00	0.00	0.00	0.00	0.00	57.96
10	36.46	43.11	18.48	28.03	36.31	11.82	0.00	0.00	0.00	0.00	0.00	0.00	174.22
11	40.35	48.34	18.99	35.71	45.64	15.39	0.00	0.00	0.00	0.00	0.00	0.00	204.42
12	43.20	51.35	20.92	40.38	50.30	19.18	0.00	0.00	0.00	0.00	0.00	0.00	225.34
13	21.49	21.96	17.16	19.82	20.49	15.99	0.00	0.00	0.00	0.00	0.00	0.00	116.91
14	−0.01	−0.01	−0.01	−0.01	−0.01	−0.01	0.00	0.00	0.00	0.00	0.00	0.00	−0.04
15	−44.13	0.00	0.00	−43.94	0.00	0.00	0.00	0.00	0.00	0.00	0.00	0.00	−88.07
16	−66.18	−51.21	−0.27	−65.90	−52.46	−0.27	0.00	0.00	0.00	0.00	0.00	0.00	−236.28
17	0.00	−76.04	−31.21	0.00	−77.91	−31.77	−13.74	−13.73	0.00	0.00	0.00	0.00	−244.40
18	0.00	0.00	−29.09	0.00	0.00	−29.58	12.24	12.23	−13.18	−13.33	0.00	0.00	−60.70
19	0.00	0.00	0.00	0.00	0.00	0.00	13.69	13.68	27.02	27.15	15.96	15.92	113.42
20	0.00	0.00	0.00	0.00	0.00	0.00	26.36	26.35	59.62	59.86	54.26	53.11	279.56
21	0.00	0.00	0.00	0.00	0.00	0.00	24.41	24.41	49.53	49.71	44.60	43.77	236.44
22	0.00	0.00	0.00	0.00	0.00	0.00	0.00	0.00	0.00	0.00	0.00	0.00	0.01
23	0.00	0.00	0.00	0.00	0.00	0.00	−13.94	−13.94	−15.41	−15.41	−15.41	−15.40	−89.51
24	0.00	0.00	0.00	0.00	0.00	0.00	−17.70	−17.69	−40.15	−40.32	−36.89	−36.08	−188.82

由表 9-3 及附录 D 的附图 D-19 可知,电动汽车经过集群划分,其充放电行为更加细致具体化,相比于将其统一为一种形式进行充放电考虑,集群化处理更加贴合实际情况。对比负荷需求曲线图可知,电动汽车起到了很好的削峰填谷作用,在日间 06:00—13:00 时段,负

荷需求逐渐增加,电动汽车采取放电策略补给电网出力,在夜间 11:00—03:00 时段,负荷需求降低,为保证电力系统的平稳运行,其充电消耗过剩电能。综上所述,电动汽车能平滑功率的波动,较好地辅助电力系统安全稳定运行,起到较好的削峰填谷作用。

由图 9-4 可知,调度风功率及实际风功率均在风电出力区间内,实际风功率在风电出力上下限间徘徊,符合鲁棒经济调度的意义。当调度人员计划出调度风功率时,大自然将会选择对其偏差最大的策略,给电力系统运行造成最坏的影响,因此大自然调度策略必将位于预测区间的边界值,实际风电出力最优解必定极端化于可行域的边界上。

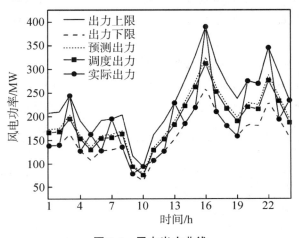

图 9-4 风电出力曲线

9.5.4.2 电动汽车接入影响

电动汽车接入电力系统的规模不同,其他参数不变时,各出力单元费用见表 9-4 所列,如图 9-5 所示。

表 9-4 不同电动汽车规模发电成本

规模/辆		费用/$	规模/辆		费用/$
10 000	总成本	$2.110\ 8×10^6$	60 000	总成本	$2.104\ 3×10^6$
	火电机组	$1.988\ 7×10^6$		火电机组	$1.947\ 6×10^6$
	电动汽车	$8.767\ 3×10^3$		电动汽车	$4.305\ 5×10^4$
	风电	$1.133\ 1×10^5$		风电	$1.136\ 7×10^5$
20 000	总成本	$2.107\ 8×10^6$	70 000	总成本	$2.107\ 2×10^6$
	火电机组	$1.976\ 8×10^6$		火电机组	$1.943\ 2×10^6$
	电动汽车	$1.705\ 4×10^4$		电动汽车	$5.022\ 0×10^4$
	风电	$1.139\ 4×10^5$		风电	$1.138\ 1×10^5$

规模/辆		费用/$	规模/辆		费用/$
30 000	总成本	$2.106\ 2\times10^6$	80 000	总成本	$2.112\ 1\times10^6$
	火电机组	$1.967\ 8\times10^6$		火电机组	$1.941\ 5\times10^6$
	电动汽车	$2.530\ 2\times10^4$		电动汽车	$5.720\ 3\times10^4$
	风电	$1.131\ 7\times10^5$		风电	$1.133\ 3\times10^5$
40 000	总成本	$2.106\ 1\times10^6$	90 000	总成本	$2.116\ 5\times10^6$
	火电机组	$1.960\ 1\times10^6$		火电机组	$1.940\ 9\times10^6$
	电动汽车	$3.226\ 1\times10^4$		电动汽车	$6.314\ 4\times10^4$
	风电	$1.137\ 3\times10^5$		风电	$1.130\ 1\times10^5$
50 000	总成本	$2.103\ 5\times10^6$	100 000	总成本	$2.121\ 4\times10^6$
	火电机组	$1.953\ 3\times10^6$		火电机组	$1.939\ 7\times10^6$
	电动汽车	$3.710\ 1\times10^4$		电动汽车	$6.816\ 9\times10^4$
	风电	$1.131\ 2\times10^5$		风电	$1.135\ 5\times10^5$

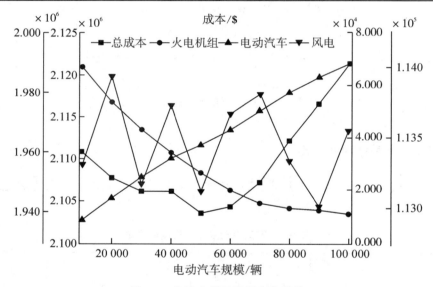

图 9-5　各出力单元费用变化曲线

由表 9-4 及图 9-5 可知,随着电动汽车规模的增加,电动汽车的费用逐渐升高,火电机组运行成本下降,对风电造成的影响较小,总成本呈现先下降、后逐渐上升的趋势。随着电动汽车数量的增加,其参与电力系统能量调度的比重将会随之增加,因此,电动汽车的辅助费用会逐渐增加。同样地,电动汽车参与能量调度将会进一步影响火电机组的经济运行,电动汽车数量越多,电力系统柔性增强,火电机组经济调节的范围越大,因此,其经济费用逐渐减小。电动汽车的接入规模较小时,对电力系统的可调节效果较明显,火电机组的运行费用降低明显,因此,总费用呈下降趋势。当电动汽车的接入达到一定规模时,充电需求增加,随着电动汽车自身辅助费用的增加,电力系统经济运行费用逐渐上升。综上所述,一定规模电动汽车以风–车互动模式参与电网调度,能有效改善系统的经济运行,提高可再生能源的接纳比例及利用效率。

9.5.4.3　鲁棒经济性分析

将本章所得的调度策略与确定风电出力时的调度策略进行对比,检验所提鲁棒经济调度策略的合理性,假定确定风出力为预测风电功率,其调度策略见表 9-5 所列。

由表 9-5 可知,当采取确定风功率经济调度时,由于实际风电功率已知,最优经济运行策略等于实际风功率,根据优先使用可再生能源发电政策,风电出力被电力系统全额消纳。风电相当于一个“负值”负荷,因此,其鲁棒经济调度策略和传统机组经济调度无异。运行总成本为 1.98×10^6 \$,机组运行成本为 $1.942\,8 \times 10^6$ \$,电动汽车运行成本为 $3.714\,2 \times 10^4$ \$,风电误差成本为 0 \$ 。

表 9-5　固定风功率调度策略

| 时段 | 功率/MW | | | | | | | | | | | | |
	机组 1	机组 2	机组 3	机组 4	机组 5	机组 6	机组 7	机组 8	机组 9	机组 10	调度风电	电动汽车	实际风电
1	150.00	135.00	98.58	107.51	227.23	160.00	130.00	120.00	29.07	20.76	172.90	−315.04	172.90
2	150.00	135.00	98.58	107.51	227.23	160.00	130.00	120.00	29.07	20.76	174.85	−242.99	174.85
3	150.00	135.00	98.58	107.51	227.23	160.00	130.00	120.00	29.07	20.76	203.45	−123.59	203.45
4	150.00	135.00	121.92	125.97	243.00	160.00	130.00	120.00	35.06	25.80	159.25	0.00	159.25
5	150.00	135.00	165.23	160.22	243.00	160.00	130.00	120.00	46.19	35.17	135.20	0.00	135.20
6	150.00	135.00	187.23	177.62	243.00	160.00	130.00	120.00	51.84	39.92	159.90	73.48	159.90
7	150.00	135.00	202.73	200.00	243.00	160.00	130.00	120.00	51.84	39.92	162.50	107.00	162.50
8	150.00	135.00	282.73	250.00	243.00	160.00	130.00	120.00	80.00	55.00	169.65	0.62	169.65
9	153.70	185.38	340.00	300.00	243.00	160.00	130.00	120.00	80.00	55.00	97.50	59.43	97.50
10	153.70	185.38	340.00	300.00	243.00	160.00	130.00	120.00	80.00	55.00	78.65	176.28	78.65
11	153.70	185.38	340.00	300.00	243.00	160.00	130.00	120.00	80.00	55.00	134.55	204.38	134.55
12	153.70	185.38	340.00	300.00	243.00	160.00	130.00	120.00	80.00	55.00	158.60	224.33	158.60
13	153.70	185.38	340.00	300.00	243.00	160.00	130.00	120.00	80.00	55.00	190.45	114.48	190.45
14	150.00	135.00	329.47	290.13	243.00	160.00	130.00	120.00	80.00	55.00	231.40	0.00	231.40
15	150.00	135.00	275.48	247.43	243.00	160.00	130.00	120.00	74.51	55.00	273.65	−88.07	273.65
16	150.00	135.00	217.96	201.93	243.00	160.00	130.00	120.00	59.73	46.57	325.00	−235.20	325.00
17	150.00	135.00	217.52	201.58	243.00	160.00	130.00	120.00	59.62	46.47	262.60	−245.80	262.60
18	150.00	135.00	217.52	201.58	243.00	160.00	130.00	120.00	59.62	46.47	225.55	−60.75	225.55

续表

时段	功率/MW										调度风电	电动汽车	实际风电
	机组1	机组2	机组3	机组4	机组5	机组6	机组7	机组8	机组9	机组10			
19	150.00	135.00	217.52	201.58	243.00	160.00	130.00	120.00	59.62	46.47	198.25	114.55	198.25
20	150.00	135.00	217.52	201.58	243.00	160.00	130.00	120.00	59.62	46.47	229.45	279.35	229.45
21	150.00	135.00	217.52	201.58	243.00	160.00	130.00	120.00	59.62	46.47	224.90	235.90	224.90
22	150.00	135.00	163.41	158.15	243.00	160.00	130.00	120.00	45.72	34.77	287.95	0.00	287.95
23	150.00	135.00	98.58	108.15	227.23	160.00	130.00	120.00	29.07	20.76	242.45	−89.23	242.45
24	150.00	135.00	98.58	107.51	227.23	160.00	130.00	120.00	29.07	20.76	195.00	−189.14	195.00

综上可知,确定风功率参与电力系统最优运行的经济成本小于鲁棒调度经济成本,由于鲁棒调度可保证大自然最坏影响下,电力系统仍能安全稳定运行,因此在风电所有情景下的运行成本均不会超过鲁棒调度经济费用。本章所提的鲁棒经济调度方法考虑了未来可能出现的一切风电出力情景,以优化最坏情景下的系统最优经济运行。

现实环境下,实际风功率与预测风功率存在偏差,会带来备用或弃风成本,在鲁棒调度策略下,无论未来的实际风功率情景如何,基于此策略的总发电成本均不会高于鲁棒经济调度成本值,这验证了所提鲁棒经济调度的有效性。

9.6　结　　论

本章在规模化风电及电动汽车接入的背景下,考虑风电出力的不确定性,基于零和博弈框架建立了风车互动模式下电力系统鲁棒经济调度 min-max 模型,采用二阶段松弛算法对所建模型进行求解。对于电动汽车交通属性的不确定性,采用集群化处理。通过不同电动汽车规模,确定风功率运行等案例,验证了所提鲁棒经济调度策略在风电不确定性情景下的稳定经济运行特性较强。本章所提方法在不依赖准确风电预测的同时,解决了不确定风-车互动接入电力系统的最优经济运行问题,为不确定性分布式能源的优化决策问题提供了新的思路。

参 考 文 献

[1]SWANSON R A. Foundations of human resource development[J]. Industrial & Commercial Training,2010,18(7):27-30.

[2]白浩,袁智勇,周长城,等.计及新能源波动与相关性的配电网最大供电能力调度方法

[J].电力系统保护与控制,2021,49(8):66-73.

[3]鲁鹏,田浩,武伟鸣,等.需求侧能量枢纽和储能协同提升风电消纳和平抑负荷峰谷模型[J].电力科学与技术学报,2021,36(1):42-51.

[4]MADHIARASAN M. Accurate prediction of different forecast horizons wind speed using a recursive radial basis function neural network[J]. Protection and Control of Modern Power Systems,2020,5(3):48-56.

[5]李军徽,冯喜超,严干贵,等.高风电渗透率下的电力系统调频研究综述[J].电力系统保护与控制,2018,46(2):163-170.

[6]PATTANAIK J K, BASU M, DASH D P. Review on application and comparison of metaheuristic techniques to multi-area economic dispatch problem[J]. Protection and Control of Modern Power Systems,2017,2(2):178-188.

[7]彭元,娄素华,吴耀武,等.考虑储液式碳捕集电厂的含风电系统低碳经济调度[J].电工技术学报,2021,36(21):1-9.

[8]韩自奋,景乾明,张彦凯,等.风电预测方法与新趋势综述[J].电力系统保护与控制,2019,47(24):178-187.

[9]潘锋,陈炯,张乔林.考虑风电不确定性的电热系统经济调度[J].水电能源科学,2021,39(1):206-210.

[10]陈明强,高健飞,畅国刚,等.V2G 模式下微网电动汽车有序充电策略研究[J].电力系统保护与控制,2020,48(8):141-148.

[11]HUANG Z,FANG B,DENG J. Multi-objective optimization strategy for distribution network considering V2G-enabled electric vehicles in building integrated energy system[J]. Protection and Control of Modern Power Systems,2020,5(1):48-55.

[12]李景丽,时永凯,张琳娟,等.考虑电动汽车有序充电的光储充电站储能容量优化策略[J].电力系统保护与控制,2021,49(7):94-102.

[13]刘维扬,王冰,王敏,等.智能合约技术下电动汽车入网竞价机制研究[J].电网技术,2019,43(12):4344-4352.

[14]GUO Q,HAN J,YOON M,et al. A study of economic dispatch with emission constraint in smart grid including wind turbines and electric vehicles[C]//2012 IEEE Vehicle Power and Propulsion Conference(VPPC),2012:1002-1005.

[15]王金明,张卫国,朱庆,等.含风电及电动汽车虚拟电厂参与电力市场的优化调度策略[J].电力需求侧管理,2020,22(1):28-34,47.

[16]张晓花,谢俊,朱正伟,等.考虑不确定性的智能电网多目标机组组合研究[J].太阳能

学报,2016,37(12):3055-3062.

[17]孙立明,杨博.蓄电池/超导混合储能系统非线性鲁棒分数阶控制[J].电力系统保护与控制,2020,48(22):76-83.

[18]葛晓琳,郝广东,夏澍,等.考虑规模化电动汽车与风电接入的随机解耦协同调度[J].电力系统自动化,2020,44(4):54-62.

[19]WANG X,DENG Y,REN Z,et al. Robust day-ahead dispatch for combined heat and power microgrid considering wind-solar power uncertainty[J]. IOP Conference Series:Earth and Environmental Science,2020,467(1):012086.

[20]MYERSON R B. Game theory:analysis of conflict[M]. Boston:Harvard University Press,1997.

[21]杨国清,王亚萍,王德意,等.博弈论在光伏并网鲁棒优化调度问题中的应用[J].电力系统及其自动化学报,2016,28(8):129-134.

[22]杨楠,董邦天,黄禹,等.考虑不确定性和多主体博弈的增量配电网源网荷协同规划方法[J].中国电机工程学报,2019,39(9):2689-2702.

[23]田立亭,史双龙,贾卓.电动汽车充电功率需求的统计学建模方法[J].电网技术,2010,34(11):126-130.

[24]SHIMIZU K,AIYOSHI E. Necessary conditions for min-max problems and algorithms by a relaxation procedure[J]. IEEE Transactions on Automatic Control,1980,25(1):62-66.

▶ 第 10 章 基于碳交易机制的综合能源系统双层博弈优化调度

10.1 引　　言

随着"双碳"政策的出台,提高能源利用效率,减少碳排放已成为不可避免的趋势。综合能源系统在满足用户多类型能源需求的同时,显著提高能源利用效率,促进可再生能源的大规模利用,有效缓解了能源需求增长与能源短缺、能源利用与环境保护之间的矛盾,受到了政府和学者的广泛关注[1]。此外,随着能源市场的不断开放,用户可以自由选择自己的能源类型,进而影响能源供应商的市场份额,这给综合能源系统(integrated energy system,IES)的低碳经济运行带来了严峻的挑战[2]。因此,考虑用户能耗行为的 IES 优化调度值得研究。

文献[3]为了使含电-天然气能源的 IES 运行成本最小,提出了最优日前优化调度模型。文献[4]提出了一种多能源调度框架,以提升可再生能源的利用率,降低了系统运行成本。文献[5-6]为了降低可再生能源发电不稳定性和间歇性给市场带来的风险,提出了一种新型的双边市场。然而,IES 的最优调度需要考虑多供应商之间的利润分配,博弈论是解决这一问题的有效方法。

文献[7]基于需求响应机制和演化博弈,构造用户效用函数,对用户进行能源消耗行为分析。文献[8]为了实现系统的经济稳定运行,在多主体系统中引入演化博弈。以上工作只考虑经济因素,但影响系统运行的因素还有很多,如碳排放、用户的能耗行为、用户满意度的损失等。文献[9]建立了考虑多环节因素影响的用户用能选择策略,基于演化博弈分析用户选择供能商的行为。文献[10]通过构建合作博弈模型,不仅降低了合作联盟的能源成本,还增加了运营商的利润。上述研究采用传统的 Shapley 值法进行利润分配,可能导致能源供应商的利润分配不合理。

文献[11]将能源供应商构建为合作博弈,建立降低 IES 运行成本的经济目标函数。文献[12]提出了基于合作博弈的交易规则,使用户规避风险。以上文献只关注单主体参与的情况,很少考虑多主体参与系统运行的情况。文献[13]提出了包括 Stackelberg 博弈和合作博弈在内的双层博弈模型,实现供需之间的互动。然而,上述文献缺少碳排放对系统运行的影响,因此,需要将碳交易机制纳入 IES 运行过程中,以提高资源利用率和减少碳排放。

针对上述问题,本章提出了考虑碳交易机制的 IES 需求响应策略。本章的主要创新点如下。

(1)考虑碳排放成本、用户能耗行为和用户满意度损失,构建基于主客观组合赋权法的效用函数。在此基础上,引入演化博弈理论,分析了用户对供能商的动态选择行为。

(2)建立了基于合作博弈的能源供应商优化模型。考虑环境和经济因素对 shapley 值法进行改进,促进了联盟的稳定性。

(3)为了降低碳排放成本,提高资源利用率,提出了考虑碳交易机制的双层博弈模型。

10.2 IES 效用模型框架

10.2.1 IES 效用模型框架

IES 效用模型框架如图 10-1 所示。供能商负责服务范围内的负荷需求响应,通过合作博弈进行碳排放配额交易,既可以提高自身利润,又可以提高资源利用率。用户根据自身能耗需求,以及供能商发布的价格、供能占有率、供能可靠率、设备更新成本等信息,调整自身的用能策略,通过演化博弈选择最有利的策略。

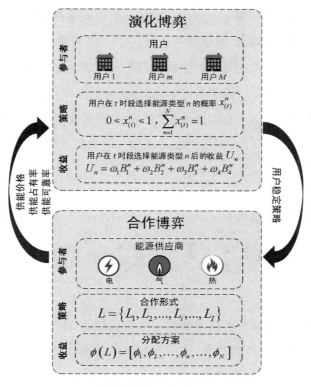

图 10-1　IES 效用模型框架

10.2.2　用户效用指标

综合考虑用户在综合能源市场中对能源价格、激励政策的反应机制,从用能特性和用户心理等角度出发,构建用户效用评价指标体系,其主要包括 4 个指标:综合用能成本(B_1)、供能占有率(B_2)、供能可靠率(B_3)、用户满意度损失(B_4)。

10.2.2.1　综合用能成本

将碳排放成本纳入能源消耗的总成本中,研究周期为 T,用户对能源类型的选择为 n。综合用能成本模型定义如下。

$$B_1 = -\left[C_{\text{inv}} + C_{\text{ope}}(t) + C_{\text{car}}(t)\right] \Big/ \sum_{t=1}^{T} Q_{(t)}^n \tag{10-1}$$

$$C_{\text{inv}} = \mu_0^n x_0^n \tag{10-2}$$

$$C_{\text{ope}}(t) = \sum_{t=2}^{T} \left[p_{(t)}^n Q_{(t)}^n + \delta_{m,n} \Delta x_{(t)}^n\right] \tag{10-3}$$

$$C_{\text{car}}(t) = \sum_{t=1}^{T} \left[Q_{(t)}^n \sigma^n P_{\text{c}}\right] \tag{10-4}$$

式中，C_{inv} 为用户首次选择能源类型 n 对应的设备初始投资成本；μ_0^n 为能源类型 n 的初始安装设备费用；x_0^n 为供能商公布的初始供能占比；$C_{ope}(t)$ 为 t 时段内用户用能过程中产生的用能成本，以及从能源类型 m 转变为 n 产生的设备更新成本；$p_{(t)}^n$ 为能源类型 n 的售出价格；$\delta_{m,n}$ 为能源类型由 m 转变为 n 后的更新成本；$\Delta x_{(t)}^n$ 为前后两次供能占有率的差值；$C_{car}(t)$ 为 t 时段内用户选择能源类型 n 后，在用能过程中产生的碳排放成本；σ^n 为能源类型 n 的碳排放配额；P_c^n 为碳交易价格；$Q_{(t)}^n$ 为 t 时段内能源类型 n 的负荷使用总量。

10.2.2.2 供能占有率

供能占有率可以非常直观地展示出不同能源类型在用户心中的地位，具体公式为

$$B_2 = \sum_{t=1}^T Q_{(t)}^n / \sum_{n=1}^N \sum_{t=1}^T Q_{(t)}^n \tag{10-5}$$

10.2.2.3 供能可靠率

供能可靠率是衡量供能公司提供能源服务质量的核心，本小节采用研究时段内的平均失能时间作为衡量的指标，具体公式为

$$B_3 = 1 - \frac{\eta_n}{T} \times 100\% \tag{10-6}$$

式中，η_n 为平均失能时间。

10.2.2.4 用户满意度损失

用户在参与综合能源需求响应调度之前的用能行为对用户来说是最舒适的，但是在接受供能公司在各时段的调度指令后，用户的舒适度必然会下降，具体公式为

$$B_4 = -\sum_{t=1}^T \left[\frac{1}{2} \lambda_n \Delta Q_{(t)}^{n\,2} + \theta_n \Delta Q_{(t)}^n \right] \tag{10-7}$$

$$\Delta Q_{(t)}^n = |x_0^n - B_2| \sum_{t=1}^T Q_{(t)}^n \tag{10-8}$$

式中，λ_n 和 θ_n 为综合能源系统中供能商 n 的满意度损失参数；$\Delta Q_{(t)}^n$ 为负荷调整量。

10.2.3 构建用户效用函数

用户效用函数的构建需要考虑几个指标，每个指标的重要程度不同。本小节采用主客观相结合的组合赋权法计算权重指标。

10.2.3.1 基于层次分析法的主观权重法

层次分析法（analytic hierarchy process，AHP）是一种常见的主观赋权法。根据专家经验

对上文提出的四项指标进行评估,建立判断矩阵 $\boldsymbol{K}'_q(q=1,2,3,4)$,采用"九级标度法"比较四个指标之间的重要程度,具体公式为

$$\boldsymbol{K}'_q = \begin{bmatrix} 1 & k_{12} & k_{13} & k_{14} \\ k_{21} & 1 & k_{23} & k_{24} \\ k_{31} & k_{32} & 1 & k_{34} \\ k_{41} & k_{42} & k_{43} & 1 \end{bmatrix} \tag{10-9}$$

$$\omega_{1,i} = 4\sqrt{\prod_{j=1}^{4} k_{ij}} \bigg/ \sum_{i=1}^{4} 4\sqrt{\prod_{j=1}^{4} k_{ij}} \quad (i,j=1,2,3,4) \tag{10-10}$$

式中,$\omega_{1,i}$ 为用户关于第 i 项指标的主观权重值。

10.2.3.2　基于熵值法的客观权重法

熵值法是一种客观赋权法,是指根据各项指标观测值所提供的信息大小来确定指标权重,具体公式为

$$E(i) = R\sum_{d=1} F_{di}\ln F_{di} \tag{10-11}$$

$$F_{di} = \boldsymbol{K}_{di} \bigg/ \sum_{d=1} \boldsymbol{K}_{di} \tag{10-12}$$

$$\omega_{2,i} = [1 - E(i)] \bigg/ \sum_{d=1} [1 - E(i)] \tag{10-13}$$

式中,$E(i)$ 为第 i 项指标的熵值;R 为常系数,本章取 $R = -1/\ln 3$;F_{di} 为对于第 d 个评价对象,第 i 项指标出现的频率;$\boldsymbol{K}_{di}$ 为原始数据归一化形成的判断矩阵;$\omega_{2,i}$ 为第 i 项指标的客观权重值。

10.2.3.3　基于组合赋权法的用户综合效用函数

结合基于层次分析法和熵值法计算得出的主、客观权重值,采用组合赋权法得出最后的权重,具体公式为

$$D(\omega_{1,i},\omega_{2,i}) = \left[\frac{1}{2}\sum_{i=1}^{4}(\omega_{1,i}-\omega_{2,i})^2\right]^{\frac{1}{2}} \tag{10-14}$$

$$\omega_i = \alpha\omega_{1,i} + \beta\omega_{2,i} \tag{10-15}$$

$$D(\omega_{1,i},\omega_{2,i})^2 = \alpha - \beta \tag{10-16}$$

$$\alpha + \beta = 1 \tag{10-17}$$

式中,$D(\omega_{1,i},\omega_{2,i})$ 为主、客观权重系数的距离函数;α、β 为分配系数;ω_i 为最终的第 i 项指标的权重值。

用户选择能源类型 n 的效用函数表达式为

$$U_n = \omega_1 B_1^n + \omega_2 B_2^n + \omega_3 B_3^n + \omega_4 B_4^n \tag{10-18}$$

10.2.4 供能商的效用函数

用户用能过程中产生的总碳排放量是供能商的实际碳排放量,其可能会与政府设定的初始碳排放配额不相等。在碳交易市场中,供能商可以通过相互合作来降低碳排放成本。这可以提高供能商的资源利用率,降低运营成本。供能商的效用函数建立为

$$U_{\text{sell},n}(t) = R_{\text{sell},n}(t) - C_{\text{sell},n}(t) - C_{\text{car}}(t) \tag{10-19}$$

$$R_{\text{sell},n}(t) = Q_{(t)}^{n} P_{\text{sell},n} \tag{10-20}$$

$$C_{\text{sell},n}(t) = Q_{(t)}^{n} P_{\text{buy},n} \tag{10-21}$$

式中,$R_{\text{sell},n}(t)$ 为供能商 n 在 t 时段内,通过提供给用户能源获取的售能利润;$C_{\text{sell},n}(t)$ 为供能商在 t 时段的购能成本;$P_{\text{sell},n}$ 为供能商售卖能源的价格;$P_{\text{buy},n}$ 为供能商购买能源的价格。

10.3　IES 的双层博弈模型

10.3.1　演化博弈模型

将综合能源系统中用户选择供能商的行为建模为演化博弈,在不同供能商公布信息后,用户选择其中一个供应商,一个完整的演化博弈模型应该包含以下三个要素。

(1)参与者:综合能源系统中的用户。

(2)策略:用户的用能状态,即用户在 t 时段选择能源类型 $n \in N$ 的概率 $x_{(t)}^{n}$,满足 $0 \leqslant x_{(t)}^{n} \leqslant 1$ 且 $\sum_{n=1}^{N} x_{(t)}^{n} = 1$。

(3)收益:用户选择能源类型 n 后产生的效益。

区域内的用户群体状态可表示为 $\boldsymbol{X} = [x_1, \cdots, x_n, \cdots, x_N]$。

10.3.1.1　用户用能状态的演化博弈过程

在演化过程中,用户在选择能源类型时,会根据供能公司的各项指标修正自己的策略,最终达到演化博弈均衡。本小节引用修正因子 $\rho_{m,n}^{s}[U^{s}(X)]$ 表示用户 s 从策略 m 转移到策略 n 的概率。

假设所有用户均对自己策略进行修正,用户群体动态演化过程用微分方程组来描述:

$$\frac{\partial x_n^s}{\partial t} = \sum_{m=1}^{N} x_m^s \rho_{m,n}^{s}[U^{s}(X)] - x_n^s \sum_{m=1}^{N} \rho_{n,m}^{s}[U^{s}(X)] \tag{10-22}$$

式(10-22)等号右端第一项和第二项分别表示用户 s 从其他策略变更为 j 和从策略 j 变更为其他策略的用户比例。本章采用 Logit 模型进行求解,公式如下。

$$\rho^s_{m,n}\left[U^s(X)\right] = \frac{\exp\left[U^s_n(X)\right]}{\displaystyle\sum_{l=1}^{N}\exp\left[U^s_l(X)\right]}$$ （10-23）

式（10-22）可变换为

$$\frac{\partial x^s_n}{\partial t} = \frac{\exp\left[U^s_n(X)\right]}{\displaystyle\sum_{l=1}^{N}\exp\left[U^s_l(X)\right]} - x^s_n = \rho^s_{m,n}\left[U^s(X)\right] - x^s_n$$ （10-24）

当 $\frac{\partial x^s_n}{\partial t} = 0$ 时，即 $\rho^s_{m,n}\left[U^s(X)\right] - x^s_n = 0$ 时，用户用能状态的演化博弈达到均衡状态，x^s_n 为用户最佳用能状态，$U^s_n(X)$ 和 $U^s_l(X)$ 分别为用户 s 选择策略 n 或者 l 的效用。

10.3.1.2　用户忠诚度影响

有一些用户只选择某种策略且不改变，忠实的用户为能源供应商带来了稳定的收入。为了进一步研究用户忠诚度的影响，r_n 比例的用户不愿意改变他们的能源消费策略，$(1 - r_n)$ 比例的用户反思他们的能源使用策略。考虑用户忠诚度时，基于 Logit 模型的用户动态演化方程表示为

$$\frac{\partial x^s_n}{\partial t} = \sum_{m=1}^{N}(1 - r_m)x^s_m\rho^s_{m,n}\left[U^s(X)\right] - (1 - r_n)x^s_n\sum_{m=1}^{N}\rho^s_{m,n}\left[U^s(X)\right]$$ （10-25）

当 $r_n = 0, n \in N$ 时，式（10-25）等同于式（10-22）。

10.3.2　合作博弈

合作博弈的定义以特征函数的形式表示，即 (Z, v)。$Z = \{1, 2, \cdots, n\}$ 表示参与者的集合；$L = \{L_1, L_2, \cdots, L_i, \cdots, L_I\}$ 表示参与者之间形成的联盟集合，$L_i \subseteq Z$；$v(L_i)$ 表示联盟 L_i 的效益函数。供能商之间合作博弈的三要素如下。

（1）参与者：综合能源系统中的 N 个供能商。

（2）策略：供能商参与合作博弈之后，联盟对收益的分配方案 $\varphi(L) = [\varphi_1, \varphi_2, \cdots, \varphi_n]$，$\varphi_n$ 表示供能商 n 分得的收益。

（3）收益：供能商之间形成联盟后，联盟获得的总收益。

Shapley 值法强调的是联盟内的每个成员根据自己的贡献比例分配利益，因此，L_i 联盟的 Shapley 值表达公式如下。

$$\varphi_n = \sum_{\substack{L_i \subseteq Z \\ n \subseteq L_i}} \frac{(|L_i| - 1)!\ (N - |L_i|)!}{N!}\left[v(L_i) - v(L_i/n)\right]$$ （10-26）

式中，$|L_i|$ 为联盟中供能商的个数；$v(L_i/n)$ 为联盟除去供能商 n 之后的收益。

但是传统的 Shapley 值法在利益分配时,容易出现利益平均分配的情况,基于此情况改进 Shapley 值法,即在原有的利益分配模型中增加修正因子,以调整合作收益的分配。

$$\varphi_n = \sum_{\substack{L_i \subseteq Z \\ n \subseteq L_i}} \frac{(|L_i| - 1)!\ (N - |L_i|)!}{N!} [v(L_i) - v(L_i/n)] + \left(\frac{\lambda_n}{\sum_{n \subseteq N} \lambda_n} - \frac{1}{N}\right) v(N)$$

$$(10-27)$$

式中,λ_n 为修正因子;$\dfrac{\lambda_n}{\sum_{n \subseteq N} \lambda_n} - \dfrac{1}{N}$ 为合作参与者 n 的综合评价值和联盟平均值的差值。修正因子 λ_n 表示为

$$\lambda_n = (\alpha_1, \alpha_2)(\varepsilon_1^n, \varepsilon_2^n)^T \tag{10-28}$$

式中,α_1、α_2 为加权系数($\alpha_1 + \alpha_2 = 1$);ε_1^n 为合作参与者 n 的实际碳排放量占联盟总实际碳排放量的比例;ε_2^n 为合作参与者 n 售能利润与供能成本的差值占联盟总差值的比例。

10.4　求解方法和流程

对所提出的双层博弈模型进行独立求解,得到均衡解。解决方案的步骤如下。

步骤 1:输入初始能源占比、效用函数所需参数和用户负荷。

步骤 2:初始化用户状态。

步骤 3:用户根据供能商公布的数据,通过演化博弈确定最优的能源消耗策略。

求解流程如下。

(1)根据供能商公布的数据,由式(10-18)计算用户效用函数。

(2)在用户动态演化博弈中,效用函数随时间不断变化,因此本节采用分布式迭代方法求解模型。将式(10-22)和式(10-25)转化为

$$x_n^s(y+1) = x_n^s(y) + \lambda \cdot \{\rho_{m,n}^s [U^s(X)] - x_n^s(y)\} \tag{10-29}$$

$$x_n^s(y+1) = x_n^s(y) + \Delta x_n^s(y) \tag{10-30}$$

$$\Delta x_n^s(y) = \lambda \rho_{m,n}^s [U^s(X)] \sum_{m=1}^{N} (1 - r_m) x_m^s - \lambda (1 - r_m) x_n^s(y) \tag{10-31}$$

式中,y 为迭代次数;λ 为迭代步长。

(3)确定进化博弈是否达到均衡,若达到,则继续步骤 4,否则返回(2)。

步骤 4:将演化博弈均衡策略引入合作博弈求解。根据式(10-19)和式(10-27),对能源供应商的利润进行再分配。

10.5　算　例　分　析

10.5.1　基础数据

本小节对用户与电、气、热三种能源类型($N=3$)的动态选择行为进行了仿真分析。选取 1 天作为研究周期，Δt 设为 1 h。用户负荷数据原始曲线图如图 10-2 所示。

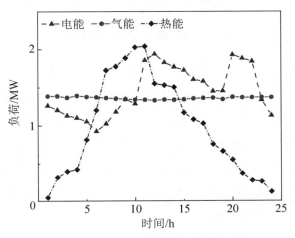

图 10-2　用户负荷数据原始曲线图

基于组合权重法的用户效益函数中，指标 $B_1 \sim B_4$ 相应的权重 $\omega_1 \sim \omega_4$ 的取值见表 10-1 所列。

表 10-1　用户权重指标

权重	B_1	B_2	B_3	B_4
$\omega_{1,i}$	0.444 4	0.222 2	0.222 2	0.111 1
$\omega_{2,i}$	0.322 3	0.284 7	0.251 4	0.142 6
ω_i	0.383 4	0.253 5	0.236 8	0.126 8

10.5.2　仿真结果及分析

10.5.2.1　演化博弈分析

首先不考虑用户忠诚度($r_n=0, n \in N$)，将供电、气、热公司公布的初始供能占有率设置为$(0.5, 0.25, 0.25)$。在此情况下，用户用能策略的收敛状态如图 10-3 所示。

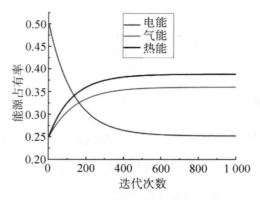

图 10-3　用户用能策略的收敛状态

电、气、热三种能源最后的供能占比为 $(0.253, 0.359, 0.388)$，可以看出，用户在选择能源类型时的策略差异较大。电能占比明显低于其他两种能源的原因是折算后的电能价格要高于其他两种能源，导致综合用能成本 B_1 提高，且综合用能成本占比也是最高的，为 0.383 4。上述结果表明，在保证供能可靠性和满意度时，用户更倾向于选择综合用能成本较低的能源。因此，如果供电公司想留住用户，必须降低电能价格或者提升其他服务质量。由图 10-2 可以看出，用户在选择能源时的收敛过程中，选择不同能源类型的用户均可以很快地达到收敛状态，这说明算法是稳定的。

为了研究用户忠诚度对能源消费策略的影响，假设供电商有忠诚用户，而其他两家能源供应商没有忠诚用户（$r_n = 0$）。不同用户忠诚度下的用户用能策略结果如图 10-4 所示。

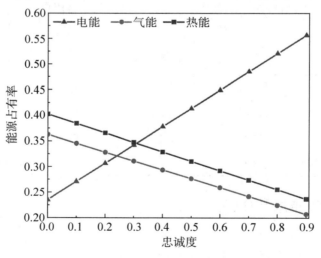

图 10-4　不同用户忠诚度下的用户用能策略结果

由图 10-4 可以看出，能源供应商的用户忠诚度越高，其用户数量越多。因此，能源供应商需要提高服务质量，以提升用户的忠诚度，如此才可占据更大的市场份额和经济利润。

10.5.2.2　合作博弈分析

本小节包含电、气、热三种能源供应商,分别用(1、2、3)表示,通过合作博弈可以形成五种博弈形式,即[(1)、(2)、(3)]、[(1,2),3]、[1,(2,3)]、[(1,3),2]、[(1,2,3)]。表 10-2 显示了五种形式下各能源供应商的收益。

表 10-2　不同博弈模式下的供能商收益

博弈模式	供电商/元	供气商/元	供热商/元	收益和/元
1	2 192.7	289.4	242.3	2 724.4
2	2 277.5	374.1	242.3	2 893.9
3	2 192.7	289.4	242.3	2 724.4
4	2 237.9	289.4	287.5	2 814.8
5	2 322.7	374.1	287.5	2 984.3

在表 10-2 中,当所有供应商都参与联盟时,总利润最大,模式 5 比模式 1 高 259.9 元。然而,传统的 Shapley 值法在利润分配阶段导致平均分配。在模式 2 中,联盟获得的额外利润为 169.5 元,但利润平均分配给电、气能源供应商,分别获得 84.8 元和 84.7 元。同样的分配问题也存在于模式 5 中,259.9 元被三个参与者平均分配。因此,本章采用改进的 Shapley 值法对模式 5 进行利润再分配,结果见表 10-3 所列。

表 10-3　改进 Shapley 值法收益分配

博弈模式	供电商/元	供气商/元	供热商/元	收益和/元
Shapley 值法	2 322.7	374.1	287.5	2 984.3
改进 Shapley 值法	2 391.4	336.3	256.6	2 984.3

供电商在联盟中的贡献最大,应该获得更大的利润份额。因此,改进的 Shapley 值法有利于保持联盟的稳定性。

10.5.2.3　碳交易价格分析

碳排放成本是效用函数的重要组成部分。设置初始能量比为(0.5,0.25,0.25),不同碳交易价格下的用户能源消费策略结果如图 10-5 所示。

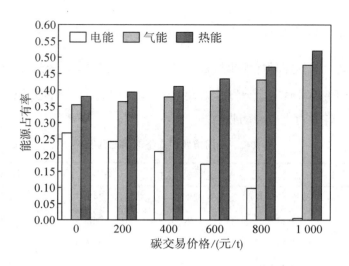

图 10-5　不同碳交易价格下的用户能源消费策略结果

随着碳交易价格的上涨,选择电能的用户越来越少。当碳交易价格达到 1 000 元/t时,基本没有用户选择用电,选择气能和热能的用户越来越多,表明人们在这种情况下更倾向于使用清洁能源。以上分析表明,碳交易价格对 IES 的运行有很大的影响。

10.6　结　　论

在"双碳"政策下,提出了基于碳交易机制的 IES 双层博弈模型。本章的主要结论如下。

(1)与单一的经济因素相比,综合用能成本对用户能源选择行为的影响更大。能源供应商的用户忠诚度越高,能源比例越高。因此,能源供应商需要通过降低综合能源价格和提高用户忠诚度来提升市场份额。

(2)合作博弈的形式可以促进供应商联盟的利润,从而进一步提高个体的利润。改进的Shapley 值法更能体现公平分配的理念,有利于合作联盟的稳定性。

(3)碳交易价格的变化对加快综合能源系统脱碳进程、减少碳排放具有重要影响。

参 考 文 献

[1]LIU N,TAN L,SUN H,et al. Bilevel Heat-Electricity Energy Sharing for Integrated Energy Systems With Energy Hubs and Prosumers[J]. IEEE Transactions on Industrial Informatics,2022,18(6):3754-3765.

[2]ZHU M,XU C,DONG S,et al. An integrated multi-energy flow calculation method for

electricity-gas-thermal integrated energy systems[J]. Protection and Control of Modern Power Systems,2021,6(1):1-12.

[3]SUN Y,ZHANG B,GE L,et al. Dayahead optimization schedule for gas-electric integrated energy system based on second-order cone programming[J]. CSEE Journal of Power and Energy Systems,2020,6(1):142-151.

[4]XU Z,HAN G,LIU L,et al. Multi-Energy Scheduling of an Industrial Integrated Energy System by Reinforcement Learning-Based Differential Evolution[J]. IEEE Transactions on Green Communications and Networking,2021,5(3):1077-1090.

[5]LI X,LI C,CHEN G,et al. A Risk-Averse Energy Sharing Market Game for Renewable Energy Microgrid Aggregators[J]. IEEE Transactions on Power Systems, 2022, 37(5): 3528-3539.

[6]LI X,LI C,CHEN G. et al. A Data-driven Joint Chanceconstrained Game for Renewable Energy Aggregators in the Local Market[J]. IEEE Transactions on Smart Grid,2022,14(2): 1430-1440.

[7]CHENG L F,YIN L F,WANG J H,et al. Behavioral decision-making in power demand-side response management:A multi-population evolutionary game dynamics perspective[J]. International Journal of Electrical Power and Energy Systems,2021,129:106743.

[8]LEE J W,KIM M K. An Evolutionary Game Theory-Based Optimal Scheduling Strategy for Multiagent Distribution Network Operation Considering Voltage Management[J]. IEEE Access,2022,10:50227-50241.

[9]黄悦华,王艺洁,杨楠,等.基于演化博弈的用户综合用能行为决策方法研究[J].电力系统保护与控制,2020,48(23):21-29.

[10]HAN L,MORSTYN T,MCCULLOCH M,et,al. Incentivizing Prosumer Coalitions With Energy Management Using Cooperative Game Theory[J]. IEEE Transactions on Power Systems,2019,34(1):303-313.

[11]WANG Y,LIU Z,CAI C,et al. Research on the optimization method of integrated energy system operation with multi-subject game[J]. Energy,2022,245:123305.

[12]周灿煌,郑杰辉,荆朝霞,等. 面向园区微网的综合能源系统多目标优化设计[J]. 电网技术,2018,42(6):1687-1697.

[13]YANG S B,TAN Z F,ZHOU J H,et,al. A two-level game optimal dispatching model for the park integrated energy system considering Stackelberg and cooperative games[J]. International Journal of Electrical Power and Energy Systems,2021,130:106959.

▶ 第11章 基于主从博弈的负荷聚合商定价策略与能源利用优化

11.1 引 言

由于电动汽车在解决环境污染和温室气体排放方面的重要作用,其迅速发展,并对充电基础设施的发展作出重要贡献[1-2]。然而,电动汽车的充电行为必然会给电网的经济稳定运行带来越来越多的挑战[3-4]。因此,如何引导电动汽车有序充电是一个亟待解决的问题[5]。

针对这一问题,现有研究已经探索了几类不同的方法。文献[6]应用基于电价预测的分时电价,引导电动汽车有序充电,以降低用户成本并促进智能设备的安装。文献[7]根据用户满意度最大化和用户成本最小化的原则,对电动汽车进行充电。Han 等人通过分析提出了一种基于马尔科夫链的电动汽车充电周期预测方法[8]。此外,通过考虑电动汽车用户的充电行为特征,建立了电动汽车充电模型,降低用户的充电成本,提高分布式能源的消纳率。文献[9]考虑了用户的充电行为特征,以降低微电网的负荷峰值。上述调度方法通常由电网直接控制,但电网对电动汽车没有直接调度权。因此,通过价格信号或充电服务计划引导电动汽车用户充电是一种可行的方法[10]。

然而,由于电动汽车的数量众多,调度中心难以直接对每辆电动汽车进行能量管理。部分工作尝试由聚合商进行集中控制来对电动汽车进行调度。文献[11]提出了充电聚合商以折扣价吸引电动汽车充电,但除非电动汽车提高分布式能源的利用率,或向电网放电,否则无法享受这一折扣。因此,在调度过程中无法保证电动汽车的积极性。文献[12]考虑了电动汽车的充电需求和充电站的工作条件来指导电动汽车充电,以保证电动汽车充电成本最小。然而,电动汽车可以等待时间为代价获得最低价格,这可能会阻碍电动汽车参与电力交易的积极性。

为了节约电动汽车的充电成本,提高负荷聚合商的利润,本章提出了一种基于主从博弈模型的有效优化策略。首先,由领导者制定合理的定价策略,引导电动汽车有序充电,实现整体优化;其次,通过电动汽车充电时间的选择,节约充电成本,为负荷聚合商带来利润;再次,利用商业求解器 CPLEX 求解博弈的均衡解;最后,与没有代理的充电模式相比,本章提出的电动汽车充电策略的优势得到了体现。

11.2　工作场景

本章中的充电站由负荷聚合商统一管理。同时,充电站配备智能终端和管理中心。首先,负荷聚合商收集电力市场价格和电动汽车充电时间信息,以制定合理的充电价格;其次,管理中心根据日前上报的接入时段、电池参数等信息,对电动汽车进行聚类分析;最后,智能终端根据管理中心提供的信息计算出最优充电策略,控制电动汽车的充电功率完成充电[13]。

11.3　主从博弈的结构

负荷聚合商和 EV 作为不同利益主体,相互独立且地位不等。然而,双方都是在一定规则下以自身利益最大化为目标进行决策的。负荷聚合商和电动汽车的决策过程被称为序贯决策,可以被构建为主从博弈。首先,领导者制定价格策略,然后跟随者作出最优充电策略作为响应,使自己的充电成本最小化。关于负荷聚合商和电动汽车的主从博弈结构如图 11-1 所示。

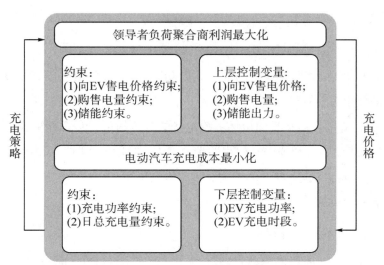

图 11-1　关于负荷聚合商和电动汽车的主从博弈结构

11.3.1 负荷聚合商的利润

负荷聚合商作为主从博弈的领导者,以自身利润最大化为目标制定策略,其定义如下。

$$f_{\text{agent}} = \max\left(\sum_t S_{\text{gird}}^- - \sum_t S_{\text{gird}}^+ - \sum_t S_{\text{gird}} + S_{\text{EV}} \right) \tag{11-1}$$

式中,S_{gird}^-,S_{gird}^+,S_{gird},S_{EV} 分别为负荷聚合商向实时市场出售电能的收入、向实时市场购买电能的成本、日前购买电力的成本和电动汽车充电的收入。

$$S_{\text{gird}}^- = P_t^- E_t^- \tag{11-2}$$

$$S_{\text{gird}}^+ = P_t^+ E_t^+ \tag{11-3}$$

$$S_{\text{gird}} = P_t E_t \tag{11-4}$$

式中,P_t^- 和 P_t^+ 为负荷聚合商在 t 时段向实时市场出售和购买的电价;E_t^- 和 E_t^+ 为负荷聚合商在 t 时段向实时市场出售和购买的电量;P_t 和 E_t 为负荷聚合商在 t 时段向日前购买的电价和电量,约束条件如下。

(1)充电价格约束为

$$C_{\min} \leqslant C_t \leqslant C_{\max} , \forall t \tag{11-5}$$

$$\sum_t^T C_t/T = C_{\text{av}} \tag{11-6}$$

式中,$C_{\max}$ 和 $C_{\min}$ 为负荷聚合商定价的上限和下限;C_{av} 为日平均电价。式(11-6)保证了负荷聚合商向电动汽车售电的日平均电价是固定的。

(2)购售电量约束为

$$E_t \geqslant 0 , \forall t \tag{11-7}$$

$$0 \leqslant E_t^+ \leqslant Nz_t , \forall t \tag{11-8}$$

$$0 \leqslant E_t^- \leqslant R_t^-(1-z_t) , \forall t \tag{11-9}$$

式中,N 为所有电动汽车和储能设备的最大充电功率之和;z_t 为引入的布尔变量;R_t^- 为储能设备在 t 时段的放电量。

式(11-7)是负荷聚合商在日前市场上购电量的非负约束。考虑储能设备的最大容量限制,有 $E_t^- \leqslant R_t^-$。式(11-8)和式(11-9)表明聚合商在 t 时段与实时市场的交易只能是一种状态,当 z_t 为 1 时,为购买状态,当 z_t 为 0 时,为出售状态。

(3)功率平衡约束为

$$\sum_i P_{it} = E_t + E_t^+ + R_t^- - E_t^- - R_t^+ \tag{11-10}$$

式中,R_t^+ 为储能设备在 t 时段的充电量,式(11-10)确保了系统在 t 时段的功率平衡。

（4）储能设备约束[14]为

$$SOC_t = SOC_{t-1} + \eta^+ R^+ \Delta t + \frac{1}{\eta^-} R^- \Delta t \tag{11-11}$$

$$SOC_{min} \leqslant SOC_t \leqslant SOC_{max} \tag{11-12}$$

$$0 \leqslant R_t^+ \leqslant u_t R_{max}^+, \forall t \tag{11-13}$$

$$0 \leqslant R_t^- \leqslant (1 - u_t) R_{max}^-, \forall t \tag{11-14}$$

$$SOC_0 = SOC_T \tag{11-15}$$

式中，SOC_t 为储能设备在 t 时段的电量，是电量 SOC_{t-1} 与储能设备在 t 时段的充放电量之和；η^+ 和 η^- 分别为储能设备的充电效率和放电效率；SOC_{max} 和 SOC_{min} 分别为储能设备的最大容量和最小容量；R_{max}^+ 和 R_{max}^- 分别为储能设备的最大充、放电功率；SOC_0 和 SOC_T 分别为储能设备的初始状态和结束状态；u_t 为引入的布尔变量。式（11-13）和式（11-14）表明，储能设备在 t 时段只能是一种状态，当 u_t 为 1 时，为充电状态，当 u_t 为 0 时，为放电状态。

11.3.2　电动汽车的利润

电动汽车作为主从博弈的跟随者，在领导者制定的电价策略下以自身充电成本最低为目标进行充电，目标函数如下。

$$f_{EV} = S_{EV} = \min \sum_t C_t P_{it} \Delta t \tag{11-16}$$

$$\sum_t P_{it} \Delta t = E_{battery}(SOC_{end} - SOC_{ini}) \tag{11-17}$$

$$0 \leqslant P_{it} \leqslant P_{i,max}, \forall t \in T_a \tag{11-18}$$

$$P_{it} = 0, \forall t \notin T_a, \forall i \tag{11-19}$$

式中，C_t 和 P_{it} 分别为电动汽车在 t 时段的充电价格和充电功率；Δt 为电动汽车充电时段的划分；$E_{battery}$ 为电动汽车的电池容量；SOC_{ini} 和 SOC_{end} 分别为电动汽车的开始充电状态和结束充电状态；$P_{i,max}$ 为第 i 辆电动汽车的最大充电功率；T_a 为电动汽车可充电的时间段。

11.4　求　解　方　法

在负荷聚合商与电动汽车构成的主从博弈双层模型中，负荷聚合商定价问题和电动汽车充电优化问题耦合嵌套，有较强的非线性，不利于问题的求解。因此，为了方便计算，本节利用 KKT 条件、对偶定理和互补松弛条件，将主从博弈模型转化为等价的混合整数线性规划模型。具体步骤如下。

（1）将电动汽车模型等价的 KKT 条件作为约束条件附加至负荷聚合商模型中。

（2）线性化处理 KKT 条件中的互补松弛条件。

（3）应用对偶定理将目标函数中的非线性部分进行线性化处理，最终将目标函数转化为等价的混合整数线性规划模型。

（4）利用 YALMIP 建模工具包及 CPLEX 求解器求解目标函数，最终求解出 Stackelberg-Nash 均衡解。主从博弈求解过程如图 11-2 所示。

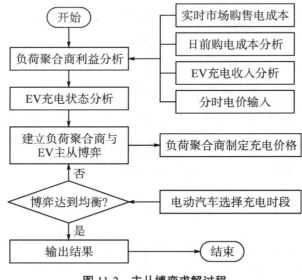

图 11-2　主从博弈求解过程

11.4.1　KKT 条件

下层电动汽车决策时，领导者制定的充电价格已知，因此，可将电动汽车优化问题视为线性规划问题，相应的 KKT 条件如下。

$$C_t \Delta t - u_i \Delta t - \eta_{it}^+ - \eta_{it}^- - \sigma_{it} = 0, \ \forall i, \forall t \tag{11-20}$$

$$\sum_{t \subset T_a} P_{it} \Delta t = E_{battery}(SOC_{end} - SOC_{ini}), \ \forall i \tag{11-21}$$

$$0 \geqslant \eta_{it}^+ \perp P_{it} - P_{i,max} \leqslant 0, \ \forall t \in T_a, \forall i \tag{11-22}$$

$$0 \leqslant \eta_{it}^- \perp P_{it} \geqslant 0, \ \forall t \in T_a, \forall i \tag{11-23}$$

$$P_{it} = 0, \ \forall t \notin T \tag{11-24}$$

$$\sigma_{it} = 0, \ \forall_{i,t} \in T_a \tag{11-25}$$

式中，u_i 为电动汽车充电功率平衡的对偶变量；η_{it}^+ 和 η_{it}^- 为电动汽车充电波动范围约束的对偶变量；σ_{it} 为非充电期间电动汽车充电功率为 0 的对偶变量。

式（11-22）和式（11-23）是互补的松弛条件，其中，$x \perp y$ 表示 x 和 y 变量中，最多有一个严格大于 0。将式（11-20）至式（11-25）作为约束条件加入上层优化问题中，双层优化问题可以等价于单层均衡约束数学问题。

11.4.2　约束条件线性化

利用 McCormick 包络法对互补松弛条件进行线性化处理[15]，其过程可表示为

$$0 \leqslant \eta_{it}^- \leqslant M\lambda_{it}^-, \forall t \in T_a, \forall i \tag{11-26}$$

$$0 \leqslant P_{it} \leqslant M(1-\lambda_{it}^-), \forall t \in T_a, \forall i \tag{11-27}$$

$$0 \leqslant P_{i,\max} - P_{it} \leqslant M\lambda_{it}^+, \forall t \in T_a, \forall i \tag{11-28}$$

$$M(\lambda_{it}^+ - 1) \leqslant \eta_{it}^+ \leqslant 0, \forall t \in T_a, \forall i \tag{11-29}$$

式中，λ_{it}^- 和 λ_{it}^+ 为引入的布尔变量；M 为一个足够大的正数。通过这种方法，非线性约束方程式（11-22）和式（11-23）可以等价为线性不等式（11-26）至式（11-29）。

11.4.3　目标函数线性化

对偶定理表明，在最优解处，原问题目标函数和对偶问题目标函数的值相等，因此，可将目标函数中的非线性项 $C_t P_{it}$ 项进行线性化处理，见式（11-30）。

$$\sum_t C_t P_{it} = \mu_i E_{\text{battery}}(\text{SOC}_{\text{end}} - \text{SOC}_{\text{ini}}) + \sum_t \eta_{it}^+ P_{i,\max} \tag{11-30}$$

$$\sum_t S_{\text{gird}}^- - \sum_t S_{\text{gird}}^+ - \sum_t S_{\text{gird}} + \mu_i E_{\text{battery}}(\text{SOC}_{\text{end}} - \text{SOC}_{\text{ini}})M_i + \sum_i \sum_t \eta_{it}^+ P_{i,\max} \tag{11-31}$$

将电动汽车模型对应的 KKT 条件作为约束条件加入上层优化问题中，目标函数即可等效为式（11-31）。

因此，11.2 节中构建的基于主从博弈的双层模型可以转化为混合整数线性规划模型，模型的表达式见式（11-32）。

$$\max\left\{ \sum_t S_{\text{gird}}^- - \sum_t S_{\text{gird}}^+ - \sum_t S_{\text{gird}} + \mu_i E_{\text{battery}}(\text{SOC}_{\text{end}} - \text{SOC}_{\text{ini}})M_i + \sum_i \sum_t \eta_{it}^+ P_{i,\max} \right\} \tag{11-32}$$

约束条件为：式（11-2）、式（11-15）；式（11-20）至式（11-21）；式（11-26）至式（11-29）。然后，在 YALMIP 建模工具包中调用 CPLEX 求解器，求解转换后得到混合整数线性规划模型，最终得到 Stackelberg-Nash 均衡解。

11.5 算 例 分 析

11.5.1 参数设置

本小节选取某一小区的 200 辆电动汽车的充电模式为研究场景。其中,60% 的电动汽车在 19:00 开始充电,在 6:00 充电结束,称为"正常作息型"电动汽车(EV_1),其余部分称为"夜班型"电动汽车(EV_2),充电时间为 8:00—21:00 时段。即便如此,它们都以最大功率充电。电动汽车的其他参数见表 11-1 所列。储能设备参数见表 11-2 所列。

表 11-1　电动汽车参数

参数	数值
SOC_{ini}	0.4
SOC_{end}	0.9
$E_{battery}/(kW \cdot h)$	36
$P_{i,max}/kW$	3

表 11-2　储能设备参数

参数	数值
R_{max}^+/kW	1 000
R_{max}^-/kW	1 000
$SOC_0/(kW \cdot h)$	4 000
$SOC_{max}/(kW \cdot h)$	5 000
η^+	0.9
η^-	0.9

假设负荷聚合商向电力市场购售电价为日前市场电价的 1.2 倍,向电动汽车售电的均值为 0.5 元/($kW \cdot h$),向电动汽车售电上限为日前市场电价的 1.2 倍,下限为日前市场电价的 0.8 倍,日前市场电价参考文献[16]。

11.5.2 仿真结果

根据 11.5.1 节中的参数,利用 CPLEX 求解器求解出模型均衡解,得到负荷聚合商的最大利润为 2 502.25 元,最优定价策略如图 11-3 所示,电动汽车的最优充电策略见表 11-3 所列。

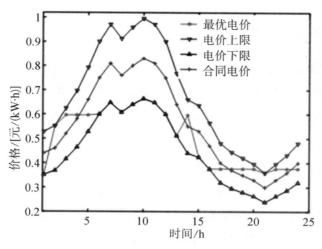

图 11-3　负荷聚合商的最优定价策略

表 11-3　电动汽车的最优充电策略

时段	EV$_1$/kW	EV$_2$/kW	时段	EV$_1$/kW	EV$_2$/kW
07：00—08：00	0	0	19：00—20：00	0	240
08：00—09：00	0	240	20：00—21：00	0	240
09：00—10：00	0	240	21：00—22：00	0	0
10：00—11：00	0	240	22：00—23：00	0	0
11：00—12：00	0	240	23：00—00：00	0	0
12：00—13：00	0	0	00：00—01：00	360	0
13：00—14：00	0	0	01：00—02：00	360	0
14：00—15：00	0	0	02：00—03：00	360	0
15：00—16：00	0	0	03：00—04：00	360	0
16：00—17：00	0	0	04：00—05：00	360	0
17：00—18：00	0	0	05：00—06：00	360	0
18：00—19：00	0	0	06：00—07：00	0	0

　　由图 11-3 可知,在电价范围内,负荷聚合商制定的电价明显比合同电价低,这对电动汽车来说是有利的,因此,理性的车主自然会遵从该策略。

　　由表 11-3 可知,在负荷聚合商最优定价策略下,"正常作息型"电动汽车以充电成本最小为目标,选择在电价较低的 00：00—05：00 时段进行充电。"夜班型"电动汽车亦是如此,选择在电价较低的 08：00—12：00 时段和 19：00—21：00 时段进行充电。

11.5.3 充电模式分析

为验证本章所提模型的有效性,将电动汽车的充电方式分为两种:第一种是电动汽车不通过负荷聚合商直接接入电网,以自身最大充电功率充至目标电量;第二种是电动汽车通过负荷聚合商管理控制充至目标电量。电动汽车不同充电方式对双方利益的影响如图 11-4 所示。

由图 11-4 可知,第一种模式的充电成本明显低于第二种模式,负荷聚合商的收入为 2 502.25 元。而第二种电动汽车充电方式需要支付较高的费用,负荷聚合商没有收入。因此,代理定价策略对电动汽车和负荷聚合商都有明显的好处。另外,"正常作息型"电动汽车的数量比"夜班型"电动汽车的数量多,但充电总成本却比"夜班型"电动汽车低,这是因为凌晨时段负荷聚合商的定价最低,且"正常作息型"电动汽车的充电时段都集中在凌晨。因此,电动汽车通过负荷聚合商管理控制进行充电,不仅可以减少自身的充电成本,还能为负荷聚合商带来收益,实现双方共赢。

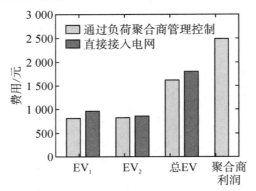

图 11-4　电动汽车不同充电方式对双方利益的影响

11.5.4 电动汽车比例分析

假设电动汽车的总数不变,"正常作息型"电动汽车有 80 辆,"夜班型"电动汽车有 120 辆,不同比例下电动汽车的最佳充电策略如图 11-5 所示。由图 11-5 可见,受电动汽车比例的影响,负荷聚合商定价策略并不相同。当"夜班型"电动汽车主导时,由于白天的充电需求大,所以白天时的负荷聚合商定价相对高;当"正常作息型"电动汽车主导时,即情况相反。

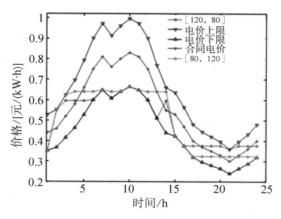

图 11-5　不同比例下电动汽车的最佳充电策略

图 11-6 给出了不同比例电动汽车对双方经济效益的影响。由图 11-6 可知,对于电动汽车来说,"正常作息型"和"夜班型"电动汽车的比例为[120,80]时的充电总成本明显低于比例为[80,120]的充电总成本,这是因为"正常作息型"电动汽车的充电时间集中在凌晨,此时的电价为负荷聚合商定价最低时段,因此,"正常作息型"电动汽车占主导时,电动汽车的充电成本较低;对于负荷聚合商来说,"正常作息型"和"夜班型"电动汽车的比例为[120,80]时的利润明显高于比例为[80,120]时的利润,这是因为"夜班型"电动汽车的充电时间主要集中在上午,此时的电价为负荷聚合商定价较高时段,"夜班型"电动汽车占主导时,负荷聚合商可以获得更高的利润。

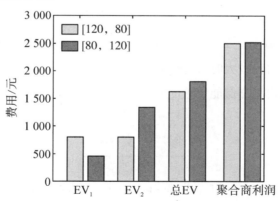

图 11-6　不同比例电动汽车对双方经济效益的影响

11.5.5　储能设备容量分析

图 11-7 为储能设备容量对负荷聚合商利润的影响。由图 11-7 可知,当电价较低时,随着储能装置容量的增加,负荷聚合商可以购买和储存更多的电量;当电价较高时,负荷聚合商可以向实时市场出售更多的电量,这有助于增加负荷聚合商的利润。但是,由于储能设备

最大充电功率和放电功率的限制,负荷聚合商的利润并不会一直增加,而是会保持稳定。

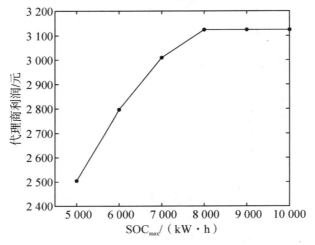

图 11-7　储能设备容量对负荷聚合商利润的影响

11.6　结　　论

本章建立负荷聚合商与电动汽车主从博弈双层模型,利用数学理论将主从博弈双层模型转化为易于求解的单层模型,并利用求解器对转化后的模型进行求解,可得如下结论。

(1)基于主从博弈的负荷聚合商定价策略在增大负荷聚合商利润的同时,降低了电动汽车的充电成本,实现了两者双赢。

(2)"正常作息型"电动汽车占比较大时,电动汽车的充电成本较低,负荷聚合商利润较低;"夜班型"电动汽车占比较大时,情况相反。

(3)在适当的范围内增加储能装置的容量,可以提高负荷聚合商的利润。

参 考 文 献

[1]MA Y. Modeling the Benefits of Vehicle-to-Grid Technology to a Power System[J]. IEEE Transactions on Power Systems,2012,27(2):1012-1020.

[2]LEE W,XIANG L,SCHOBER R,et al. Electric Vehicle Charging Stations With Renewable Power Generators:A Game Theoretical Analysis[J]. IEEE Transactions on Smart Grid,2015,6(2):608-617.

[3]CHEN Q,WANG F,HODGE B M,et al. Dynamic Price Vector Formation Model-Based Automatic Demand Response Strategy for PV-Assisted EV Charging Stations[J]. IEEE Transactions on Smart Grid,2017:2903-2915.

[4] LIU C, CHAU K T, WU D, et al. Opportunities and Challenges of Vehicle – to – Home, Vehicle– to – Vehicle, and Vehicle – to – Grid Technologies [J]. Proceedings of the IEEE, 2013, 101(11):2409–2427.

[5] FOTOUHI Z, HASHEMI M R, NARIMANI H, et al. A General Model for EV Drivers′ Charging Behavior [J]. IEEE Transactions on Vehicular Technology, 2019, 68(8):7368–7382.

[6] ROTERING N, ILIC M. Optimal charge control of plug – inhybrid electric vehicles in deregulated electricity markets [J]. IEEE Transactions on Power Systems, 2011, 26(3): 1021–1029.

[7] HUANG X, ZHANG Y, LI D, et al. An optimal scheduling algorithm for hybrid EV charging scenario using consortium blockchains [J]. Future Generation Computer Systems, 2018, 91: 555–562.

[8] HAN X, WEI Z, HONG Z, et al. Ordered charge control considering the uncertainty of charging load of electric vehicles based on Markov chain [J]. Renewable Energy, 2020, 161(12): 419–434.

[9] LUO Y, ZHU T, WAN S, et al. Optimal charging scheduling for large–scale EV (electric vehicle) deployment based on the interaction of the smart–grid and intelligent–transport systems [J]. Energy, 2016, 97:359–368.

[10] WOLBERTUS R, KROESEN M, ROBERT V, et al. Fully charged: An empirical study into the factors that influence connection times at EV–charging stations [J]. Energy Policy, 2018, 123:1–7.

[11] LIU W X, LI X Y, LIU Z M, et al. Energy operator operating mode and energy management based on Stackelberg game [J]. Modern Electric Power, 2018(2):8–15.

[12] KAI Y, YI S, SHAO Y, et al. A Charging Strategy with the Price Stimulus Considering the Queue of Charging Station and EV Fast Charging Demand [J]. Energy Procedia, 2018, 145: 400–405.

[13] LUO L, GU W, ZHOU S, et al. Optimal planning of electric vehicle charging stations comprising multi–types of charging facilities [J]. Applied Energy, 2018, 226:1087–1099.

[14] LIU Y, HAN K Q, QIAN K J, et, al. Multi–objective dynamic economic dispatch of active distribution network considering user satisfaction [C]. 2022 IEEE International Conference on Artifical Intelligence and Computer Applications, 2022:788–791.

[15] TIAN F, ZHANG X, LIANG Y L, et al. Taxing strategies for carbon emissions based on Stackelberg game [C]. Chinese Control Conference, 2014:947–951.

[16] WEI W, CHEN Y, LIU F, et al. Stackelberg game based retailer pricing scheme and EV charging management in smart residential area [J]. Powe System Technology, 2015(4): 939–945.

▶ 第 12 章　计及 LCA 碳排放的源荷双侧合作博弈调度

12.1　引　　言

随着国家大力推动新型电力系统的建设,发展可再生能源的重要性日益凸显[1-2]。但由于新能源机组的装机规模不断增大、负荷种类日趋多元化,传统电力系统中仅依靠发电侧维持供需平衡的能力有限,且成本较高[3]。因此,如何通过源荷双侧协同调度来实现电力系统的低碳经济已成为现在的研究重点之一。

目前,针对源荷双侧协同的经济调度已经有了相关的研究,文献[4]为平衡能源服务商和用户的双方利益,构建了基于主从博弈的综合能源系统优化调度框架;文献[5]针对具有多种用电特性的不同类型负荷,以运行成本和用户满意度为目标,构建考虑分布式可再生能源出力不确定性和计及用户满意度的日前优化模型;文献[6]针对风电消纳问题,利用灵活可转移负荷消纳过剩的可再生能源,提出考虑风电消纳的综合能源系统源荷协调运行优化方法;文献[7]针对多种用户,通过设置多时段变动电力套餐,提出计及用户响应不确定性的多时间尺度可变电价套餐和用电策略,提升电力系统运行的稳定性和经济性;文献[8]为应对多类型负荷系统的快速发展,提出了电、气、热同步交易的三层多能日前市场结构和运行机制,提高源荷系统的稳定性和经济性。以上研究验证了柔性负荷的合理调度对源荷双侧合作的经济性起了积极作用,但仅考虑系统的经济效益,没有考虑日益严重的碳排放问题。

碳交易机制能够提升系统经济性,减少碳排放,是源荷双侧协同运行达到低碳经济的重要手段。文献[9]结合碳交易机制,考虑综合需求响应,深度挖掘综合能源系统在经济和低碳方面的调度优势,提出一种综合能源系统低碳经济调度模型;文献[10]基于阶梯型碳交易、需求响应、绿证机制,同时考虑供需主从博弈策略,提出基于阶梯型需求响应激励机制的供需主从博弈电源规划方法,提升系统的经济效益及风电消纳能力;文献[11]考虑环境污染成本,提出基于机会约束规划的不确定环境下的综合需求响应系统调度模型,降低系统的运行成本,提高系统运行的稳定性;文献[12]针对源荷不确定问题,引入伪 F-统计指标,建立以系统运行成本和碳交易成本之和最小为目标的优化模型,有效促进系统低碳经济效用;文献[13]结合碳交易机制,提出了一种考虑多种能源价格激励的工业园区低碳经济双层最优调度模型,有利于实现多能源系统的经济性和低碳性。但以上研究只考虑系统设备运行时的碳排放成本,没有考虑生命周期评价(life cycle assessment,LCA)下系统中设备的碳排放成本。

　　针对上述研究,为实现源荷双侧协同运行的低碳经济目标。首先,建立源荷双侧合作运行框架;其次,采用 LCA 方法分析整个生命周期的温室气体排放,并求解碳排放系数,建立碳交易成本模型;再次,将碳交易成本考虑进源荷双侧协同运行优化模型中,并利用改进的 Shapley 值法对成员合作收益进行分配;最后,通过算例分析验证本章所提模型的可行性和有效性。

12.2　源荷双侧合作运行框架

　　本章构建的源荷双侧合作运行框架如图 12-1 所示。其中,源侧为能源调度商(energy dispatch provider,EDP),主要由火电机组、风电、热电联产机组(combined heat and power,CHP)、电转气设备(power-to-gas,P2G)、燃气锅炉(gas boiler,GB)等构成,荷侧为负荷聚合商(load aggregator,LA),主要由分布式光伏、固定电负荷、可转移电负荷、固定热负荷以及储能装置等构成。

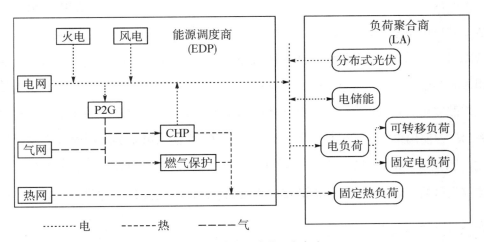

图 12-1　源荷双侧合作运行框架

12.3　计及 LCA 碳排放的碳交易成本模型

12.3.1　基于 LCA 的碳排放系数计量方法

LCA 是一种可以全面记录从能源生产、运输到使用的不同阶段中碳排放轨迹的方法。为了全面分析源网荷储的温室气体排放,本小节提出计及 LCA 能源链的碳排放计量方法,把 LCA 能源链分成分类、特征化、量化 3 个实施步骤,准确分析系统中各设备生产、运输、使用的碳排放量[14],具体计量公式如下。

12.3.1.1　燃煤机组

煤电机组 LCA 能源链的温室气体排放主要来自煤炭的生产、煤炭的运输、煤炭的使用过程[15-17],可表示为

$$\begin{cases} E_{pm} = I_{pm}\eta_p Q_{ep}(1 + \alpha + \beta) \\ E_{ym} = \sum_{a=1}^{A_a}\sum_{b=1}^{B_b} I_{a,b} Q_{a,b,c} k_{a,b} M_a D_a \\ E_{um} = I_m Q_c^m \end{cases} \tag{12-1}$$

$$E_m = E_{pm} + E_{ym} + E_{um} \tag{12-2}$$

式中,E_{pm} 为煤炭生产过程的碳排放系数;I_{pm} 为煤炭生产的单位能耗;η_p 为煤炭转换率;Q_{ep} 为煤炭生产的碳排放系数;α 为原煤生产过程中自燃造成的单位功率损失率;β 为原煤洗选过程造成的单位功率损失率;E_{ym} 为煤炭运输过程的碳排放系数;A_a 为煤炭运输方式,主要包括铁路、公路、水路;B_b 为各种燃料类型,主要包括汽油、柴油和电能;$I_{a,b}$ 为第 a 类运输模式使用第 b 类燃料的单位能耗;$Q_{a,b,c}$ 为使用第 b 类燃料的第 a 类运输模式下产生的第 c 类温室气体的碳排放系数;$k_{a,b}$ 为使用第 b 类燃料的第 a 类运输模式的运输里程与总运输距离的比率;M_a 为使用第 a 类运输模式下的运煤总量;D_a 为使用第 a 类运输模式下的平均运输距离;E_{um} 为煤炭发电过程的碳排放系数;I_m 为发电过程的单位煤耗;Q_c^m 为燃煤机组发电单位标准煤当量的第 c 类温室气体的碳排放系数;E_m 为燃煤机组 LCA 总排放系数。

12.3.1.2　燃气机组

燃气机组 LCA 能源链的温室气体排放主要来自天然气的开采、运输和使用过程[18-20],可表示为

$$\begin{cases} E_{yg} = \lambda_g e_{y,G} + (1-\lambda_g) e_{y,L} \\ E_{pg} = \sum_{j=1}^{N} \varpi_j I_j^{pg} + \omega I_{pg} \\ E_{ug} = \varepsilon_1 + \varepsilon_1 \zeta_{eh} + \varepsilon_2 \end{cases} \quad (12\text{-}3)$$

$$E_g = E_{pg} + E_{yg} + E_{ug} \quad (12\text{-}4)$$

式中,E_{yg} 为天然气运输过程的碳排放系数;λ_g 为管道运输中天然气与总运输天然气的比值;$e_{y,G}$ 为天然气在管道运输中的碳排放系数;$e_{y,L}$ 为天然气在液化运输中的碳排放系数;E_{pg} 为天然气开采过程的碳排放系数;ϖ_j 为第 j 种温室气体与碳排放的折算系数;I_j^{pg} 为第 j 种温室气体的排放系数;ω 为天然气开采过程中的逃逸率;I_{pg} 为天然气碳排放系数;E_{ug} 为天然气使用过程中的碳排放系数;ε_1 为 CHP 单位发电量的碳排放强度;ζ_{eh} 为热能和电能的折算系数;ε_2 为 GB 单位热量的碳排放强度;E_g 为燃气机组 LCA 总排放系数。

12.3.1.3 新能源机组(风、光)

新能源机组 LCA 能源链的温室气体排放主要包括风、光设备的生产、运输过程[21-25],其中,风、光设备运行过程中产生的耗能也会有少量温室气体排放,一般忽略不计,可表示为

$$\begin{cases} E_{pr} = \zeta \dfrac{(1+\theta_i^p) \varphi_i^p}{\psi_i^p} \\ E_{yr} = \zeta \varphi_i^y \psi_i^y \end{cases} \quad (12\text{-}5)$$

$$E_r = E_{pr} + E_{yr} \quad (12\text{-}6)$$

式中,E_{pr}、E_{yr} 分别为生产、运输过程中的碳排放系数;ζ 为单位标准电能和能耗的折算系数;θ_i^p 为风、光机组建造所需第 i 类材料的损耗系数;φ_i^p 为建造所需第 i 类材料的碳排放系数;ψ_i^p 为建造所用第 i 类材料的内含能源强度量;φ_i^y 为运输过程中第 i 类材料的碳排放系数;ψ_i^y 为生产过程第 i 类材料的运输耗能系数;E_r 为风、光机组 LCA 总排放系数。

综上所述,可得到计及 LCA 下系统实际运行时各设备的碳排放量,同时由于储能设备全生命周期间接使用过程中存在较大的碳排放[26-28],以及考虑 P2G 设备的低碳特性,将储能设备和 P2G 设备考虑进碳排放中,见式(12-7)。

$$
\begin{cases}
E_{\mathrm{CO_2}} = E_{\mathrm{H}} + E_{\mathrm{G}} + E_{\mathrm{J}} + E_{\mathrm{C}} - E_{\mathrm{P2G}} \\[2mm]
E_{\mathrm{H}} = \sum_{t=1}^{T} E_{\mathrm{m}} P_{\mathrm{m}}^{t} \\[2mm]
E_{\mathrm{G}} = \sum_{t=1}^{T} E_{\mathrm{g}} \left(\eta_{\mathrm{e,CHP}} P_{\mathrm{CHP}}^{t} + \eta_{\mathrm{h,CHP}} H_{\mathrm{CHP}}^{t} + \eta_{\mathrm{h,GB}} H_{\mathrm{GB}}^{t} \right) \\[2mm]
E_{\mathrm{P2G}} = \sum_{t=1}^{T} E_{\mathrm{p2g}} P_{\mathrm{p2g}}^{t} \\[2mm]
E_{\mathrm{J}} = E_{\mathrm{r}} P_{\mathrm{j}}^{t} \\[2mm]
E_{\mathrm{C}} = E_{\mathrm{c}} P_{\mathrm{E}}^{t}
\end{cases}
\tag{12-7}
$$

式中，$E_{\mathrm{CO_2}}$ 为碳排放总和；E_{H}、E_{G}、E_{J}、E_{C}、E_{P2G} 分别为燃煤机组、燃气机组、可再生能源机组、储能装置、电转气设备的碳排放量；E_{p2g}、E_{c} 分别为电转气设备、储能装置的单位碳排放系数；$\eta_{\mathrm{e,CHP}}$、$\eta_{\mathrm{h,CHP}}$ 分别为 CHP 的气-电、气-热转换系数，$\eta_{\mathrm{h,GB}}$ 为 GB 的气-热转换系数；P_{m}^{t}、P_{CHP}^{t} 和 H_{CHP}^{t}、H_{GB}^{t}、P_{p2g}^{t}、P_{j}^{t}、P_{E}^{t} 分别为 t 时段燃煤机组、CHP、GB、P2G 设备、可再生能源机组、储能装置的功率。

12.3.2 碳交易机制

碳交易机制是允许将碳排放权作为商品在市场中进行交易的一种机制。目前来说，国内主要实施无偿碳排放分配方式，即由政府部门对每一个碳排放源分配对应的无偿碳排放额度，若某碳排放源的碳排放量在碳配额内，则多余碳配额可以在碳交易市场出售获益；若某碳排放源的碳排放量多于碳排放额度，则需从碳交易市场购买超出碳排放额的部分。

综上所述，计及 LCA 碳排放的碳交易成本计算模型可表述为

$$
C_{\mathrm{F}} = \gamma_{\mathrm{C}} (E_{\mathrm{CO_2}} - E_{\mathrm{all}})
\tag{12-8}
$$

式中，C_{F} 为综合碳交易成本；γ_{C} 为单位碳交易价格；E_{all} 为碳排放配额总和。

12.4 基于合作博弈的源荷协同运行优化模型

12.4.1 目标函数

为体现计及 LCA 碳排放的源荷双侧合作联盟的低碳经济性，以源荷合作联盟总成本最小为博弈策略的目标，主要包括 EDP 运行成本 F_{EDP} 和 LA 购能成本 F_{LA}，可表示为

$$
\min \sum_{t=1}^{T} \left(F_{\mathrm{EDP}} + F_{\mathrm{LA}} \right)
\tag{12-9}
$$

$$\begin{cases} F_{EDP} = \sum_{t=1}^{T} C_H + C_{Gas} + C_{P2G} + C_{F-EDP} + C_{Q-WT} \\ F_{LA} = \sum_{t=1}^{T} C_{F-LA} + C_{B-D} + C_{B-R} + C_U + C_{Q-PV} \end{cases} \tag{12-10}$$

式中，T 为一天内的调度时间，取 $T = 24$ h；C_H 为火电运行成本；C_{Gas} 为购买天然气成本；C_{P2G} 为电转气设备的运行维护成本；C_{B-D} 为 LA 购电成本；C_{B-R} 为 LA 购热成本；C_U 为用户不舒适度成本；C_{F-EDP} 为 EDP 碳排放成本；C_{F-LA} 为 LA 碳排放成本；C_{Q-WT} 为弃风成本；C_{Q-PV} 为弃光成本。具体公式如下。

12.4.1.1　火电运行成本

$$C_H = \sum_{t=1}^{T} [a_h(P_H^t)^2 + b_h P_H^t + c_h] \tag{12-11}$$

式中，P_H^t 为 t 时段火电机组的输出功率；a_h、b_h、c_h 分别为火电机组运行成本系数。

12.4.1.2　购买天然气成本

$$C_{Gas} = \sum_{t=1}^{T} \lambda_{Gas}(P_G^t - G_{P2G}^t) \tag{12-12}$$

式中，P_G^t 为 t 时段燃气机组（包括 CHP、GB）消耗的天然气功率；G_{P2G}^t 为 t 时段电转气设备生成的天然气功率；λ_{Gas} 为单位购买天然气价格。

12.4.1.3　P2G 运行维护成本

$$C_{P2G} = \sum_{t=1}^{T} \lambda_{P2G} P_{P2G}^t \tag{12-13}$$

式中，P_{P2G}^t 为 t 时段 P2G 设备消耗的电功率；λ_{P2G} 为 P2G 单位功率运行成本系数。

12.4.1.4　弃风、弃光惩罚成本

$$\begin{cases} C_{Q-WT} = \sum_{t=1}^{T} \zeta_1(P_{WT,pre}^t - P_{WT}^t) \\ C_{Q-PV} = \sum_{t=1}^{T} \zeta_2(P_{PV,pre}^t - P_{PV}^t) \end{cases} \tag{12-14}$$

式中，ζ_1、ζ_2 分别为弃风、弃光单位惩罚系数；$P_{WT,pre}^t$、$P_{PV,pre}^t$ 分别为 t 时段风、光预测功率值；P_{WT}^t、P_{PV}^t 分别为 t 时段风、光实际功率值。

12.4.1.5　LA 购电成本

$$C_{\text{B-D}} = \sum_{t=1}^{T} \lambda_{\text{B-D}}^{t} (P_{\text{D}}^{t} + P_{\text{tr}}^{t} + P_{\text{PV}}^{t} + P_{\text{E},t}^{\text{chr}} + P_{\text{E},t}^{\text{dis}}) \tag{12-15}$$

式中，$\lambda_{\text{B-D}}^{t}$ 为 t 时段单位购电价；P_{D}^{t} 为 t 时段固定电负荷；P_{tr}^{t} 为 t 时段内转移电负荷；$P_{\text{E},t}^{\text{chr}}$ 为 t 时段储电设备充电量；$P_{\text{E},t}^{\text{dis}}$ 为 t 时段储电设备放电量。

12.4.1.6　LA 购热成本

$$C_{\text{B-R}} = \sum_{t=1}^{T} \lambda_{\text{B-R}}^{t} H_{\text{D}}^{t} \tag{12-16}$$

式中，$\lambda_{\text{B-R}}^{t}$ 为 t 时段单位购热价；H_{D}^{t} 为 t 时段固定热负荷。

12.4.1.7　用户不舒适度成本

EDP 向 LA 发布调节指令，调度用户柔性负荷改变实际负荷量，进而对用户造成一定程度的不舒适度。根据文献[29]的方法，通过成本函数将其量化表示为

$$C_{\text{U}} = \sum_{t=1}^{T} \frac{\gamma_{\text{k}}}{2P_{\text{D}}^{t}} (P_{\text{D}}^{t} + P_{\text{tr}}^{t})^{2} - \gamma_{\text{k}} (P_{\text{D}}^{t} + P_{\text{tr}}^{t}) + \frac{\gamma_{\text{k}}}{2} P_{\text{D}}^{t} \tag{12-17}$$

式中，γ_{k} 为电负荷偏离惩罚成本系数。

12.4.2　约束条件

12.4.2.1　电、热功率平衡约束

$$P_{\text{WT}}^{t} + P_{\text{PV}}^{t} + P_{\text{CHP}}^{t} + P_{\text{H}}^{t} + P_{\text{E},t}^{\text{dis}} = P_{\text{E},t}^{\text{chr}} + P_{\text{D}}^{t} + P_{\text{tr}}^{t} + P_{\text{P2G}}^{t} \tag{12-18}$$

$$H_{\text{CHP}}^{t} + H_{\text{GB}}^{t} = H_{\text{D}}^{t} \tag{12-19}$$

式中，P_{CHP}^{t}、H_{CHP}^{t} 分别为 t 时段 CHP 的输出电、热功率；H_{GB}^{t} 为 t 时段 GB 的输出热功率。

12.4.2.2　火电机组约束

$$\begin{cases} P_{\text{H},t}^{\min} \leqslant P_{\text{H}}^{t} \leqslant P_{\text{H},t}^{\max} \\ P_{\text{H},t}^{\text{down}} \leqslant P_{\text{H},t}^{t} - P_{\text{H},t}^{t-1} \leqslant P_{\text{H},t}^{\text{up}} \end{cases} \tag{12-20}$$

式中，$P_{\text{H},t}^{\max}$、$P_{\text{H},t}^{\min}$ 分别为 t 时段火电出力的上、下限；$P_{\text{H},t}^{\text{up}}$、$P_{\text{H},t}^{\text{down}}$ 分别为 t 时段火电厂爬坡率的上、下限。

12.4.2.3　CHP 机组约束

$$
\begin{cases}
P_{\text{CHP}}^t = \eta_{\text{CHP}}^{\text{e}} P_{\text{CHP,g}}^t \\
H_{\text{CHP}}^t = \eta_{\text{CHP}}^{\text{h}} P_{\text{CHP,g}}^t \\
0 \leq P_{\text{CHP,g}}^t \leq P_{\text{CHP,g}}^{\max} \\
P_{\text{CHP,g}}^{\text{down}} \leq P_{\text{CHP,g}}^t - P_{\text{CHP,g}}^{t-1} \leq P_{\text{CHP,g}}^{\text{up}} \\
\chi_{\text{CHP}}^{\min} \leq H_{\text{CHP}}^t / P_{\text{CHP}}^t \leq \chi_{\text{CHP}}^{\max}
\end{cases}
\tag{12-21}
$$

式中，$P_{\text{CHP,g}}^t$ 为 t 时段 CHP 消耗的天然气功率；$\eta_{\text{CHP}}^{\text{e}}$、$\eta_{\text{CHP}}^{\text{h}}$ 分别为电、热效率系数；$P_{\text{CHP,g}}^{\max}$ 为 CHP 消耗的天然气功率上限；$P_{\text{CHP,g}}^{\text{up}}$、$P_{\text{CHP,g}}^{\text{down}}$ 分别为 CHP 爬坡率的上、下限；$\chi_{\text{CHP}}^{\max}$、$\chi_{\text{CHP}}^{\min}$ 分别为热电比的上、下限。

12.4.2.4　P2G 机组约束

$$
\begin{cases}
G_{\text{P2G}}^t = \eta_{\text{P2G}} P_{\text{P2G}}^t \\
0 \leq P_{\text{P2G}}^t \leq R_{\text{P2G}}^{\max}
\end{cases}
\tag{12-21}
$$

式中，η_{P2G} 为 P2G 设备的转换效率；G_{P2G}^t 为 t 时段 P2G 设备生成的天然气功率；$P_{\text{P2G}}^{\max}$ 为 P2G 设备的最大功耗。

12.4.2.5　燃气锅炉约束

$$
\begin{cases}
H_{\text{GB}}^t = \eta_{\text{GB}}^{\text{h}} P_{\text{GB}}^t \\
0 \leq H_{\text{GB}}^t \leq H_{\text{GB}}^{\max}
\end{cases}
\tag{12-23}
$$

式中，P_{GB}^t 为 t 时段 GB 消耗的天然气功率；$\eta_{\text{GB}}^{\text{h}}$ 为 GB 的产热效率；$H_{\text{GB}}^{\max}$ 为 GB 的输出功率上限。

12.4.2.6　储能设备约束

储能设备可缓解可再生能源出力，提高系统运行的稳定性，可表示为

$$
\begin{cases}
S_{\text{L},t} = S_{\text{L},t-1}(1-\sigma_{\text{L}}) + \eta_{\text{E},t}^{\text{chr}} P_{\text{E},t}^{\text{chr}} - \dfrac{P_{\text{E},t}^{\text{dis}}}{\eta_{\text{E},t}^{\text{dis}}} \\
S_{\text{L},t}^{\min} \leq S_{\text{L},t} \leq S_{\text{L},t}^{\max} \\
S_{\text{L},0} = S_{\text{L},T} \\
0 \leq U_{\text{E},t}^{\text{chr}} + U_{\text{E},t}^{\text{dis}} \leq 1 \\
U_{\text{E},t}^{\text{chr}} P_{\text{E},t}^{\min} \leq P_{\text{E},t}^{\text{chr}} \leq U_{\text{E},t}^{\text{chr}} P_{\text{E},t}^{\max} \\
U_{\text{E},t}^{\text{dis}} P_{\text{E},t}^{\min} \leq P_{\text{E},t}^{\text{dis}} \leq U_{\text{E},t}^{\text{dis}} P_{\text{E},t}^{\max}
\end{cases}
\tag{12-24}
$$

式中，$S_{L,t}$、$S_{L,0}$、$S_{L,T}$ 分别为充、放电周期内 t 时段、初始及最终时刻的荷电状态；σ_L 为电储能自身损耗率；$\eta_{E,t}^{chr}$、$\eta_{E,t}^{dis}$ 分别为 t 时段的充、放电效率；$U_{E,t}^{chr}$、$U_{E,t}^{dis}$ 分别为 t 时段充放电状态标志位，为 $0 \sim 1$ 变量；$S_{L,t}^{max}$、$S_{L,t}^{min}$ 分别为剩余荷电量的上、下限；$P_{E,t}^{max}$、$P_{E,t}^{min}$ 分别为充放电功率的最大值、最小值。

12.4.2.7 风电、光伏约束

$$\begin{cases} 0 \leqslant P_{WT}^t \leqslant P_{WT,pre}^t \\ 0 \leqslant P_{PV}^t \leqslant P_{PV,pre}^t \end{cases} \tag{12-25}$$

12.4.2.8 可转移柔性负荷约束

在调度时间内，用户在任意时刻的可转移负荷量总和保持不变，电能使用时间可改变[30]。

$$\begin{cases} -\lambda_D P_{D,t}^{max} \leqslant p_{tr}^t \leqslant \lambda_D P_{D,t}^{max} \\ \sum_{t=1}^{T} P_{tr}^t = 0 \end{cases} \tag{12-26}$$

式中，λ_D 为可转移负荷比例；$P_{D,t}^{max}$ 为 t 时段固定电负荷最大值。

12.4.3 合作博弈收益分配策略

在一定有力协议下，各参与者依靠所掌握的信息，通过合作来实现联盟利益最大化的过程称为合作博弈。在合作博弈模型中，存在两个基本条件：参与者通过合作形成联盟，联盟总收益大于每个参与者独立行动时的收益总和，即为整体理性；对联盟内部来说，每个参与者都可以获得不少于独立经营时的利益，即为个体理性。本章构建的合作联盟成员有 EDP 和 LA，以合作联盟总成本最小为目标，源荷双侧协同配合，优化机组出力。EDP 和 LA 任意一方独立运行的优化效果是有限的，通过源荷双侧合作运行，可实现整体理性和个体理性。

为保证合作联盟的长期稳定性，应当采取合理的分配方案。Shapley 值法强调合作联盟内各成员对联盟的参与度，即某成员获得的收益等于该成员为所参与联盟创造收益的平均值，可解决多个成员在合作过程中由利益分配产生的问题。对于由 n 个成员组成的联盟 N，根据 Shapley 值理论，收益分配公式如下。

$$\begin{cases} X_i(v) = \sum_{L \in N} W(L)[v(L) - v(L \backslash i)] \\ W(L) = \dfrac{(|L| - 1)! \ (N - |L|)!}{N!} \end{cases} \tag{12-27}$$

式中，$X_i(v)$ 为成员 i 的利益分配方案；$v(L)$ 为联盟 L 的收益；$v(L \backslash i)$ 为成员 i 不参与合作联

盟的收益；$W(L)$ 为加权因子，成员 i 参与合作联盟的分配系数；$(|L|-1)!$ 为成员 i 参与联盟 L 的排序组合；$(N-|L|)!$ 为其他成员的排列；$[v(L)-v(L\backslash i)]$ 为成员 i 参与不同联盟为自身参与联盟创造的边际贡献。

但是传统 Shapley 值模型容易出现平均分配现象，基于以上情况，在原有收益分配模型中引入修正因子[31-33]，则收益分配公式见式（12-28）。

$$X_i(v) = \sum_{L \in N} \frac{(|L|-1)!\ (N-|L|)!}{N!} [v(L) - v(L\backslash i)] + \left(\frac{\lambda_i}{\sum_{i \in N} \lambda_i} - \frac{1}{|N|}\right) v(N)$$

（12-28）

式中，λ_i 为修正因子；$\dfrac{\lambda_i}{\sum\limits_{i \in N} \lambda_i} - \dfrac{1}{|N|}$ 为合作参与者 i 的综合评价值和联盟平均值的差值。修正因子 λ_i 表示为

$$\lambda_i = (\alpha_1, \alpha_2)(\chi_1, \chi_2)$$

（12-29）

式中，α_1、α_2 为加权系数，且 $\alpha_1 + \alpha_2 = 1$；χ_1 为参与者 i 的碳排放量占联盟碳排放量的比例，χ_2 为参与者 i 成本贡献占联盟总成本的比例。

12.5　算 例 分 析

本章计及 LCA 的源荷双侧合作博弈优化调度模型及负荷等数据参考了文献 [34-35]，设备具体参数见表 12-1 至表 12-3 所列。针对本章所提模型，通过求解器 CPLEX 进行求解。

表 12-1　设备基本参数

参数	数值或范围
火电机组功率 P_H/MW	[100,400]
CHP 电功率 P_{CHP}/MW	[0,300]
燃气锅炉 H_{GB}/MW	[0,150]
P2G 功率 P_{P2G}/MW	[0,60]
储能容量 S_L/MW	[10,60]
储能初始容量 $S_{L,0}$/MW	30
CHP 电效率系数 η_{CHP}^e	0.35
CHP 热效率系数 η_{CHP}^h	0.4
燃气锅炉热效率系数 η_{GB}^h	0.7
P2G 转换效率 η_{P2G}	0.6

续表

参数	数值或范围
储能充、放电效率 η_E^{chr}、η_E^{dis}	0.95
火电机组运行成本系数 a_h、b_h、c_h	0.014、200、75
天然气价格 λ_{Gas}/(元/km³)	2 500
P2G 运行成本 λ_{P2G}/(元/MW)	138
弃风惩罚系数 ζ_1/(元/MW)	500
弃光惩罚系数 ζ_2/(元/MW)	500
购热价 λ_{B-R}/(元/MW)	300
电负荷惩罚系数 γ_k/(元/MW)	200
碳交易价格 γ_C/(元/t)	120
可转移负荷比例 λ_D	0.1

表 12-2 碳排放及配额系数

能源类型	排放系数/[g/(MW·h)]	配额系数/[g/(MW·h)]
煤电	1.303 0	0.798
天然气	0.564 7	0.424
风能	0.043 0	0.078
光伏	0.086 0	0.078
储能	0.091 33	0

表 12-3 碳排放计量参数来源

能源类型	参考文献	能源类型	参考文献
	[15]		[18]
煤电	[16]	天然气	[19]
	[17]		[20]
	[21]		[21]
光伏	[23]	风能	[22]
	[24]		[23]
	[25]	储能	[26]

12.5.1 联盟结果对比

计及生命周期碳排放,研究 P2G 设备与源荷合作对电力系统运行碳排放和经济效益的影响,设置以下 4 种模式。

模式 1:非合作情况下,柔性负荷既不参与调度,也不引入 P2G 设备。此时,EDP 以自身运行成本最小为目标,优化供给侧机组出力;LA 优先考虑用户舒适度,以自身购能成本最小为目标进行优化。

模式 2:非合作情况下,柔性负荷不参与调度,但引入 P2G 设备。此时 EDP 以自身运行成本最小为目标,优化供给侧机组出力;LA 优先考虑用户舒适度,以自身购能成本最小为目标进行优化。

模式 3:合作情况下,EDP 和 LA 形成合作联盟{EDP,LA}(EL),调节比例为 10% 的灵活可转移柔性负荷,但不引入 P2G 设备。此时,以 EL 合作总成本最小为目标,源荷双侧协调能源分配,优化机组出力。

模式 4:合作情况下,EDP 和 LA 形成合作联盟{EDP,LA}(EL),调节比例为 10% 的灵活可转移柔性负荷,同时引入 P2G 设备。此时,以 EL 合作总成本最小为目标,源荷双侧协调能源分配,优化机组出力。

不同模式下的碳排放量和弃风光率对比见表 12-4 所列,源荷双侧各单元成本对比见表 12-5 所列。

表 12-4　碳排放量和弃风光率对比

模式	碳排放量/t	弃风光率/%
模式 1	7 392	24.5
模式 2	7 550	14.3
模式 3	6 742	10.5
模式 4	7 191	3.0

表 12-5　源荷双侧各单元成本对比　　　　　　　　　　单位:万元

模式	C_H	C_{Gas}	C_{P2G}	C_F	C_Q	C_{B-D}	C_{B-R}	C_U	总成本
模式 1	116.8	444.5	0	88.7	68.3	758.6	223.5	0	1 700.4
模式 2	123.8	394.5	12.8	90.6	39.9	761.2	223.5	0	1 646.3
模式 3	102.1	431.3	0	80.9	29.2	728.1	223.5	2.7	1 597.8
模式 4	121.8	353.6	19.2	86.3	8.3	730.8	223.5	2.7	1 546.2

由表 12-4、表 12-5 可以看出:模式 2 相较于模式 1,引入 P2G 设备后,虽然碳排放成本增加 1.9 万元,碳排放量增加了 158 t,但总成本减少 54.1 万元,而且风、光上网功率大大提升,弃风光成本降低 28.4 万元,弃风光率下降约 10.2%。

模式 3 相较于模式 1,考虑源荷合作,都没有引入 P2G 设备。模式 3 情况下,通过调度柔性负荷,优化机组出力,虽然用户满意度成本增加 2.7 万元,但总成本减少 102.6 万元。其中,碳排放成本降低 7.8 万元,碳排放量减少 650 t,下降幅度约为 8.79%;弃风、光成本下降 39.1 万元,弃风光率下降约 14%。

模式 4 相较于模式 2,都引入 P2G 设备,但模式 4 考虑源荷合作。模式 4 情况下,通过调度柔性负荷,以及 P2G 设备的配合,优化机组出力,虽然用户满意度成本增加 2.7 万元,但总成本减少 100.1 万元。其中,碳排放成本降低 4.3 万元,碳排放量减少 359 t,下降幅度约为 4.75%;弃风、光成本下降 31.6 万元,弃风、光率下降约 11.3%。

模式 4 相较于模式 3,都考虑源荷合作,但模式 4 引入 P2G 设备,虽然碳排放成本增加 5.4 万元,碳排放量增加了 449 t,但总成本减少 51.6 万元,而且风、光上网功率大大提升,弃风光成本降低 20.9 万元,弃风光率下降约 7.5%。

通过以上综合分析得出,在生命周期评价内,模式 4 有利于减少系统运行总成本,降低碳排放量,提升可再生能源的消纳能力,有助于实现系统的低碳经济性。但通过分析发现,引入 P2G 设备后,模式 2、模式 4 的碳排放成本略高于模式 1、模式 3。原因分析如下:模式 2、模式 4 引入 P2G 设备后,风、光的上网功率大大提升,但计及 LCA,受可再生能源机组的碳排放及配额系数的影响,模式 2、模式 4 的碳交易成本略高于模式 1、模式 3。

12.5.2 联盟合理性分析

为了验证 EL 联盟合理性,根据式(12-27)及表 12-5 的数据求解不同模式下 EDP 和 LA 在合作联盟中所获的收益,见表 12-6 所列。

表 12-6 合作收益分配   单位:万元

模式	EDP	LA	总成本
模式 1	706.18	994.22	1 700.4
模式 3	654.88	942.92	1 597.8
模式 2	654.40	991.90	1 646.3
模式 4	604.35	941.85	1 546.2

由表 12-6 可以看出,合作相较于非合作,模式 3 比模式 1 的总成本降低 102.6 万元;模式 4 比模式 2 的总成本降低 100.1 万元。但是 EL 合作后,模式 3 的收益 102.6 万元、模式 4 的收益 100.1 万元都被平均分配给了 EDP 和 LA,这与合作博弈中按贡献分配的概念相冲突,因此,本小节使用改进的 Shapley 值法对合作收益重新进行分配,见表 12-7 所列。

表 12-7 改进 Shapley 值法收益分配   单位:万元

模式	EDP	LA	总成本
模式 1	706.18	994.22	1 700.4
模式 3	665.78	932.02	1 597.8
降低率	5.72%	6.26%	6.03%

模式	EDP	LA	总成本
模式 2	654.40	991.90	1 646.3
模式 4	619.15	927.05	1 546.2
降低率	5.39%	6.54%	6.08%

由表 12-7 可以看出，EDP 和 LA 合作联盟成立后，模式 3 的系统运行总成本比模式 1 减少约 6.03%；模式 4 的系统运行总成本比模式 2 减少约 6.08%，符合整体理性条件。合作联盟内部成员的运行成本均有减少，模式 3 相较于模式 1，EDP 的运行成本减少幅度约为 5.72%，LA 的购能成本减少幅度约为 6.26%；模式 4 相较于模式 2，EDP 的运行成本减少幅度约为 5.39%，LA 的购能成本减少幅度约为 6.54%，符合个体理性条件。另外，在改进的 Shapley 值法中，考虑了参与者的碳排放量占联盟碳排放量的比例，以及成本贡献占联盟总成本的比例。EDP 相较于 LA，LA 受上述考虑因素的影响更大，对联盟的贡献程度更高，理应分配更多的利益。因此，采用改进 Shapley 值法更公平合理，有利于维持联盟的稳定性。

12.5.3　联盟调度结果分析

不同模式下的非合作电能调度结果图如附录 D 的附图 D-20 所示，合作电能调度结果图如附图 D-21 所示。由附图 D-20、附图 D-21 可以看出：非合作情况下，在 00：00—08：00 和 22：00—24：00 时段中，由于负荷小且风电出力大，同时 CHP 机组受限于热负荷约束、火电机组受限于调峰约束，系统的整体调节能力有限，难以消纳过剩的可再生能源，此时系统将产生大量弃风、弃光现象。此外，模式 2 相较于模式 1，通过引入 P2G 设备，增大风、光上网功率，消纳过剩的可再生能源，降低弃风、弃光成本。但由于 P2G 设备受运行功率和运行成本的限制，系统还是存在大量弃风、弃光现象。

合作情况下，通过调节灵活可转移的柔性负荷，优化系统各机组出力，把 09：00—21：00 时段内的高负荷转移至 00：00—08：00 和 22：00—24：00 时段低负荷中，进而调整各机组，以达到最优出力，有利于降低系统运行总成本和碳排放量。另外，模式 4 相较于模式 3，通过引入 P2G 设备，进一步提升可再生能源利用率，降低弃风、弃光成本。但由于风电、光伏存在反调峰特性，系统将产生少量弃风、弃光现象。

综上所述，基于生命周期评价，源荷双侧通过合作组成联盟 {EDP，LA}（EL），在保证系统稳定运行的同时，能够降低系统运行总成本，减少系统运行碳排放量，同时，P2G 设备的引入可进一步增大风、光上网功率，实现系统运行的低碳经济性。

12.5.4　不同比例柔性负荷调度结果分析

由 12.5.1 小节可知，合作情况下调度可转移柔性负荷，有利于提高系统的低碳经济性。

计及生命周期碳排放,在模式 4 下,进一步分析 0%～30% 不同比例柔性负荷对系统运行优化调度的影响,见表 12-8 所列。

表 12-8　不同比例柔性负荷下模式 4 的结果对比分析

比例 /%	用户不舒适 度成本/万元	EDP 成本 /万元	LA 成本 /万元	EL 总成本 /万元	碳排放量 /t	风、光消纳 /MW
0	0	654.4	991.9	1 646.3	7 550	4 774
5	0.72	611.9	968.4	1 580.3	7 225	5 110
10	2.70	587.1	959.1	1 546.2	7 191	5 405
15	5.80	573.7	951.8	1 525.5	7 001	5 529
20	10.10	569.8	944.9	1 514.7	7 000	5 572
25	15.30	568.6	940.0	1 508.6	7 000	5 572
30	21.50	568.5	936.4	1 504.9	7 000	5 572

由表 12-8 可以看出,随着柔性负荷可调比例的上升,能源调度商、负荷聚合商、系统运行总成本、碳排放量和弃风、光率都逐渐降低。当可转移柔性负荷比例超过 20% 后,系统将消纳全部可再生能源,不存在弃风、弃光现象。此后,除用户不舒适度成本逐渐上升,其他系统各单元成本的降低幅度变小,碳排放量趋于稳定。

这是因为随着柔性负荷可调比例的逐渐上升,以及在系统分时电价的作用下,白天的实际负荷量逐渐降低,夜间的负荷量逐渐增加。随着一天内实际负荷量的变化,系统优化各机组出力,合理地调度资源。白天减少火电机组的出力,夜晚提升可再生能源的消纳能力,减少弃风量。当柔性负荷调节比例超过 20% 后,系统各机组出力逐渐趋于稳定,只有负荷聚合商的购能成本随着柔性负荷调节比例的变化而变化,因此,系统运行的总成本的降低幅度很小,碳排放量逐渐趋于稳定。

综上所述,虽然调节不同比例的可转移柔性负荷可以优化系统参数,但随着调节比例的不断增大,优化效果慢慢趋于平缓,且造成用户不舒适度补偿成本不断上升,影响用户的用电满意度。

12.6　结　　论

本章计及 LCA 碳排放,构建源荷双侧合作博弈优化调度模型。将能源调度商和负荷聚合商进行协同运行,以合作联盟总成本最小为目标,并利用改进的 Shapley 值法对联盟收益进行分配,通过算例分析得出如下结论。

(1)建立计及 LCA 碳排放的源荷双侧合作博弈优化模型,综合考虑设备生产、输送、运行碳排放,使模型更加贴近实际。通过源荷双侧合作运行,既降低合作联盟总成本,又减少系统碳排放量,同时引入 P2G 设备,进一步提升可再生能源的消纳能力,实现 EDP 和 LA 的双赢,达到系统运行的低碳经济性目标。

（2）通过算例分析对比,设置不同比例柔性负荷可优化源荷合作运行的低碳经济性,提升可再生能源的消纳能力。随着柔性负荷比例的不断增大,系统总成本的降低幅度变小,碳排放量趋于稳定,系统优化效果慢慢趋于平缓,但增加了用户补偿成本,降低了用户用电舒适度。

参考文献

[1] 周任军,孙洪,唐夏菲,等. 双碳量约束下风电-碳捕集虚拟电厂低碳经济调度[J]. 中国电机工程学报,2018,38(6):1675-1683,1904.

[2] 文劲宇,周博,魏利屾. 中国未来电力系统储电网初探[J]. 电力系统保护与控制,2022,50(7):1-10.

[3] 陈志杰,李凤婷,赵新利,等. 考虑源荷特性的双层互动优化调度[J]. 电力系统保护与控制,2020,48(1):135-141.

[4] LI Y,WANG C L,LI G Q,et al. Optimal scheduling of integrated demand response-enabled integrated energy systems with uncertain renewable generations:a Stackelberg game approach [J]. Energy Conversion and Management,2021,235:113996.

[5] 陈寒,唐忠,鲁家阳,等. 基于 CVaR 量化不确定性的微电网优化调度研究[J]. 电力系统保护与控制,2021,49(5):105-115.

[6] 任德江,吴杰康,毛骁,等. 考虑风电消纳的综合能源系统源荷协调运行优化方法[J]. 智慧电力,2019,47(9):37-44.

[7] 傅质馨,李紫嫣,朱俊澎,等. 面向多用户的多时间尺度电力套餐与家庭能量优化策略 [J]. 电力系统保护与控制,2022,50(11):21-31.

[8] LIU P Y,DING T,ZOU Z X,et al. Integrated demand response for a load serving entity in multi-energy market considering network constraints [J]. Applied Energy, 2019, 250:512-529.

[9] 负保记,张恩硕,张国,等. 考虑综合需求响应与"双碳"机制的综合能源系统优化运行 [J]. 电力系统保护与控制,2022,50(22):11-19.

[10] 刘文霞,姚齐,王月汉,等. 基于阶梯型需求响应机制的供需主从博弈电源规划模型 [J]. 电力系统自动化,2022,46(20):54-63.

[11] LI Y,WANG B,YANG Z,et al. Optimal scheduling of integrated demand response-enabled community-integrated energy systems in uncertain environments[J]. IEEE Transactions on Industry Applications,2021,58(2):2640-2651.

[12] 张靠社,冯培基,张刚,等.考虑源荷不确定性的 CCHP 型微网多目标优化调度[J].电力系统保护与控制,2021,49(17):18-27.

[13] GU H F,LI Y,YU J,et al. Bi-level optimal low-carbon economic dispatch for an industrial park with consideration of multi-energy price incentives[J]. Applied Energy,2020,262:114276.

[14] 王泽森,石岩,唐艳梅,等.考虑 LCA 能源链与碳交易机制的综合能源系统低碳经济运行及能效分析[J].中国电机工程学报,2019,39(6):1614-1626.

[15] 夏德建,任玉珑,史乐峰.中国煤电能源链的生命周期碳排放系数计量[J].统计研究,2010,27(8):82-89.

[16] 姜子英,潘自强,邢江,等.中国核电能源链的生命周期温室气体排放研究[J].中国环境科学,2015,35(11):3502-3510.

[17] LI X,OU X M,ZHANG X,et al. Life-cycle fossil energy consumption and greenhouse gas emission intensity of dominant secondary energy pathways of China in 2010[J]. Energy,2013,50:15-23.

[18] 付子航.煤制天然气碳排放全生命周期分析及横向比较[J].天然气工业,2010,30(9):100-104,130.

[19] 樊金璐,吴立新,任世华.碳减排约束下的燃煤发电与天然气发电成本比较研究[J].中国煤炭,2016,42(12):14-17.

[20] 董志强,马晓茜,张凌,等.天然气利用对环境影响的生命周期分析[J].天然气工业,2003(6):126-130.

[21] 贾亚雷,王继选,韩中合,等.基于 LCA 的风力发电、光伏发电及燃煤发电的环境负荷分析[J].动力工程学报,2016,36(12):1000-1009.

[22] 杨东,刘晶茹,杨建新,等.基于生命周期评价的风力发电机碳足迹分析[J].环境科学学报,2015,35(3):927-934.

[23] 郭敏晓.风力、光伏及生物质发电的生命周期 CO_2 排放核算[D].北京:清华大学,2012.

[24] 翁琳,陈剑波.光伏系统基于全生命周期碳排放量计算的环境与经济效益分析[J].上海理工大学学报,2017,39(3):282-288.

[25] 刘臣辉,詹晓燕,范海燕,等.多晶硅-光伏系统碳排放环节分析[J].太阳能学报,2012,33(7):1158-1163.

[26]谭艳秋.电力系统应用中电池储能系统的生命周期温室气体影响分析[D].南京:南京大学,2017.

[27]方仍存,杨洁,周奎,等.计及全生命周期碳成本的园区综合能源系统优化规划方法[J].中国电力,2022,55(12):135-146.

[28]张沈习,王丹阳,程浩忠,等."双碳"目标下低碳综合能源系统规划关键技术及挑战[J].电力系统自动化,2022,46(8):189-207.

[29]徐业琰,廖清芬,刘涤尘,等.基于综合需求响应和博弈的区域综合能源系统多主体日内联合优化调度[J].电网技术,2019,43(7):2506-2518.

[30]于娜,李伟蒙,黄大为,等.计及可转移负荷的含风电场日前调度模型[J].电力系统保护与控制,2018,46(17):61-67.

[31]刘文霞,王丽娜,张帅,等.基于合作博弈论的日前自备电厂与风电发电权交易模型[J].电网技术,2022,46(7):2647-2658.

[32]潘华,高旭,姚正,等.计及储能效益的综合能源系统利益分配机制研究[J].智慧电力,2022,50(5):25-32.

[33]蒋从伟,欧庆和,吴仲超,等.基于联盟博弈的多微网共享储能联合配置与优化[J].中国电力,2022,55(12):11-21.

[34]冯俊宗,何光层,代航,等."双碳"目标下基于合作博弈的"源-荷"低碳经济调度[J].电测与仪表,2022,59(4):120-127.

[35]孙惠娟,刘昀,彭春华,等.计及电转气协同的含碳捕集与垃圾焚烧虚拟电厂优化调度[J].电网技术,2021,45(9):3534-3545.

► 第 13 章　基于典型日选择的风能/光伏/电动汽车规模优化博弈

13.1　引　　言

随着化石能源的逐渐枯竭和环境问题的日益突出,风能和太阳能因其清洁、可再生的特点成为重点研究对象,近年来发展迅速[1]。然而,风电和光伏发电的强随机性和不确定性对电网的安全稳定运行产生了负面影响[2]。与此同时,电动汽车作为一种新型的交通工具,越来越受到人们的关注,其已成为未来汽车工业可持续发展的关键因素[3]。此外,电动汽车 V2G 模式不仅平滑了区域能源波动,而且大大提高了高渗透率可再生能源的接纳能力和利用效率[4]。

容量配置是微电网发展规划的重要依据,其核心问题是如何找到最优的电力容量规划和分配方案,以满足供电可靠性和降低建设成本的要求,同时推动新能源产业的发展和建设[5]。目前,科学合理地确定以风电、光伏发电和电动汽车为能源单元的多能互补混合动力系统(hybrid power systems,HPSs)的最优配置已逐渐成为研究热点[6-8]。文献[9]采用序列蒙特卡洛法分析了不同容量配置下风电-光伏-抽水蓄能的 HPSs 经济性和可靠性。文献[10]利用确定性方法建立了一个包含风能、光伏和柴油的独立混合动力系统模型,并分析了有/无蓄电池的能源系统的容量配置结果,以验证蓄电池的优越性。文献[11]提出了一种遗传算法来优化独立太阳能-风能混合系统的容量配置,其不仅满足了用户的供电损失概率,还降低了系统的年化成本。文献[12]利用高效的人工蜂群优化算法对风力涡轮机(WT)、光伏发电(PV)和燃料电池(FCs)混合动力系统进行了优化,通过最大允许供电损失概率的指标验证了 PV-WT-FC 系统的有效性。文献[13]研究了含光伏和电动汽车的微电网系统,验证了 V2G 技术可提高光伏发电的自消耗量。文献[14]设计了 Salp-Swarm 优化算法,用于优化电压源逆变器控制参数与光伏发电和电动汽车充电站的组合问题。文献

[15]采用聚类算法和神经网络,对电动汽车充电和光伏发电的随机性和不确定性进行了预测,通过合理引导电动汽车充电,以提高微电网可再生能源的消纳。文献[16-20]均假设所有新能源发电设备投资者都属于同一个体,并采用智能优化算法来解决最优容量分配规划问题。

尽管上述研究开展了许多出色的工作,但大多数都是基于单一的利益相关者,如微电网或发电设备投资者。然而,随着可再生能源和多种能源并网调度的政策,在相关的能源分配和管理中,必须考虑多个利益相关者[21]。博弈论是解决多个利益相关者之间利益分配和管理的有效工具。目前,一些学者已经开始关注这方面的研究。文献[22]提出了一种基于合作博弈论的网格聚类微电网模型,并采用纳什议价法求解规模分配问题,以实现各微网经济利润最大化。文献[23]建立了多个微电网和配电之间的贸易框架,并采用KKT方法寻找纳什均衡解。文献[24]利用潜在博弈模型求解发电机组的经济调度问题,并采用分布式方法和惩罚函数对不等式约束进行合并,将不等式约束转化为可行动作集。文献[25]采用主从博弈方法对电动汽车与电网之间的相互作用进行建模,以限制电动汽车的负荷波动和提高电动汽车的效益。然而,尽管研究人员考虑了电动汽车的V2G技术,但处理电动汽车的不确定性的方法相对简单。

此外,典型日选择是HPSs规划设计中最重要的因素,其目的是利用有限且具有权重的典型日集,保留尽可能多的有效信息,减少优化模型的计算量和复杂度。选取典型日的目的是尽可能保留有效的时间序列信息,减少HPSs规划设计中的计算量。在原始数据的基础上,选取具有权重向量的几组具有代表性的日负荷和天气数据,用于后续风电、光伏和电动汽车的新能源容量分配规划。因此,典型日的选择结果将对HPSs中新能源发电设备的容量配置产生较大影响[26]。文献[27]采用k-MILP聚类方法选择多能系统设计的典型日和极端日。然而,在处理大规模数据时,聚类方法也存在耗时大、容易陷入局部最优的问题。文献[28]采用场景削减方法对距离和时间并行优化。然而,当代表日数量较小时,某一典型日的负荷需求和资源总量与原始数据存在一定偏差。文献[29]采用拉丁超立方采样(LHS)方法保证了空间投影的均匀性,但难以保持原始数据的时间序列。由于无法对典型日的权重进行优化,资源总量与负荷需求存在较大偏差。

综上所述,目前已有多种基于典型日选择的新能源容量分配求解方法。然而,在电动汽车大规模并入电网的背景下,利用博弈模型、容量优化,以及风电、光伏发电和电动汽车配置的相关著作和成果却很少。针对上述问题,本章开展了基于典型日选取的风电、光伏发电和电动汽车博弈容量配置研究。首先,考虑典型信息和极端信息,选取了一组加权典型日组合;其次,考虑各博弈方的经济因素,如电力销售收入、供电可靠性、环境效益、投资和发电设备成本等,建立基于非合作博弈论的新能源发电系统最优容量分配模型;最后,通过迭代搜索法来寻找纳什均衡点,解决了不同发电设备投资者之间的经济博弈问题,确保了资源的综合高效利用。

13.2 系统模型和问题的规划

13.2.1 系统框架

HPSs 框架结构图如图 13-1 所示,建立了一个由 WT、PV 和 EVs 组成的并网型混合电力系统。中央聚合器同时考虑了 HPSs 的功率差异和车主的出行需求,通过调节充电和放电指令来管理电动汽车的调度。电负载需求主要由 HPSs 中的设备发电商提供。当 HPSs 输出的功率不能满足负荷需求时,HPSs 就会向电网公司购买电力,以满足负荷需求;相反,电网公司可以通过购电来防止弃电。

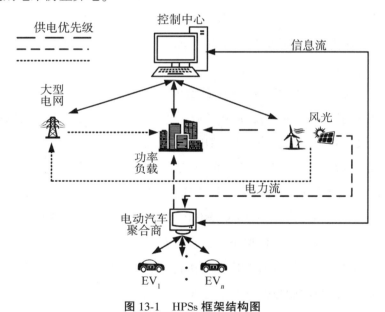

图 13-1 HPSs 框架结构图

13.2.2 典型日选择模型

受计算效率和求解规模的限制,用原始数据模拟求解容量规划模型是比较困难的,因为原始数据涵盖场地一年以上的气象条件。典型日的选取对提高产能规划的效益具有重要意义。其中一个主要因素是求解模型的效率,它应该最小化从原始数据中选择的具有代表性的天数总数;另一个主要因素是选择结果的准确性,这主要与距离值有关。目标是尽可能快地减小所选结果与原始数据之间的距离。因此,优化模型通过选择一组具有代表性的天数

和相应的权重,使典型日天数和距离之和达到最小,其公式为

$$\begin{cases} \min_{u_d} \sum_{d \in D} u_d \\ \min_{w_d} (\sum Dis_{res}) \end{cases} \tag{13-1}$$

式中,u_d 为典型日 d 的选择结果,是一个二元变量,如果 d 是典型日,其值等于 1,否则不选择 d;Dis_{res} 为原始数据与典型日的加权值之间的负荷与资源的欧氏距离的绝对值[26],其定义为

$$Dis_{res} = \sum_{t=1}^{24} \left| \sum_{d \in D} w_d \cdot S_{d,t}^{rep} - \sum_{d_0 \in D_0} S_{d_0,t}^{ori} \right| \tag{13-2}$$

式中,$S_{d,t}^{rep}$ 为典型日 d 第 t 时段的负荷和资源值;$S_{d_0,t}^{ori}$ 为典型日 d_0 第 t 时段的负荷和资源原始值;D 为所有典型日的集合;D_0 为原始日的集合。

约束条件为

$$\sum_{d \in D} u_d \geqslant 1 \tag{13-3}$$

$$u_d \in \{0,1\}, \forall d \in D \tag{13-4}$$

$$\sum_{d \in D} w_d = N_{total} \tag{13-5}$$

式中,N_{total} 为一年的总天数,即 $N_{total} = 365$。

基于混合整数多目标线性规划(MIMLP)框架,建立了具有代表性的典型日选择模型,采用两阶段模糊规划方法进行求解,得到折中规划结果[32]。具体求解过程如下。

步骤 1:根据单个目标的极值构造隶属度函数,并计算多目标规划问题的隶属度函数。

$$\boldsymbol{O}^+ = [z_1^+, \cdots, z_q^+, w_1^+, \cdots, w_r^+]$$
$$\boldsymbol{O}^- = [z_1^-, \cdots, z_q^-, w_1^-, \cdots, w_r^-] \tag{13-6}$$

式中,$\boldsymbol{O}^+$ 和 $\boldsymbol{O}^-$ 分别为所有目标函数的最大值和最小值向量;z_q 和 w_r 分别为第 q 个最大化问题和第 r 个最小化问题的目标函数。

步骤 2:取所有隶属函数的最小值计算单目标线性规划,并将其作为新的规划目标。

$$\begin{cases} \max \lambda \\ \text{s. t. } \lambda \leqslant \left[\dfrac{Z_k(x) - Z_k^-}{Z_k^+ - Z_k^-} \right], \quad (k=1, \cdots, q) \\ \lambda \leqslant \left[\dfrac{W_s^- - W_s(x)}{W_s^- - W_s^+} \right], \quad (s=1, \cdots, r) \\ x \in X \end{cases} \tag{13-7}$$

式中,q 和 r 分别为最大化和最小化问题的个数;λ 为隶属度,表示决策者对相应目标函数的满意程度。

步骤 3:计算单个目标的隶属度作为最小约束。然后最大化所有隶属函数的和,得到多

目标折中规划结果。

$$
\begin{cases}
\max \lambda^- = \dfrac{1}{q+r}\left[\displaystyle\sum_{k=1}^{q}\lambda_k + \sum_{s=1}^{r}\lambda_s\right] \\[3mm]
\text{s. t.}\ \lambda \leqslant \lambda_k \leqslant \left[\dfrac{Z_k(x) - Z_k^-}{Z_k^+ - Z_k^-}\right], \quad (k = 1, \cdots, q) \\[3mm]
\lambda \leqslant \lambda_s \leqslant \left[\dfrac{W_s^- - W_s(x)}{W_s^- - W_s^+}\right], \qquad (s = 1, \cdots, r) \\[3mm]
\lambda_k, \lambda_s \in [0,1] \\[2mm]
x \in X
\end{cases}
\tag{13-8}
$$

13.2.3　EV 集群模型

随着电动汽车使用量的不断增加,将单一车辆作为建模和调度对象时,会出现维度问题。解决这一问题的有效方法是根据车辆行为对电动汽车进行聚类。根据大量车辆行驶时间的行为统计,可以得到大规模电动汽车的概率密度函数(probability density function, PDF)[33]。电动汽车进入和离开电网的时间服从正态分布,相应的概率密度函数如下。

$$
f(t) = \frac{1}{\sqrt{2\pi}\delta_s}\exp\left[-\frac{(t-\eta_s)^2}{2\delta_s^2}\right]
\tag{13-9}
$$

式中,η_s 和 δ_s 分别为电动汽车进入和离开 HPSs 的概率密度函数的均值和方差。

以此为基础随机抽样,模拟每个电动汽车车主的 24 h 驾驶模式,没有考虑不同电动车车主的不同驾驶习惯,只关注电动汽车进入和离开电网的时间间隔(也称为"可调度时间")。电动汽车在一天内采用两种调度模式,即日间调度和夜间调度。根据电动汽车的可调度时间,将其聚类为 12 组不同的电动汽车集群,如图 13-2 所示。每个集群都被认为是大容量电动汽车,因为它们的出行习惯相同。

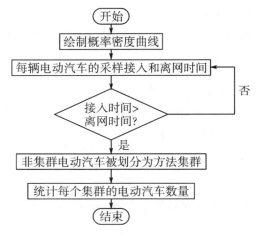

图 13-2　EV 集群流程图

EV 集群图和持续时间窗口图如图 13-3 所示。图 13-3 显示了一个案例,以便更好地了解 EV 集群。在这种情况下,在调度时段有 6 个电动汽车集群。在时间段 8 中,集群 1、2 和 3 已经连接到 HPSs,集群 4、5 和 6 处于行进周期。因此,将集群 1、2 和 3 的数量视为时间段 8 中的可调度 EV。在时间段 17,集群 1 和 4 已经离开,集群 2、3、5 和 6 是可调度的电动汽车。在集群 1 中,正在进行的窗口为时间段 8 到 16。EV 聚类规则见表 13-1 所列。

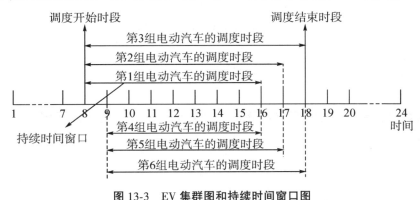

图 13-3　EV 集群图和持续时间窗口图

表 13-1　EV 聚类规则

集群	接入时间	离开时间	集群	接入时间	离开时间
1	08:00	16:00	7	17:00	07:00
2	08:00	17:00	8	17:00	08:00
3	08:00	18:00	9	18:00	07:00
4	09:00	16:00	10	18:00	08:00
5	09:00	17:00	11	19:00	07:00
6	09:00	18:00	12	19:00	08:00

对于剩下的少量不在集群内的车辆,则采用"就近原则"(如电动汽车在 7:00 接入,在 17:00 离开,被归入集群 3)。在一个集群中,电动汽车接入和离开电网的时间,以及每辆电动汽车的能量变化几乎相同。同一个集群中的所有车辆都可以被视为一个整体。这一原则不仅能保持容量规划模型的准确性,还能提高其求解效率。

13.2.4　发电机组型号

13.2.4.1　风力发电

风力涡轮机(WT)的有功功率输出与风速 v 和额定功率之间呈分段函数关系[34]。风电机组有功功率输出的特性曲线如图 13-4 所示。

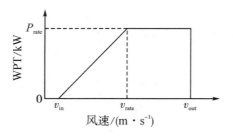

图 13-4　WT 输出的特性曲线

13.2.4.2　光伏发电

光伏的有功功率输出与其额定容量和光照强度有关[35]。功率曲线用于描述随照明强度和光照率变化的分段函数的主动输出,如图 13-5 所示。

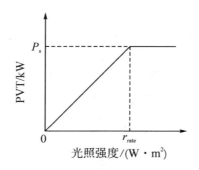

图 13-5　输出型光伏发电机组的特性曲线

13.2.4.3　电动汽车

为了保证 HPSs 供电的可靠性,控制中心可以调度电动汽车的充放电,以满足车主的出行需求。HPSs 的负荷短缺定义为

$$\Delta P^{d,t} = p_w^{d,t} + p_s^{d,t} - P_d^{d,t} \tag{13-10}$$

式中,$p_w^{d,t}$、$p_s^{d,t}$ 分别为风电、光伏在典型日 d 第 t 时段的输出功率;$P_d^{d,t}$ 为典型日 d 第 t 时段的负荷需求。

电动汽车在 t 时刻的电量状态既与前一时期的电量有关,也与当前时期的负载短缺有关。当微电网系统的输出功率过大时,电动汽车充电;反之,电动汽车放电。因此,电动汽车在典型日 d 的时段 t 中的功率水平可表示为

$$P_{EV}^{d,t} = P_{ev,start}^{d,t} + \Delta P^{d,t} \tag{13-11}$$

$$P_{ev,start}^{d,t} = N_{ev}^{d,t} p_{ev} SOC^{d,t-1} \tag{13-12}$$

$$N_{\text{ev}}^{d,t} = \sum_{k=1}^{12} N_{\text{EV}}^{d,t,k} \tag{13-13}$$

式中，$P_{\text{ev,start}}^{d,t}$ 为典型日 d 第 t 时段的电动汽车调度起始功率水平；$N_{\text{ev}}^{d,t}$ 为典型日 d 第 t 时段可供调度的电动汽车数量；$N_{\text{EV}}^{d,t,k}$ 为典型日 d 第 t 时段 k 组中的电动汽车数量；p_{ev} 为电动汽车的额定容量；$\text{SOC}^{d,t-1}$ 为典型日 d 第 $t-1$ 时段电动汽车的充电状态。

为确保电池的使用寿命，电动汽车在 t 时段的电量应高于最小电量，电量约束条件为

$$N_{\text{ev}}^{d,t} p_{\text{ev}} (1-\theta) \leqslant P_{\text{EV}}^{d,t} \leqslant N_{\text{ev}}^{d,t} p_{\text{ev}} \tag{13-14}$$

式中，θ 为电动汽车的最大放电深度。

13.3　参与者利润

13.3.1　风能利润

风电收入主要来自售电，售电是根据电力负荷、线路的最大输电容量以及其他竞争对手的输出功率来确定的。考虑到负荷需求、电动汽车功率水平以及向高压发电机大电网的输送功率，混合动力系统的最大吸收功率定义为

$$P_{\text{max}}^{d,t} = P_{\text{d}}^{d,t} + P_{\text{ch,max}}^{d,t} + P_{l,\text{max}} \tag{13-15}$$

式中，$P_{\text{ch,max}}^{d,t}$ 为典型日 d 第 t 时段电动汽车的最大充电功率；$P_{l,\text{max}}$ 为输送到线路大电网的最大功率。

系统的剩余功率定义为新能源发电量与最大吸收功率之差：

$$P_{\text{MAR}}^{d,t} = p_{\text{w}}^{d,t} + p_{\text{s}}^{d,t} - P_{\text{max}}^{d,t} \tag{13-16}$$

参与者的售电收入采用多投资、多收入来源的原则。混合动力系统输出的电力供不应求，产生的风力发电全部出售。否则，电力输出供不应求，造成电力浪费。风力发电的销售情况如下。

$$P_{\text{w,SEL}}^{d,t} = \begin{cases} p_{\text{w}}^{d,t}, & P_{\text{MAR}}^{d,t} \leqslant 0 \\ \dfrac{p_{\text{w}}^{d,t} P_{\text{max}}^{d,t}}{p_{\text{w}}^{d,t} + p_{\text{s}}^{d,t}}, & P_{\text{MAR}}^{d,t} > 0 \end{cases} \tag{13-17}$$

风电的电力购买者包括负荷需求、电动汽车和大电网。风电销售收入计算公式如下。

$$I_{\text{w,SEL}} = I_{\text{w,SEL}}^{\text{load}} + I_{\text{w,SEL}}^{\text{ev}} + I_{\text{w,SEL}}^{\text{grid}} \tag{13-18}$$

$$I_{\text{w,SEL}}^{\text{load}} = \sum_{d=1}^{D} \sum_{t=1}^{T} R_1 P_{\text{w,load}}^{d,t} w_d \Delta t \tag{13-19}$$

$$I_{w,SEL}^{ev} = \sum_{d=1}^{D} \sum_{t=1}^{T} R_2 P_{w,ev}^{d,t} w_d \Delta t \tag{13-20}$$

$$I_{w,SEL}^{grid} = \sum_{d=1}^{D} \sum_{t=1}^{T} R_3 P_{w,grid}^{d,t} w_d \Delta t \tag{13-21}$$

$$P_{w,SEL}^{d,t} = P_{w,load}^{d,t} + P_{w,ev}^{d,t} + P_{w,grid}^{d,t} \tag{13-22}$$

式中,R_1、R_2 和 R_3 分别为负载、电动汽车和大电网的购买价格;Δt 为调度间隔,$\Delta t = 1$ h。

为了减少空气污染,政府鼓励利用新能源进行清洁发电,并向设备投资者提供经济补贴。政府补贴功能表示为

$$I_{w,SUB} = R_{SUB} \sum_{d=1}^{D} \sum_{t=1}^{T} P_{w,SEL}^{d,t} w_d \Delta t \tag{13-23}$$

式中,R_{SUB} 为政府补贴电力的价格。

新能源发电设备年投资成本定义如下。

$$C_{w,INV} = P_W U_W f_{w,cr} \tag{13-24}$$

$$f_{w,cr} = \frac{r(1+r)^{L_W}}{(1+r)^{L_W} - 1} \tag{13-25}$$

式中,U_W 为 WT 单位功率成本;$f_{w,cr}$、r 分别为 WT 的资金回收系数和资金贴现率;L_W 为 WT 的使用寿命。

由于技术和实际环境的限制,发电设备在达到使用寿命后会报废。设备投资者将获得少量的报废收益。年当量回收收益定义如下。

$$I_{w,REC} = \frac{P_W D_W r}{(1+r)^{L_W} - 1} \tag{13-26}$$

式中,D_W 为 WT 单位功率的报废收益。

新能源发电设备年维护成本定义如下。

$$C_{w,SER} = P_W M_W \tag{13-27}$$

式中,M_W 为 WT 单位功率的年维护成本。

当风电和光伏的输出足够大时,将向电动汽车和大电网输送电力,就会出现弃风、弃光伏的现象。能量损失的惩罚函数定义如下。

$$P_{w,waste}^{d,t} = \begin{cases} 0, & P_{MAR}^{d,t} \leqslant 0 \\ p_w^{d,t} - P_{w,SEL}^{d,t}, & P_{MAR}^{d,t} > 0 \end{cases} \tag{13-28}$$

$$C_{w,GV} = k_{waste} \sum_{d=1}^{D} \sum_{t=1}^{T} P_{w,waste}^{d,t} w_d \Delta t \tag{13-29}$$

式中,$P_{w,waste}^{d,t}$ 为典型日 d 第 t 时段的弃风量;$C_{w,GV}$、k_{waste} 分别为风电损失的惩罚成本和惩罚系数。

HPSs 的不平衡功率定义为负载需求与各机组输出功率之差,表示为

$$\Delta P_l^{d,t} = P_d^{d,t} - (p_w^{d,t} + p_s^{d,t} + P_{Dch,max}^{d,t}) \tag{13-30}$$

式中,$P_{Dch,max}^{d,t}$ 为典型日 d 第 t 时段电动汽车的最大放电功率。

当各参与者协调调度不能满足负荷需求时,必须向大电网购电,表示为

$$P_{BUY}^{d,t} = \begin{cases} 0, & \Delta P_l^{d,t} \leq 0 \\ \Delta P_l^{d,t}, & 0 < \Delta P_l^{d,t} \leq P_{l,max} \\ P_{l,max}, & \Delta P_l^{d,t} > P_{l,max} \end{cases} \tag{13-31}$$

传统的火力发电会产生二氧化碳、二氧化硫、氮氧化物等温室气体。购买力应考虑温室气体的污染排放成本。该函数表示如下。

$$C_{PUR} = \sum_{d=1}^{D} \left(\sum_{t=1}^{T} \varepsilon P_{BUY}^{d,t} + \sum_{t=1}^{T} \sum_{j=1}^{J} a_j b_j P_{BUY}^{d,t} \right) w_d \Delta t \tag{13-32}$$

$$C_{w,PUR} = \frac{C_{PUR} P_W}{P_W + P_S + P_{EV}} \tag{13-33}$$

$$P_{EV} = 24 N_{EV} \tag{13-34}$$

式中,a_j、b_j 分别为气体污染物排放系数和管理成本;ε、C_{PUR} 分别为电厂从大电网购电的电价和购电成本;$C_{w,PUR}$ 为风电购电成本;N_{EV} 为参与电厂调度的电动汽车数量。

在电力公司与 HPSs 之间的最大传输容量下,当电力公司的购电量无法满足电力短缺时,就会发生停电。为了补偿用户在停电时的经济损失,需要 HPSs 支出,可表示为

$$P_{EENS}^{d,t} = \begin{cases} 0, & \Delta P_l^{d,t} \leq P_{l,max} \\ \Delta P_l^{d,t} - P_{l,max}, & \Delta P_l^{d,t} > P_{l,max} \end{cases} \tag{13-35}$$

$$C_{EENS} = v \sum_{t=1}^{T} P_{EENS}^{d,t} \Delta t \tag{13-36}$$

$$C_{w,EENS} = \frac{C_{EENS} P_W}{P_W + P_S + P_{EV}} \tag{13-37}$$

式中,v 为断电补偿系数;$P_{EENS}^{d,t}$ 为典型日 d 第 t 时段的断电量。

风电设备投资者的经济效益可表示为

$$F_W = I_{w,SEL} + I_{w,SUB} + I_{w,REC} - C_{w,INV} - C_{w,SER} - C_{w,GV} - C_{w,PUR} - C_{w,EENS} \tag{13-38}$$

13.3.2　光伏利润

光伏发电年售电利润如下。

$$P_{s,SEL}^{d,t} = \begin{cases} p_s^{d,t}, & P_{MAR}^{d,t} \leq 0 \\ \dfrac{p_s^{d,t} P_{max}^{d,t}}{p_w^{d,t} + p_s^{d,t}}, & P_{MAR}^{d,t} > 0 \end{cases} \tag{13-39}$$

光伏发电的售电收入与风电相似,可表示为

$$I_{s,SEL} = I_{s,SEL}^{load} + I_{s,SEL}^{ev} + I_{s,SEL}^{grid} \tag{13-40}$$

政府对光伏发电的年度补贴可表示为

$$I_{s,SUB} = R_{SUB} \sum_{d=1}^{D} \sum_{t=1}^{T} P_{s,SEL}^{d,t} w_d \Delta t \tag{13-41}$$

光伏发电设备报废的年回收收益可表示为

$$I_{s,REC} = \frac{P_S D_S r}{(1+r)^{L_S} - 1} \tag{13-42}$$

光伏发电的年管理维护费用可表示为

$$C_{s,SER} = P_S M_S \tag{13-43}$$

光伏发电设备的年投资成本可表示为

$$C_{s,INV} = P_S U_S f_{s,cr} \tag{13-44}$$

光伏发电的年购电成本分担可表示为

$$C_{s,PUR} = \frac{C_{PUR} P_S}{P_W + P_S + P_{EV}} \tag{13-45}$$

光伏发电的年度停电惩罚分担成本可表示为

$$C_{s,EENS} = \frac{C_{EENS} P_S}{P_W + P_S + P_{EV}} \tag{13-46}$$

放弃光伏发电的年度罚款成本可表示为

$$C_{s,GV} = k_{waste} \sum_{d=1}^{D} \sum_{t=1}^{T} P_{s,waste}^{d,t} w_d \Delta t \tag{13-47}$$

光伏发电的经济效益可表示为

$$F_S = I_{s,SEL} + I_{s,SUB} + I_{s,REC} - C_{s,INV} - C_{s,SER} - C_{s,GV} - C_{s,PUR} - C_{s,EENS} \tag{13-48}$$

13.3.3 电动汽车利润

电动汽车作为一种辅助设备,连接到混合动力系统中,以平滑功率波动并提供能量缓冲。为了提高电动汽车车主的参与积极性,需要对车主提供一定的经济激励。激励政策是以较低的价格为电动汽车充电,以吸收 HPSs 的剩余电能。当 HPSs 输出功率不足时,将电动汽车放电出售给负载需求。每年的辅助收入介绍如下。

$$P_{Dch}^{d,t} = \begin{cases} 0, & P_{ev,start}^{d,t} < P_{EV}^{d,t} \\ P_{ev,start}^{d,t} - P_{EV}^{d,t}, & P_{ev,start}^{d,t} \geqslant P_{EV}^{d,t} \end{cases} \tag{13-49}$$

$$P_{ch}^{d,t} = \begin{cases} P_{ev,start}^{d,t} - P_{EV}^{d,t}, & P_{ev,start}^{d,t} < P_{EV}^{d,t} \\ 0, & P_{ev,start}^{d,t} \geqslant P_{EV}^{d,t} \end{cases} \tag{13-50}$$

式中，$P_{\text{Dch}}^{d,t}$ 和 $P_{\text{ch}}^{d,t}$ 分别为典型日 d 第 t 时段电动汽车的放电功率和充电功率。电动汽车辅助收入表示如下。

$$I_{\text{ev,CPS}} = \sum_{d=1}^{D} \sum_{t=1}^{T} (R_1 P_{\text{Dch}}^{d,t} - R_2 P_{\text{ch}}^{d,t}) w_d \Delta t \qquad (13\text{-}51)$$

由于电动汽车设备的购买者是其所有者，因此不考虑年度设备投资、维护成本、设备报废收益等经济因素。

电动汽车年度购电成本分担可表示为

$$C_{\text{ev,PUR}} = \frac{C_{\text{PUR}} P_{\text{EV}}}{P_{\text{W}} + P_{\text{S}} + P_{\text{EV}}} \qquad (13\text{-}52)$$

电动汽车年度停电惩罚分担成本可表示为

$$C_{\text{ev,EENS}} = \frac{C_{\text{EENS}} P_{\text{EV}}}{P_{\text{W}} + P_{\text{S}} + P_{\text{EV}}} \qquad (13\text{-}53)$$

电动汽车的经济效益可表示为

$$F_{\text{EV}} = I_{\text{ev,CPS}} - C_{\text{ev,PUR}} - C_{\text{ev,EENS}} \qquad (13\text{-}54)$$

13.4　博弈论模型与解决方案

13.4.1　博弈理论

博弈论是现代数学的一个重要分支，主要研究多个决策主体之间的利益冲突或利益关联。它是研究多个决策主体之间利益冲突或相关性的有效工具。各决策主体根据所获得的信息和对自身能力的了解，形成有利于自身决策的理论。

基于电力交易原理，建立了新能源并网电站容量规划的博弈模型。参与者是 WT、PVT 和 EV 聚合者。每个参与者的策略是分配容量，优化目标是使他们的收益最大化，最终形成如下的非合作博弈模型。

（1）参与者。

$$N = \{W, S, EV\}$$

（2）策略。

$$P = \{P_{\text{W}}, P_{\text{S}}, N_{\text{EV}}\}$$

（3）利润。

$$F_{\text{W}}(P_{\text{W}}, P_{\text{S}}, N_{\text{EV}}), F_{\text{S}}(P_{\text{W}}, P_{\text{S}}, N_{\text{EV}}), F_{\text{EV}}(P_{\text{W}}, P_{\text{S}}, N_{\text{EV}})$$

纳什均衡应满足以下条件。

$$P_{\text{W}}^* = \arg_{P_{\text{W}}}^{\max}(P_{\text{W}}, P_{\text{S}}^*, N_{\text{EV}}^*)$$

$$P_{\text{S}}^* = \arg_{P_{\text{S}}}^{\max}(P_{\text{W}}^*, P_{\text{S}}, N_{\text{EV}}^*)$$

$$P_{\text{EV}}^* = \arg_{N_{\text{EV}}}^{\max}(P_{\text{W}}^*, P_{\text{S}}^*, N_{\text{EV}})$$

式中,P_{W}^*、P_{S}^* 和 N_{EV}^* 为其他参与者选择自己的最优策略时,每个参与者的最优策略。在容量配置下,每个参与者都能达到纳什均衡下的最大收益。

13.4.2 解决方法

在传统的多目标优化问题中,同时寻求每个目标函数的最优解。然而,在实际的优化问题中,由于目标可能相互冲突,很难找到这种解决方案。从纳什均衡解的定义来看,该博弈模型不同于传统的多目标优化问题。博弈参与者之间存在利益关系,需要独立优化各自的收益。本小节在建立博弈模型的基础上,采用迭代搜索法求解纳什均衡解。

步骤1:输入数据包括风速、光照强度、年原始数据的电力负荷。

步骤2:选择典型日。通过 MIMLP,选择一组具有代表性的天数和相应的权重。

步骤3:参数的输入容量规划模型包括电价、清洁能源发电补贴系数、线路最大传输容量、损失补偿系数等。

步骤4:初始化每个玩家的容量。初始平衡值不仅要随机选取,而且要在装机容量的限制范围内。

步骤5:优化每个参与者的策略。假设三个参与者在第 $i-1$ 轮的最佳策略为(P_{W}^{i-1}, P_{S}^{i-1}, N_{EV}^{i-1}),将其值作为第 i 轮的初始值,每个参与者通过粒子群优化(PSO)算法独立优化自己的利益函数,得到组合容量分配(P_{W}^i, P_{S}^i, N_{EV}^i)。

步骤6:判断是否找到纳什均衡解。每个参与者都不能通过改变自己的策略来提高收益。如果两轮的最优策略组合相同[(P_{W}^*, P_{S}^*, N_{EV}^*)=(P_{W}^i, P_{S}^i, N_{EV}^i)=(P_{W}^{i-1}, P_{S}^{i-1}, N_{EV}^{i-1})],则认为找到了纳什均衡解,继续步骤7。否则,进程返回步骤5。

步骤7:输出三个参与者的纳什均衡解(P_{W}^*, P_{S}^*, N_{EV}^*)和收益(F_{W}, F_{S}, F_{EV})。

HPSs 容量分配的粒子群算法流程图如图 13-6 所示,最优容量为 P_{W}、P_{S} 和 N_{EV}。最高经济收入是通过使用一组具有代表性的天数来计算的。

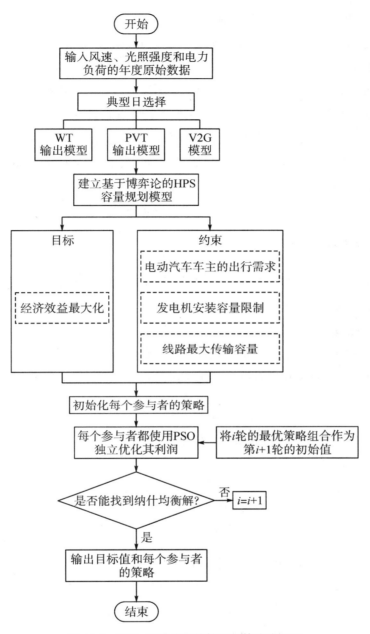

图 13-6 　HPSs 容量分配的粒子群算法流程图

13.5　仿　真　结　果

13.5.1　参数设置

为了验证所提出的 HPS 容量规划模型的可行性,以及所提出的典型日选择方法的性能,对不同的案例进行了仿真。基于负荷需求、风速、光照强度和电动汽车行驶信息,确定风电、光伏和电动汽车的最优容量配置,并分析不同参与者联盟的纳什均衡解。

模型中使用风能和光伏资源的小时单位值以及负荷需求进行典型天数的选择,在 1 h 的时间步长内均为不变。该数据的趋势是根据中国河南原始历史数据和中国玉溪某气象站一年的小时风速和太阳辐射数据确定的,如附录 D 的附图 D-22 所示。电动汽车的额定容量为 24 kW·h[36],每小时充放电限制为电动汽车电池容量的 20%,最低 SOC 为 30%。此外,为了保证电动汽车车主在离开 HPS 前的驾驶需求,假设 SOC 大于 70%,在进入 HPS 前,假设 SOC 大于 50%。假设电动汽车集群每天上路两次,其他时间可以参与 HPS 控制中心的调度指挥。η_s 设为 7、8、16.5、17.5,δ_s 设为 0.8、0.6、1.0、1.1。

13.5.2　典型日结果

典型天数的选择结果如附录 D 的附图 D-23 所示,既显示了具体天数,也显示了相应的权重。典型日的解分散在 365 个解的空间中。这意味着这些解决方案涵盖了风能和光伏资源的属性,以及 365 天的负载需求。

日负荷和资源特性指标是分析负荷和资源特性变化的基础。本小节采用的日负荷及资源特性指标包括日负荷资源比和日峰谷差比,方程如下。

$$a_1 = \frac{\frac{1}{T}\sum_{t=1}^{T}P(t)}{\max\{P(t)\}}, 1 \leq t \leq T \tag{13-55}$$

$$a_2 = \frac{\frac{1}{T}\sum_{t=1}^{T}v(t)}{\max\{v(t)\}}, 1 \leq t \leq T \tag{13-56}$$

$$a_3 = \frac{\frac{1}{T}\sum_{t=1}^{T}r(t)}{\max\{r(t)\}}, 1 \leq t \leq T \tag{13-57}$$

$$\beta_1 = \frac{\max\{P(t)\} - \min\{P(t)\}}{\max\{P(t)\}}, 1 \leq t \leq T \tag{13-58}$$

$$\beta_2 = \frac{\max\{v(t)\} - \min\{v(t)\}}{\max\{v(t)\}}, 1 \leq t \leq T \tag{13-59}$$

$$\beta_3 = \frac{\max\{r(t)\} - \min\{r(t)\}}{\max\{r(t)\}}, 1 \leq t \leq T \tag{13-60}$$

式中,a_1、a_2、a_3 分别为日负荷需求与风速、照度之比;β_1、β_2、β_3 分别为日负荷、风速、光照强度的峰谷比;T 为每天的总时间段数。

表 13-2 给出了通过 MIMLP、k-means 聚类[37]和场景削减[28]生成的负荷和资源序列的日均负荷资源比和峰谷差率结果,与原始数据接近的结果用粗体表示。k-means 聚类算法

是一种迭代求解方法,它根据每个对象与聚类中心之间的距离,将样本划分为不同类别。场景削减算法通过距离和空间距离,从原始数据中选择一组具有代表性的天数。结果表明,在大多数情况下,该方法生成的典型日序列更接近历史数据。这说明该方法可以考虑历史序列的数据特征。

表 13-2　日均负荷资源比与峰谷差率指标比较

类型	日均负载和资源比率				日均峰谷差率			
	原始数据	MIMLP	k-means 聚类	场景削减	原始数据	MIMLP	k-means 聚类	场景削减
负载	0.855 6	**0.855 1**	0.872 4	0.856 6	0.352 5	**0.356 1**	0.339 9	0.363 6
风速	0.644 2	**0.687 8**	0.735 6	0.603 5	0.674 6	**0.667 2**	0.547 1	0.715 8
光	0.285 3	0.297 1	**0.291 6**	0.277 0	1	**1**	1	1

13.5.3　不同参与者分析

风电−光伏−电动汽车系统容量分配结果见表 13-3 所列。在 HPSs 中,风力发电占主要部分。由于光伏发电的物理特性,包括高昂的安装和维护成本,以及白天的功率输出,其分配容量和经济效益与风电有一定的偏差。电动汽车在 HPSs 中起辅助作用,没有功率输出,可以平滑新能源发电的不确定性。因此,电动汽车的经济效益微乎其微。选择了四个权重较大的天数(25、96、259 和 318)作为一年中每个季节的代表。每个参与者在每个时期的电力调度策略如附录 D 的附图 D-24 所示。

表 13-3　风电−光伏−电动汽车系统容量分配结果

参与者	策略	经济/ $
P_W/kW	$1.544×10^5$	$4.863×10^7$
P_S/kW	$5.011×10^4$	$2.744×10^6$
N_{EV}	$2.821×10^3$	$1.395×10^5$

显然,大部分负荷需求是由风力发电提供的。夜间,电力负荷处于低谷期,无光伏发电输出。风电出力大,能满足电力负荷需求。同时,为了避免电力浪费,电动汽车和大电网采用充电行为来吸收多余的电力。电力被储存起来,以备以后在供过于求时放电。白天,电力需求处于高峰,风电输出较低。光伏发电弥补了风力发电的不足。同时,电动汽车通过放电满足电力负荷需求,平滑了风力发电的随机性和不确定性。附图 D-24(a)和附图 D-24(b)分别代表春季和冬季。风力发电和光伏发电的输出非常低,以至于电动汽车和大电网频繁放电以满足负荷需求。如附图 D-24(c)和附图 D-24(d)所示,在 18:00—19:00 和 20:00—21:00 时段,由于光伏输出功率较低的时间较长,负载需求较高,电动汽车的供电是一致的。

然后将混合动力系统的参与者改为只有风电和电动汽车,其他参数保持不变,风电、电动汽车系统容量分配结果见表 13-4 所列,风电装机容量增加 2.79×10⁴ kW,电动汽车保有量增加近 8 倍。由于风电与光伏发电在时间和区域上具有天然的互补特性,因此当光伏发电不参与混合发电系统时,需要增加风电容量以满足日间电力负荷的需求。此外,仅风力发电满足负荷需求时,需要大量的电动汽车来平滑风电输出,降低弃风的惩罚成本。

表 13-4　风电、电动汽车系统容量分配结果

参与者	策略	经济/ $
P_W/kW	$1.823×10^5$	$5.732×10^7$
P_S/kW	—	—
N_{EV}	$2.192×10^4$	$7.715×10^5$

风电、电动汽车系统输出调度结果如图 13-7 所示。随着风电配置容量的增加,电动汽车参与电网交互的频率越来越高。夜间 0: 00—06: 00 和 20: 00—24: 00 时段,风资源丰富,发电量高。电动汽车充电以吸收多余的电力为主。白天 09: 00—15: 00 时段,风电资源相对稀缺,无光伏发电输出。因此,电动汽车需要持续放电来补充风电,特别是在夏季光伏资源丰富的阶段。

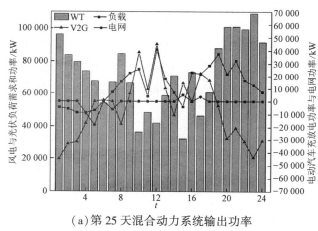

(a)第 25 天混合动力系统输出功率

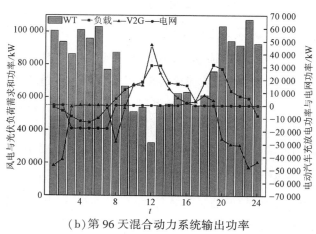

(b)第 96 天混合动力系统输出功率

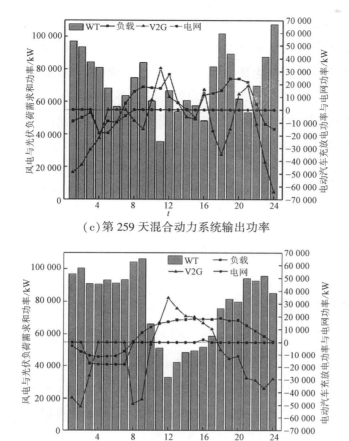

（c）第 259 天混合动力系统输出功率

（d）第 318 天混合动力系统输出功率

图 13-7　风电、电动汽车系统输出调度结果

　　本小节还建立了一个由风能和光伏组成的 HPSs，没有考虑电动汽车。风电、光伏系统容量分配结果见表 13-5 所列。与风电、光伏和电动汽车组成的混合电力系统相比，风电配置容量增加 8 600 kW，风电和光伏经济效益分别降低 $7.28×10^6$ \$ 和 $7.40×10^5$ \$。在混合发电系统中，电动汽车可以平滑风电和光伏发电不确定性对电网的不利影响。在不接入电动汽车的情况下，风电和光伏发电系统会出现电量过剩或不足的情况，从而引入惩罚成本，降低经济效益。

表 13-5　风电、光伏系统容量分配结果

参与者	策略	经济/\$
P_W/kW	$1.630×10^5$	$4.135×10^7$
P_S/kW	$4.525×10^4$	$2.004×10^6$
N_{EV}	—	—

附录 D 的附图 D-25 为风电和光伏发电的输出情况。0:00—06:00 时段的风电资源丰富,出力大,负荷需求低。因此,混合发电系统可以通过向大电网出售电力来吸收多余的风力发电。然而,存在输电线路最大传输能力的限制,大电网无法完全吸收多余的能量,导致风电惩罚性成本损失,收益减少。在白天,当电力输出不足时,混合电力系统需要从大电网购买电力。由于线路传输能力的限制,大电网的售电仍然不能满足电力负荷的需求,因此增加了停电和罚款成本(如春季 17:00—18:00,秋季 20:00—21:00)。

由于物理环境的限制,光伏在夜间没有功率输出,因此,没有建立光伏与电动汽车的混合发电模型。综上所述,风能和光伏发电是互补的,没有光伏接入的发电系统需要更多的电动汽车来平滑风力发电的不确定性。电动汽车在 HPS 中起辅助作用。如果没有电动汽车的接入,多余的风电和光伏电力将被丢弃,出现停电,产生罚款成本,混合发电系统的经济收入将降低。

13.5.4 参数灵敏度分析

13.5.4.1 电动汽车充电价格

不同电动汽车充电价格下各投资者的容量分配及利润如图 13-8 所示,图 13-8 显示了随着电动汽车充电价格的变化,建立的博弈模型中的最优容量分配方案和利润。选择了 0.3 ~ 0.39 \$/(kW·h)的价格范围,步长为 0.01 \$/(kW·h)。

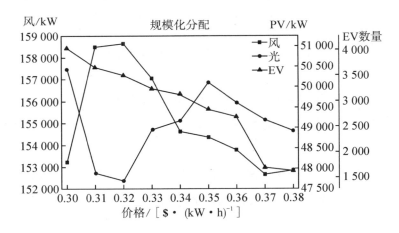

(a)不同电动汽车充电价格下的容量分配

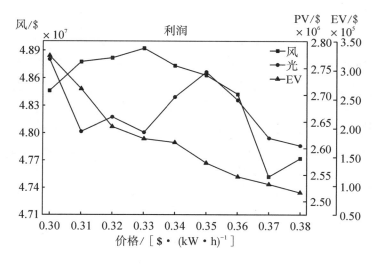

（b）不同电动汽车充电价格下的利润

图 13-8　不同电动汽车充电价格下各投资者的容量分配及利润

随着充电价格的提高,电动汽车的参与意愿和收入呈下降趋势,风电和光伏的容量分配和收入也随之发生变化。风电作为 HPS 的主要输出功率,在 0.30～0.32 \$/(kW·h) 范围内更倾向于增加自身容量配置,因为风电卖给电动汽车的经济效益逐渐提高。在 0.33～0.39 \$/(kW·h) 电价区间,电动汽车的参与数量进一步减少,其对新能源系统发电不确定性的平滑能力逐渐减弱。新能源发电量的增加将导致风电和光伏发电的弃电处罚成本上升。因此,风电的配置能力和收益逐渐下降。

电动汽车的充电价格是决定其是否参与 HPS 运行调度的主要因素,风电和光伏的配置容量策略主要随电动汽车的参与意愿的变化而变化。

13.5.4.2　输电线路的最大容量

不同线路最大传输容量下各投资者的容量分配及利润如图 13-9 所示,代表了大电网和 HPS 的能量传输水平。

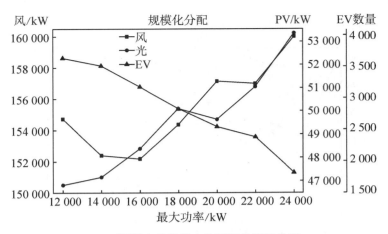

（a）不同输电线路最大容量下的容量分配

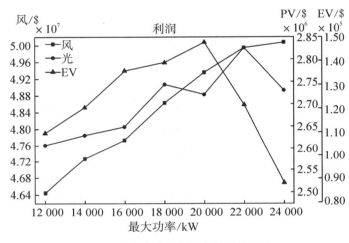

（b）不同线路最大传输容量下的利润

图 13-9　不同线路最大传输容量下各投资者的容量分配及利润

随着传输容量的变化,电动汽车的数量和收入也发生了变化。由于电动汽车和大电网都可以平滑新能源发电的波动,随着线路输电容量的增加,HPS 中电动汽车的辅助需求减少,配置中的电动汽车数量持续减少。电动汽车的经济效益在 20 000 kW 时出现拐点。一开始,电动汽车的收入变化主要体现在停电的处罚成本上,因此,电动汽车的收入逐渐增加。后期,大电网对停电的抑制作用达到顶峰,电动汽车收入的变化主要是基于电收入的变化。电动汽车数量的下降导致了电力的销售,因此,经济收入开始呈现下降趋势。综上所述,在混合发电系统中,输电容量和电动汽车可以起到辅助作用。输电容量的变化将影响电动汽车的经济效益和容量分配。

13.5.5　储能设备分析

配置相同容量的蓄电池(SB)来替代电动汽车。风能–光伏–太阳能电池系统的容量分配结果见表 13-6 所列。

表 13-6　风能–光伏–太阳能电池系统的容量分配结果

参与者	策略	经济/ $
P_W/kW	1.537×10^5	4.746×10^7
P_S/kW	4.853×10^4	2.458×10^6
P_B/kW	6.171×10^4	8.917×10^4

与风光互补模式相比,各参与方的容量配置变化不明显,储能电池收益减少 50 330 $ 。SB 可以平滑新能源发电的波动,但购买和维护成本由设备投资者承担,会降低参与者的收入。相反,电动汽车的购买成本由车主承担,可以在不增加系统投资成本的情况下为 HPS 提供帮助。电动汽车以 V2G 的形式参与能源互动,这将导致电池衰减现象。政策激励可以增加电动汽车在博弈中的互动。因此,电动汽车是 SB 的理想替代品。

13.6　结　　论

本章采用迭代搜索法求解博弈模型,形成风电、光伏、电动汽车容量规划最优整合的博弈模型。基于 MIMLP 方法,建立了资源和负荷需求的典型日选择模型。将该问题表述为多个利益相关者参与的混合发电系统的容量优化与配置问题。利用粒子群算法实现了各参与者的利润优化。在三种不同参与者参与的情况下对所建立模型的合理性进行了检验。结果表明,所提出的容量分配策略能够提高电力系统的供电可靠性和投资者的收益。同时,它可以确保资源的合理和高效利用。此外,电动汽车以 V2G 的形式接入 HPSs 参与运行,可以在满足车主出行需求的同时,有效提高混合动力发电系统的运行经济性。

参 考 文 献

[1] KHARE V, NEMA S, et al. Solar–wind hybrid renewable energy system：A review[J]. Renewable and Sustainable Energy Reviews,2016,58(3):23–33.

[2] WIDEN J. Correlations Between Large–Scale Solar and Wind Power in a Future Scenario for Sweden[J]. IEEE Transactions on Sustainable Energy,2011,2(2):177–184.

[3] KESTER J,NOEL L,LIN X,et al. The coproduction of electric mobility：Selectivity,conformity

and fragmentation in the sociotechnical acceptance of vehicle-to-grid (V2G) standards[J]. Journal of Cleaner Production,2019,207:400-410.

[4]JIANG Q,WANG H. Two-Time-Scale Coordination Control for a Battery Energy Storage System to Mitigate Wind Power Fluctuations[J]. IEEE Transactions on Energy Conversion, 2013, 28(1):52-61.

[5]XU L,RUAN X,MAO C,et al. An Improved Optimal Sizing Method for Wind-Solar-Battery Hybrid Power System[J]. IEEE Transactions on Sustainable Energy,2013,4(3):774-785.

[6]LIU H,GUO J Y,ZENG P L. A Controlled Electric Vehicle Charging Strategy Considering Regional Wind and PV[C]//2014 IEEE PES General Meeting - Conference & Exposition, 2014:1-5.

[7] YU W, BIDE Z, GUOSEN Y, et al. Optimal configuration of micro - grid considering uncertainties of electric vehicles and PV/wind sources [J]. Electrical Measurement & Instrumentation,2016,53(16):39-44.

[8]LI H Y,LI F,JI A M. Optimization design on electric vehicle storage power station system of hybrid wind/PV[J]. Energy Conservation,2012,31(11):59-63,3.

[9]XU Y,LANG Y,WEN B,et al. An Innovative Planning Method for the Optimal Capacity Allocation of a Hybrid Wind-PV-Pumped Storage Power System[J]. Energies, 2019, 12 (14):2809.

[10] BELFKIRA R, ZHANG L, BARAKAT G. Optimal sizing study of hybrid wind/PV/diesel power generation unit[J]. Solar Energy,2011,85(1):100-110.

[11]YANG H,ZHOU W,LU L,et al. Optimal sizing method for stand-alone hybrid solar-wind system with LPSP technology by using genetic algorithm[J]. Solar Energy, 2008, 82 (4): 354-367.

[12]MALEKI A, ASKARZADEH A. Artificial bee swarm optimization for optimum sizing of a stand - alone PV/WT/FC hybrid system considering LPSP concept [J]. Solar Energy, 2014,107:227-235.

[13]MART V D K, WILFRIED V S. Smart charging of electric vehicles with photovoltaic power and vehicle-to-grid technology in a microgrid: a case study[J]. Applied Energy,2015,152: 20-30.

[14]MOHAMED A A S,EL-SAYED A,METWALLY H,et al. Grid integration of a PV system supporting an EV charging station using Salp Swarm Optimization[J]. Solar Energy, 2020, 205:170-182.

［15］HAO Y, DONG L, LIANG J, et al. Power forecasting-based coordination dispatch of PV power generation and electric vehicles charging in microgrid［J］. Renewable Energy, 2020, 155:1191-1210.

［16］ABDELKADER A, RABEH A, ALI D M, et al. Multi-objective genetic algorithm based sizing optimization of a stand-alone wind/PV power supply system with enhanced battery/supercapacitor hybrid energy storage［J］. Energy, 2018(163):351-363.

［17］HUANG Z, XIE Z, ZHANG C, et al. Modeling and multi-objective optimization of a stand-alone PV-hydrogen-retired EV battery hybrid energy system［J］. Energy Conversion and Management, 2019, 181:80-92.

［18］RAMLI M A M, BOUCHEKARA H R E H, ALGHAMDI A S. Optimal sizing of PV/wind/diesel hybrid microgrid system using multi-objective self-adaptive differential evolution algorithm［J］. Renewable Energy, 2018, 121:400-411.

［19］MA T, JAVED M S. Integrated sizing of hybrid PV-wind-battery system for remote island considering the saturation of each renewable energy resource［J］. Energy Conversion and Management, 2019, 182:178-190.

［20］XU C, KE Y, LI Y, et al. Data-driven configuration optimization of an off-grid wind/PV/hydrogen system based on modified NSGA-II and CRITIC-TOPSIS［J］. Energy Conversion and Management, 2020, 215: 112892.

［21］ABAPOUR S, NAZARI-HERIS M, MOHAMMADI-IVATLOO B, et al. Game Theory Approaches for the Solution of Power System Problems: A Comprehensive Review［J］. Archives of Computational Methods in Engineering, 2020, 27:81-103.

［22］ALI L, MUYEEN S M, BIZHANI H, et al. Optimal planning of clustered microgrid using a technique of cooperative game theory［J］. Electric Power Systems Research, 2020, 183:106262.

［23］LIN W, JIN X, MU Y, et al. Game-theory based trading analysis between distribution network operator and multi-microgrids［J］. Energy Procedia, 2019, 158:3387-3392.

［24］DU L, GRIJALVA S, HARLEY R G. Game-Theoretic Formulation of Power Dispatch With Guaranteed Convergence and Prioritized Best Response［J］. IEEE Transactions on Sustainable Energy, 2015, 6(1):51-59.

［25］CHENG H, LUO T, KANG C, et al. An Interactive Strategy of Grid and Electric Vehicles Based on Master-Slaves Game Model［J］. Journal of Electrical Engineering and Technology, 2019, 15(1):299-306.

[26] PONCELET K, HOESCHLE H, DELARUE E, et al. Selecting representative days for capturing the implications of integrating intermittent renewables in generation expansion planning problems[J]. 2016,32(3):1936-1948.

[27] ZATTI M, GABBA M, FRESCHINI M, et al. k-MILP：A novel clustering approach to select typical and extreme days for multi-energy systems design optimization[J]. Energy,2019,181：1051-1063.

[28] LI J, LAN F, WEI H. A Scenario Optimal Reduction Method for Wind Power Time Series [J]. IEEE Transactions on Power Systems,2016,31(2):1-2.

[29] GAO Y J, HU X B, YANG W H, et al. Multi-Objective Bilevel Coordinated Planning of Distributed Generation and Distribution Network Frame Based on Multiscenario Technique Considering Timing Characteristics [J]. IEEE Transactions on Sustainable Energy, 2017, 8 (4):1415-1429.

[30] LEE E S, LI R J. Fuzzy multiple objective programming and compromise programming with Pareto optimum[J]. Fuzzy sets and systems,1993,53(3):275-288.

[31] YAO W, ZHAO J, WEN F, et al. A Hierarchical Decomposition Approach for Coordinated Dispatch of Plug-in Electric Vehicles[J]. IEEE Transactions on Power Systems, 2013, 28 (3):2768-2778.

[32] ZHANG S, CHENG H, ZHANG L, et al. Probabilistic Evaluation of Available Load Supply Capability for Distribution System[J]. IEEE Transactions on Power Systems, 2013, 28(3)：3215-3225.

[33] LIU Z, WEN F, LEDWICH G. Optimal Siting and Sizing of Distributed Generators in Distribution Systems Considering Uncertainties[J]. IEEE Transactions on Power Delivery, 2011,26(4):2541-2551.

[34] QIAO B H, LIU J. Multi-objective dynamic economic emission dispatch based on electric vehicles and wind power integrated system using differential evolution algorithm [J]. Renewable Energy,2020,154:316-336.

[35] TEICHGRAEBER H, BRANDT A R. Clustering methods to find representative periods for the optimization of energy systems：An initial framework and comparison - ScienceDirect[J]. Applied Energy,2019,239:1283-1293.

▶ 第 14 章　基于非合作博弈论的电动汽车充电站优化规划

14.1　引　言

　　环境和能源的问题引起了世界对去碳化和能源转型的关注[1]。作为肩负国际责任的大国,中国一直在研究减少碳排放和石油依赖的有效对策[2-3]。作为未来的能源枢纽,电力系统将在实现碳排放峰值和碳中和目标的过程中发挥关键作用[4-5]。此外,电动汽车因其环境友好性而受到相关政策的支持并得到快速发展[6-7]。然而,电动汽车充电设施规划的缺失可能会严重阻碍电动汽车产业的发展和电力的有效利用[8-9]。因此,作为电动汽车电力来源的重要环节,充电站的优化规划必然成为研究热点。

　　充电需求是最能反映电动汽车车主意愿的变量,其预测结果与现实的吻合程度决定了充电站规划策略的有效性。文献[10-11]利用出行链描述电动汽车的出行行为并预测充电需求,以此作为电动汽车充电站规划的基础。文献[12]在配电网与路网耦合模型中,预测了超市、十字路口、住宅等不同地点的充电需求,得出了经济最优的充电站规划方案。文献[13]通过充电紧迫性指标得出不同的充电需求,该指标决定充电模式是快充还是慢充,从而确定充电设施的类型。文献[14]提出了一个考虑用户决策过程的负载模拟框架。通过交通平衡模型和用户行为之间的相互作用,计算出每个充电站的快充负荷。在此基础上,文献[15]提出了充电站的概率规划,旨在降低建设成本和能源损耗。文献[16]将传统电力负荷、快速充电站负荷和电价的不确定性纳入基于情景的方法,并通过概率方法和 M/M/s 理论计算出快速充电站负荷和电价的不确定性模型。文献[17]考虑了电动汽车的驾驶习惯和出行类型,并验证了当电动汽车的电量不足以满足出行需求时,电动汽车需要在行驶过程中到充电站充电。

　　根据不同的建设目标,充电站规划模型的结构也不尽相同。文献[18]基于电动汽车车主对充电功率的差异化选择,提出了多类型充电设施的协同服务策略。然而,其忽略了电网运行和车主旅行可靠性等指标。文献[19]考虑了最大充电服务能力和最低配电系统损耗,并利用模糊数学将两个目标转化为一个目标来实现求解。文献[20]分析了用户侧的充电需求和配电网的接纳能力后,进一步将它们作为规划模型的约束条件,以最小化总运营成本。文献[21]则加权处理用户、充电站和电网的效益。文献[22]建立了一个双层模型,将充电站的投资收益作为上层目标函数,将用户满意度作为下层目标函数。文献[23]在上层描述了给定预算下的充电设置的位置和建筑类型,在下层描述了出行者的行为选择。文献[24]采用基于拍卖的方法来优化快速充电站的位置和容量。文献[25]将高速公路上的服务站视为充电站建设的备选地点,其中,距离较近的充电站被聚集在一起,并为每个集群计算出充电站的最佳位置。同样,在文献[26]中,充电站规划也是基于一定数量的充电站候选地,并考虑了社会因素。

充电站规划与土地资源争夺和后期电力交易密切相关,必然涉及多方参与者的利益。而博弈论在平衡各参与方利益方面发挥了较好的作用,被广泛应用于电力系统的优化。文献[27]应用纳什讨价还价理论,描述了配电公司与快速充电站业主之间的互动关系。在这一博弈规划模型中,电价和充电站的位置及容量被视为决策变量,以优化参与双方的目标函数。文献[28]提出了一种基于斯塔克尔伯格博弈的容量补贴设定方法。作为领导者的储能站根据电价制定其容量策略,而作为跟随者的电网则根据储能站的容量优化电价。这些行为相互影响,直至实现纳什均衡。文献[29]基于博弈论以决策投资者在某个地点建设充电站还是建设加油站。充电站通过比较邻近充电站的利益和能源用户的需求响应,动态优化建设规划,以实现自身利益最大化。文献[30]构建了两期不完全信息博弈论模型,以解决各类政府机构与物业管理公司之间的利益冲突。文献[31]在合理描述风电、光伏和电动汽车的基础上,提出了基于非合作博弈论的微电网系统容量优化模型,以提高各投资者的售电收益。文献[32]提出的非合作博弈下不同充电站的定价策略使所有参与者的福利最大化,其模型结构的应用同样适用于充电站的建设。

上述研究大多认为充电站规划中的利益相关者是电网系统、充电站运营商和电动汽车所有者,并充分考虑了他们之间的利益关系。部分文献仅分析能源运营商之间的互动关系,而考虑充电站运营商和电动汽车出行需求之间竞争关系的研究相对较少。因此,本章旨在研究电动汽车充电站的最优规划策略,同时考虑多运营商场景下的出行需求。本章的主要贡献如下。

(1)通过出行链描述电动汽车的出行行为,并根据出行需求和电池状态确定相关的概率密度函数和充电需求。

(2)基于非合作博弈论,提供了一个两阶段模型框架来确定电动汽车充电站的最优规划和成本效益规划。该规划模型赋予充电站运营商更多主动权,更适用于实际电力市场。

（3）模型第一阶段的评价指标和第二阶段的需求响应能够充分反映电动汽车车主在充电站规划中的意愿,采用单量电动汽车逐一模拟的方法,而不是聚类的方法,考虑得更加细致。

（4）自适应变异粒子群优化算法（adaptive mutation particle swarm optimization algorithm, AMPSO）与近似纳什均衡的结合对降低博弈模型的求解难度和适应工程应用起着至关重要的作用。

14.2　充电需求的不确定性

准确、真实地描述电动汽车的充电需求,是优化电力系统调度机制的必要前提,尤其是在电力设施的部署工作中,其使电力运营商能够以最少的经济投资和最大的利润满足电动汽车的充电需求。故此部分在交通网模型中描述了如何利用出行链获得电动汽车的出行行为,以及根据出行需求所需电量与和电池剩余电量之间的大小关系来确定电动汽车充电需求的时空分布。

基于活动的出行链很好地构建了基于三个方面的 EV 出行模型:电量、时间和空间。电量表示 EV 在行驶过程中的剩余电量,时间表示在行驶过程中的起止时刻,空间表示在行驶过程中到达的位置,分为家庭（H）、工作区（W）和商业区（D）。假设 EV 的出行行为是随时间变化而使位置和电量动态变化,通过 Dijkstra 算法获取出行过程中的路径选择,并且 EV 车主行为的社会性体现在工作日和周末的出行行为上。在工作日,EV 车主的出行行为被描述为离开家,去工作和其他额外的活动,然后回家。根据出行期间的活动,电动汽车可以分为三种类型:第一类（EV1）仅通勤上下班,其空间描述为 H—W—H,如图 14-1（a）所示;第二类（EV2）离家上班,下班回家后外出参加文娱休闲活动,最后回家,其空间描述为 H—W—H—D—H,如图 14-1（b）所示;第三类（EV3）上班,下班后出行参加文娱休闲活动,最后回家,其空间描述为 H—W—D—H,如图 14-1（c）所示。车辆首次离家时间$[f_e(x)]$的概率密度函数见式（14-1）,其中,x 为时间点;在式（14-2）中,$f_s(x)$是离开工作时间的概率密度函数。出行期间的其他时间点根据实际道路长度、车流量、电动汽车速度和电动汽车车主参与各种活动所需的时间计算得到。

在周末,假设电动汽车车主出门时主要参与娱乐和休闲活动,空间描述为 H—D—H,如图 14-1（d）所示。这种类型的 EV（EV4）离开家的时间由式（14-1）计算,EV4 每天外出的时间和第一次出行时的剩余电量服从正态分布。

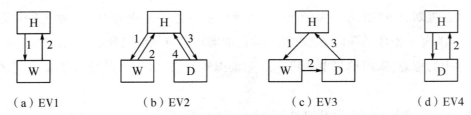

（a）EV1　　　　　（b）EV2　　　　　（c）EV3　　　　　（d）EV4

图 14-1　出行链的空间结构

$$f_e(x) = \begin{cases} \dfrac{1}{\sqrt{2\pi}\,\sigma_e} \exp\left[-\dfrac{(x-\mu_e)^2}{2\sigma_e^2}\right], & 0 < x \leqslant \mu_e + 12 \\[3mm] \dfrac{1}{\sqrt{2\pi}\,\sigma_e} \exp\left[-\dfrac{(x+24-\mu_e)^2}{2\sigma_e^2}\right], & \mu_e + 12 < x \leqslant 24 \end{cases} \tag{14-1}$$

其中，$\mu_e = 6.92$，$\sigma_e = 1.24$。

$$f_s(x) = \begin{cases} \dfrac{1}{\sqrt{2\pi}\,\sigma_s} \exp\left[-\dfrac{(x+24-\mu_s)^2}{2\sigma_s^2}\right], & 0 < x \leqslant \mu_s - 12 \\[3mm] \dfrac{1}{\sqrt{2\pi}\,\sigma_s} \exp\left[-\dfrac{(x-\mu_s)^2}{2\sigma_s^2}\right], & \mu_s - 12 < x \leqslant 24 \end{cases} \tag{14-2}$$

其中，$\mu_s = 17.47$，$\sigma_s = 1.8$。

因此，单一电动汽车（C_{ev}）的模型为

$$C_{ev} = \{T_f, T_s, L, \mathrm{SOC}_s\} \tag{14-3}$$

式中，T_f 为第一次出行开始的时间；T_s 为第一次活动结束的时间；L 为电动汽车到达地点的总和，由式（14-4）给出；SOC_s 为决定充电时的剩余电量。

$$L = \{L_1, L_2, \cdots, L_m\} \tag{14-4}$$

式中，m 为电动汽车到达地点的数量。

根据上述信息，电动汽车的行驶链如图 14-2 所示。横轴为行驶过程中的时间，左纵轴为空间，右纵轴为剩余电量。当空间曲线的斜率为 0 时，车辆处于停止状态并参与活动。当空间曲线的斜率为正时，车辆正在进行出行。活动和出行是电动汽车的行为，构成了出行链。充电决策发生在空间曲线斜率发生变化的起停时刻。假设每辆电动汽车每天最多需要充电一次，电动汽车车主将根据下一次出行需求和剩余电量之间的比较来决定是否充电。具体来说，当空间曲线的斜率为正数时，充电需求分析既要考虑剩余电量是否低于用户的设定值，又要考虑剩余电量能否满足下一次出行的需要。在空间曲线斜率趋近零时，通过判断剩余电量是否低于用户设定，不考虑出行需求，最终得到 EV 充电需求。

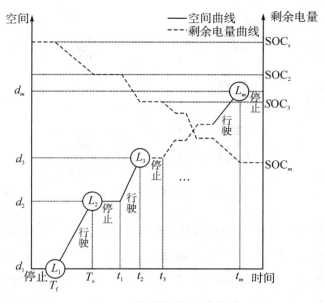

图 14-2　电动汽车的行驶链

以第 i 辆电动汽车($EV-i$)为例来描述充电需求(C_{di}),见式(14-5)。

$$C_{di} = \{T_i, SOC_i, L_{i1}, L_{i2}\} \qquad (14-5)$$

式中,T_i 为 $EV-i$ 决定充电的时间;SOC_i 为 $EV-i$ 决定充电时的剩余电量;L_{i1} 为 $EV-i$ 决定充电时的地点;L_{i2} 为 $EV-i$ 充电后要去的地点。

若车辆在每个充电决策点的剩余电量足够高,则车辆没有充电需求。通过相同的行为分析,一定区域内的多个电动汽车充电需求被激发,这既符合单个电动汽车的随机性,也符合大量电动汽车的统计规律。作为需求响应的基础数据,它在充电站规划中发挥着关键作用。

14.3　规划模型

此节将基于非合作博弈论,在多运营商场景下提出电动汽车充电站的两阶段规划策略。它重视充电站运营商之间的竞争关系,致力于提高电动汽车车主的充电便利性和充电站运营商的规划意愿。规则策略的结构模式如图 14-3 所示。

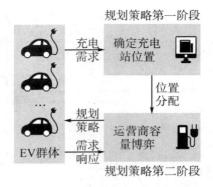

图 14-3　规划策略的结构模式

在规划策略的第一阶段,运营商联合并优化充电站的位置,以减少电动汽车车主的总无用里程,并且仿真中每个充电站服务的车辆数量是充电站运营商选址的重要指标。第二阶段的充电站运营商作为非合作博弈的参与者,优化管辖的充电站的容量以提高收益,在竞争中达到纳什均衡。第一阶段的评价指标和第二阶段的需求响应对运营商收入的影响提高了电动汽车车主的充电满意度。基于非合作博弈理论的两阶段模型结构解决了运营商之间的竞争关系,实现了利益均衡。两阶段模型被集成到博弈模型中,并由 N、S 和 F 描述,其中,N 表示参与者的集合,包括 A、B、C 三个充电站运营商,见式(14-6)。

$$N = \{A, B, C\} \tag{14-6}$$

S 为 A、B 和 C 的策略集合,见式(14-7)。

$$S = \{S_A, S_B, S_C\} \tag{14-7}$$

S_A、S_B 和 S_C 见式(14-8)。

$$\begin{cases} S_A = \{S_{A1}, S_{A2}\} \\ S_B = \{S_{B1}, S_{B2}\} \\ S_C = \{S_{C1}, S_{C_2}\} \end{cases} \tag{14-8}$$

式中,S_A 为 A 所辖充电站的位置;S_{A2} 为容量。S_B 和 S_C 的定义方法与 S_A 相同。

$$F = \{F_A, F_B, F_C\} \tag{14-9}$$

式中,F 为 A、B、C 的收益集合。

14.3.1　规划模型的第一阶段

在所提策略的第一阶段中,充电站运营商组成联盟作为决策制定者,n 个充电站的位置(S_F)为决策变量,见式(14-10)。

$$S_F = \{S_1, S_2, \cdots, S_n\} \tag{14-10}$$

式中,大括号中的第 j 个变量 S_j 为第 j 个充电站的位置。

电动汽车总行驶里程(T_{dm})是提高电动汽车车主充电便利性的评价指标,由式(14-11)计算得到。

$$T_{dm} = \sum_{i=1}^{M} D_1 \qquad (14-11)$$

式中,M 为在测试区域和时段内具有充电需求的车辆;D_i 为 EV-i 的空驶里程,见式(14-12)。

$$D_i = \min\{D_{i1}, D_{i2}, \cdots, D_{in}\} \qquad (14-12)$$

式中,D_{ij} 为 EV-i 到第 j 个充电站的空驶里程,由式(14-13)计算得到。

$$D_{ij} = \varepsilon_i \times [length(L_{i1}, S_j) + length(S_j, L_{i2}) - length(L_{i1}, L_{i2})] \qquad (14-13)$$

式中,ε_i 为 T_i 处交通拥堵状况的系数;$length(L_{i1}, S_j)$ 为 L_{i1} 与 S_j 之间的距离;$length(S_j, L_{i2})$ 为 S_j 与 L_{i2} 之间的距离;$length(L_{i1}, L_{i2})$ 为 L_{i1} 与 L_{i2} 之间的距离。

在充电站位置的优化过程中,应遵守以下几个约束条件。

(1)空间分布约束。

为了避免由充电需求分布不均而导致规划区域内多个充电站过度聚集,空间分布约束对于所提出的模型来说是必要的,它使得充电站规划尽可能满足充电需求并覆盖整个区域。对于任意两个充电站,它们之间的最短距离大于空间分布约束值(l_{cv})。

$$\begin{cases} length(S_h, S_j) > l_{cv} \\ \forall h, \forall j, h \neq j, S_h \in S_F, S_j \in S_F \end{cases} \qquad (14-14)$$

(2)可达率限制。

选址策略使所有有充电需求的电动汽车都能到达最近的有剩余电量的充电站。因此,可达率 r_r 的定义见式(14-15),并且必须为 100%。

$$r_r = \frac{\sum_{i=1}^{M} r_i}{M} \qquad (14-15)$$

式中,r_i 为 EV-i 是否能通过剩余电量到达最近的充电站的变量,其计算公式见式(14-16)。

$$r_i = \begin{cases} 1, k_i \times \varepsilon_i \times minlength(L_{i1}, S_F) < SOC_i \\ 0, else \end{cases} \qquad (14-16)$$

式中,k_i 为 EV-i 理想情况下每公里的耗电量;$minlength(L_{i1}, S_F)$ 为 EV-i 到 S_F 中任何充电站的最短距离。

通过上述模型的求解,制定出最符合电动汽车充电需求的充电站选址策略。然后根据在计算总空驶里程过程中的各电站服务车辆数(c_t)和平均原则,得到 S_{A1}、S_{B1}、S_{C1}。

14.3.2 规划模型的第二阶段

14.3.2.1 运营商的能力博弈策略

在充电站选址确定后,充电站运营商在非合作博弈中对 S_{A2}、S_{B2} 和 S_{C2} 进行优化,以增加自身利益。也就是说,在电力市场,运营商致力于在控制建设成本的同时增加电力交易收入。由于电动汽车需求响应对运营商利益的影响,在建设策略优化中,电动汽车群体的意愿不得不被考虑,并且运营商之间的竞争关系体现同一区域下对用户群体服务量的争夺。当所有运营商都选择了最优策略,并且不能通过改变策略来增加收益时,就达到了纳什均衡,并且该策略被运营商所接受,见式(14-17)。

$$\begin{cases} S_{A2}^* = \arg_{S_{A2}}^{\max} \{ S_{A2}, S_{B2}^*, S_{C2}^* \} \\ S_{B2}^* = \arg_{S_{B2}}^{\max} \{ S_{A2}^*, S_{B2}, S_{C2}^* \} \\ S_{C2}^* = \arg_{S_{C2}}^{\max} \{ S_{A2}^*, S_{B2}^*, S_{C2} \} \end{cases} \tag{14-17}$$

式中,S_{A2}^*、S_{B2}^*、S_{C2}^* 为 A、B 和 C 的最优容量策略。

A、B、C 规划模型是相同的,因此,在本部分以 A 为例,定义参与者的策略和利益。A 的容量策略见式(14-18)。

$$S_{A2} = \{ S_1, S_2, \cdots S_{K_A} \} \tag{14-18}$$

式中,S_{K_A} 为 A 管辖的第 k 个充电站的容量;K_A 为 A 管辖的充电站数量。F_A 的定义见式(14-19)。

$$F_A = \sum_{k=1}^{K_A} \left(- t_r \times C_k + \sum_{z=1}^{Z} P_k^z \right) \tag{14-19}$$

式中,Z 为在规划时段第 k 个充电站服务的电动汽车数量;P_k^z 为第 k 个充电站向第 z 辆电动汽车提供电力服务所获得的收入;C_k 为第 k 个充电站的建设运营成本;t_r 为保持 C_k 与规划时段一致的参数。P_k^z 的定义见式(14-20)。

$$P_k^z = p_r \text{SOC}_z + w_k \tag{14-20}$$

式中,p_r 为电价;SOC_z 为设定的第 z 辆 EV 的交易电量;ω_k 为单辆 EV 的服务费。

C_k 包括固定投资和运营成本,是充电站容量(充电桩个数)的函数,其定义见式(14-21)、式(14-22)。

$$C_k = f(s_k) \frac{r_0(1+r_0)^y}{(1+r_0)^y - 1} + u(s_k) \tag{14-21}$$

$$f(s_k) = O + q \times s_k + e \times s_k^2 \tag{14-22}$$

式中，$f(s_k)$ 为充电站 k 的总建设成本；$u(s_k)$ 为运营成本，其定义见式（14-23）；r_0 为贴现率；y 为充电站的折旧年限；O 为固定投资成本，包括充电站内的建筑和道路等；q 为每个充电桩的价格；e 为占地、电缆、配电变压器等的投资系数。

$$u(s_k) = u_f f(s_k) \tag{14-23}$$

式中，u_f 为决定 $u(s_k)$ 的参数。

14.3.2.2　需求响应

根据 14.3.2.1 小节中充电站运营商规划策略，电动汽车车主会根据电动汽车的位置、交通流量和充电站的营运状况，在规划地区选择最满意的充电站完成充电，式（14-24）中给出了 EV-i 对第 j 个充电站的满意度函数（V_{ij}）。

$$V_{ij} = \frac{s_j}{1 + \alpha w_{ij} + \beta x_{ij} + \lambda y_{ij}} \tag{14-24}$$

式中，s_j 为第 j 个充电站的容量，属于 S_{A2}、S_{B2}、S_{C2} 的一部分；α、β、λ 为权重参数；w_{ij} 为等待时间，与第 j 个充电站内充电柱的使用状态有关，如果在 T_i 时刻的第 j 个充电站的所有充电桩都正在被使用，那么 w_{ij} 就是该充电站内现存电动汽车中最先达到充电目标的那一辆的剩余充电时间，如果该充电站内有空闲的充电桩，那么不存在等待时间；x_{ij} 为由于充电需求而在路途中消耗的时间，其定义见式（14-25）。

$$x_{ij} = D_{ij}/v \tag{14-25}$$

式中，v 为 EV-i 的速度。

$$y_{ij} = k_i D_{ij} \tag{14-26}$$

式中，y_{ij} 为由于充电需求在路途中的电量消耗。

在制定充电决策时，EV-i 的约束条件如下。

（1）剩余电量约束。EV-i 从决定充电的位置到第 j 个充电站之间消耗的电量应低于 EV-i 的剩余电量。

$$k_i \varepsilon_i length(L_{i1}, S_j) \leqslant SOC_i \tag{14-27}$$

（2）等待时间约束。EV-i 在充电站内的等待时间应小于最大忍耐值，见式（14-28）。

$$w_t \leqslant \max t \tag{14-28}$$

式中，$\max t$ 为最大忍耐值。

在式（14-27）和式（14-28）的约束下，EV-i 在 T_i 时刻计算所有充电站对其的满意度，并选择满意度最大的一个充电站作为充电设施并支付相关费用。按照时间顺序，当所有电动汽车完成充电决策时，需求响应完成。充电站服务的电动汽车越多，获得的收入就越多。在此过程中，需求响应对充电站运营商收入的影响，使电动汽车群体的意愿在规划中被充分考虑。如果某辆电动汽车在相关约束下没有选择可用的充电站,那么意味着该车未及时完成充电。电动汽车群体的充电完成率(r_f)由式(14-29)计算,其限制在充电站规划中规定的范围内。

$$r_f = \frac{M-M_1}{M} \tag{14-29}$$

式中,M_1为未及时完成充电的电动汽车数量;M为有充电需求的电动汽车数量。

14.4 模型求解

根据规划模型,将求解算法分为两个阶段。根据14.2节中的需求预测结果,第一阶段优化了充电站的位置,以改善电动汽车在交通网络中的充电体验。该部分的计算复杂度较低,采用普通粒子群算法(PSO)进行计算。在第二阶段,特别是在加入需求响应后,非合作博弈模型使用搜索迭代方法搜索纳什均衡的计算量特别大。因此,为了避免求解过程中的非线性方程组,并在保证结果准确的前提下简化计算,本节采用文献[33]中提出的近似纳什均衡的混合策略的概念,对基于非合作博弈理论的规划模型进行求解,有效地提高了计算效率,使其更适用于工程应用。在这个解中,如果式(14-30)成立,策略组合(S_1^*,S_2^*,S_3^*)称为$\mu\%$近似纳什均衡。随着μ的增加,近似纳什均衡接近于完全纳什均衡,当$\mu=100$时,此解为完全纳什均衡解。

$$\frac{\sum_{i=1}^{3} |F_i(S_i^*,S_{-i}^*) - \max F_i(S_i,S_{-i}^*)|}{\sum_{i=1}^{3} \max F_i(S_i,S_{-i}^*)} \leq 1 - \mu\% \tag{14-30}$$

此外,为了提高全局搜索能力,进一步减少求解计算时间,本节针对具体问题采用自适应突变策略对PSO进行了改进[34],其AMPSO求解流程如下。

(1)初始化AMPSO的种群,每个粒子的位置表示一种策略组合。

(2)利用式(14-31)计算适合度,得到个体优化和全局优化。

$$Y_j = \sum_{i=1}^{3} |F_i(S_i^j,S_{-i}^j) - \max F_i(S_i^j,S_{-i}^j)| \tag{14-31}$$

式中,Y_j为第j个粒子的适应度值。

(3)按照惯性加权粒子群的更新方法更新种群参数。更新粒子的全局最优和局部最优。

(4)根据式(14-32)执行突变操作。

$$p_{gd} = \begin{cases} p_{gd}, & rand() > p_{ka} \\ p_{gd}(1+0.5\eta), & else \end{cases} \tag{14-32}$$

式中，p_{gd} 为全局优化值；η 为高斯$(0,1)$分布的随机变量；p_{ka} 为突变概率，由式（14-33）计算得出。

$$p_{ka} = (p_{max} - p_{min})(g/n_n)^2 - (p_{max} - p_{min})(2g/n) + p_{max} \tag{14-33}$$

式中，p_{max} 为突变概率的最大值，p_{min} 为突变概率的最小值；n_n 为种群中的粒子数；g 为由式（14-34）计算得到的反映种群相似度的指标。

$$g = \sum_{j=1}^{n} \left| \frac{Y_j - Y_{avg}}{Y} \right|^2 \tag{14-34}$$

式中，Y_{avg} 为所有粒子的平均适合度；Y 为保持 g 在可控范围内的归一化因子，由式（14-35）计算得到。

$$Y = \max(1, \max|Y_j - Y_{avg}|) \tag{14-35}$$

（5）判断全局优化是否满足近似纳什均衡，或迭代次数是否最大，若是，则输出最优解；若不是，则返回步骤（3）。

规划模型的求解流程图如图 14-4 所示。

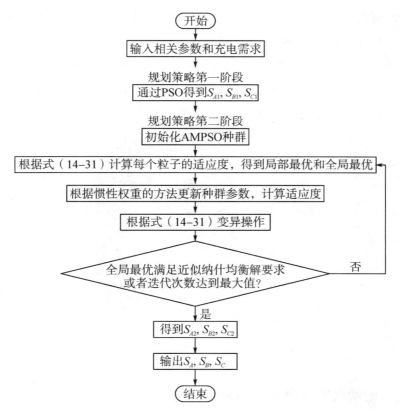

图 14-4　规划模型的求解流程图

14.5　案 例 分 析

14.5.1　仿真背景

所提出的充电站规划策略基于图 14-5 中的区域交通结构,其中,1～16 为居住区,17～20 为工作区,21～29 为商业区。道路节点间的距离和不同时段的交通信息参考文献[35]。而本小节将一天作为一个规划时段,因此,为反映工作日和周末不同的充电需求,第 k 个充电站的收入采用加权法计算,见式(14-36)。

$$\sum_{z=1}^{Z} P_k^z = \frac{5}{7} \sum_{z=1}^{Z_1} P_k^z + \frac{2}{7} \sum_{z=1}^{Z_2} P_k^z \qquad (14\text{-}36)$$

式中,Z_1 为工作日有充电需求的电动汽车数量;Z_2 为在周末有充电需求的电动汽车数量。

在充电需求模拟中,假设工作日有 2 000 辆电动汽车,其中,52.8% 为 EV1,23.1% 为 EV2,24.1% 为 EV3。70% 电动汽车的工作地点在工作区,30% 在商业区。在周末,有 70% 的人有出行需求,他们都是 EV4。首次出行时间的一半服从(8.92,3.24)的正态分布,而其他则服从(16.47,3.41)的正态分布[10]。单辆电动汽车的技术参数是指一辆热销电动汽车的具体数据,其锂电池容量为 24 kW·h,行驶消耗量为 0.15 kW·h/km。另外,根据建设需要[36],将式(14-21)至式(14-23)中的参数设置为:$u_f = 0.1$、$r_0 = 0.08$、$y = 20$ 年、$O = 106$ 元、$q = 105$ 元、$e = 104$ 元。每个充电站的充电桩数量优化范围设为 1～14。

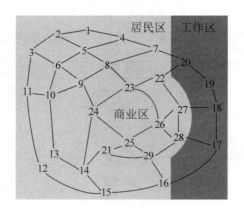

图 14-5　规划区域

14.5.2　电动汽车充电需求的时空分布

根据 14.5.1 小节中的数据和 14.2 节中的出行链,得出工作日和周末的电动汽车的充电需求。充电需求时空分布图如图 14-6 所示,在图 14-6 中,以 1 h 为统计间隔的充电需求显示了在不同时间和不同地区有充电需求的电动汽车数量。图 14-6(a)中,工作日有 736 辆电动汽车有充电需求;图 14-6(b)中,周末有 129 辆电动汽车有充电需求。图 14-6 的时间轴是指电动汽车作出充电决定的时间。图 14-6 的位置坐标轴是电动汽车在作出充电决定时所停留的位置。图 14-6 的数量坐标轴是有充电需求的电动汽车数量。电动汽车的总数量是根据一定区域内的电动汽车数量估算的。它决定了充电站的建设规模,并根据工程应用中的实际情况进行设置。从时间上看,图 14-6(a)中的充电需求主要集中在 15: 00—20: 00,这段时间通常是电动汽车第二次及以后的出行需求,符合工作日电动汽车车主的行为特征和电池状态。而图 14-6(a)中的充电需求相对较少,且大多在 15: 00 之后。在不考虑时间因素的情况下,作为充电决策地点和目的地的交通网络中各节点的电动汽车空间分布如图 14-7 所示。EV 编号 1 是工作日决定充电的电动汽车数量;EV 编号 2 是工作日目的地的电动汽车数量;EV 编号 3 是周末决定充电的电动汽车数量;EV 编号 4 是周末目的地的电动汽车数量。很明显,电动汽车的分布以住宅区和工作区为主,商业区仍有几辆电动汽车。在充电站规划中,应考虑到所有区域的充电需求。

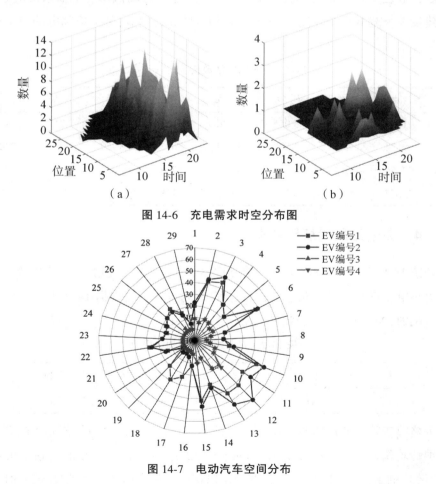

图 14-6　充电需求时空分布图

图 14-7　电动汽车空间分布

14.5.3　最优充电站数量

该策略根据特定区域的充电需求对充电站进行规划,合理的充电站数量既是提高电动汽车充电满意度的前提,也是充电站运营商受益的前提。为此,对每个运营商配置 1～4 个充电站的情况进行了分析。由表 14-1 和附图 D-26 可得,n 是每个运营商的充电站数量,I 是 A、B 和 C 的总利益,μ>95。在表 14-1 中,$n=1～4$ 时的规划结果均符合近似纳什均衡,满足工程要求。对于 A,随着 n 的增加,年建设和运营成本的增长快于充电站从电力服务中获得的收入(其影响已远大于需求响应变化的偶然性),因此,F_A 下降;对于 B 和 C,由于电动汽车需求响应的不确定性,在 n 的增加过程中,F_B、F_C 的变化是不规则的。在附图 D-26 中,随着 n 的增加,T_{dm} 降低,这意味着电动汽车的充电满意度增加。值得一提的是,当 n<3 时,r_f<100%,这意味着充电站规划不能满足所有电动汽车的需求。因此,当 n 从 1 变为 2 时,I 增加;而当 n>2 时,所有的充电需求都得到满足。此时,如果每年的建设和运营成本增加,而电力收入稳定,I 就会下降。总之,根据 14.5.2 小节所述的电动汽车充电需求的时空分布,每个运营商建设 3 个充电站是最优的,其既考虑到运营商的利益,又考虑到电动汽车车主的需求响应。

表 14-1　不同充电站数量下的规划指标

n	μ	Y	F_A/元	F_B/元	F_C/元	I/元	r_f/%	T_{dm}
1	100	0	5 065	3 836	3 381	12 282	71	7 057
2	99.74	34	4 099	4 177	4 683	12 959	98	3 785
3	95.56	512	4 039	3 272	3 714	11 025	100	3 085
4	95.67	380	2 217	4 992	1 238	8 447	100	2 523

14.5.4　充电站最优规划结果

经过如图 14-8 所示的 1 000 次迭代,得到表 14-2 中的位置规划结果,该位置规划结果可以极大地提高电动汽车车主的充电便利性。其中,$T_{dm}=3\,085$,根据 14.3.1 小节描述的分配原则,$S_{A1}=\{6;21;24\}$,$S_{B1}=\{11;12;29\}$,$S_{C1}=\{1;15;26\}$。

表 14-2　充电站位置规划结果

S_F	6	12	1	11	15	21	26	24	29
c_t	155	141	123	109	93	86	83	38	37

规划策略第二阶段的迭代曲线如图 14-9 所示,经过 300 次迭代后,规划策略第二阶段达到了近似纳什均衡。其中,$\mu=0.955\,6$,fitness $=512$,$r_f=1$。A、B 和 C 的规划结果见表 14-3 所列,如附录 D 的附图 D-27 所示,是运营商可以接受的最均衡的充电站设计,同时满足电动

汽车的充电需求。可以预见,由于电动汽车充电需求的时空分布,充电站的位置分布是不均匀的,因此,规划结果对提高电动汽车群体的充电满意度会有更好的效果。电动汽车对充电站的需求响应结果如图 14-10 所示,其中,n_t 是运营商计划的充电桩总数,EVO 是每个运营商在工作日和周末提供电动汽车服务的加权数量。A、B、C 曲线相似,反映了需求响应对指导区域内电动汽车的合理充电行为、保障运营商利益平衡的有效性。

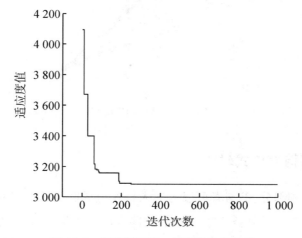

图 14-8　规划策略第一阶段的迭代曲线

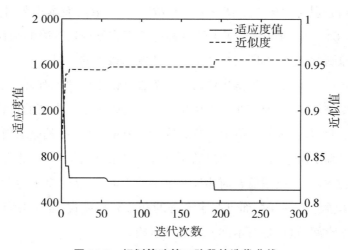

图 14-9　规划策略第二阶段的迭代曲线

表 14-3　非合作博弈规划结果

S_A	S_B	S_C	F_A/元	F_B/元	F_C/元
[6,14;21,14;24,1]	[11,14;12,3;29,9]	[1,9;15,13;26,10]	4 039	3 272	3 714

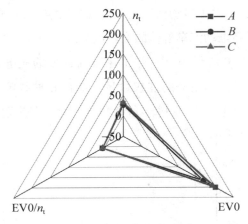

图 14-10　需求响应结果

14.5.5　不同博弈模式对比

在充电站容量规划部分,参与者可以与他人合作组成联盟,以实现联盟利益最大化,并通过合理分配来增加自己的利益[37]。参与者之间有两种类型的合作:第一种类型是三个参与者之间的完全合作博弈;而在第二种类型中,任何两个参与者都可以组成联盟,与另一个参与者竞争。它们分别为 $\{ABC\}$、$\{AB,C\}$、$\{A,BC\}$、$\{AC,B\}$,而本小节研究采用的非合作博弈模式为 $\{A,B,C\}$。表 14-4 给出了上述五种博弈模式下规划策略的纳什均衡,利益分配基于谁建谁得的原则,充电站的归属参考第一阶段规划策略的结果。

与非合作博弈模式相比,其他博弈模式下的 I 通过合作得到了改善,但参与者的收益并不都以同样的幅度增加,因为他们在合作优化之前已经确定了充电站的位置,而合作只保证了联盟的利益。因此,合作运营商需要进行二次利益分配,这不可避免地削弱了运营商规划充电站的独立性。综上所述,在本章提出的两阶段充电站规划结构中,非合作博弈是最合适的模式,因为它既提高了充电站运营商建设充电站的积极性,又保持了运营商之间正常的市场竞争关系和决策独立性;同时,如可制定合理的利益分配模式,合作博弈下的充电站方案将具有更大的操作空间,这也是对本部分研究的展望。

表 14-4　不同博弈模式下的纳什均衡

博弈模式	S_A	$F_A/元$	S_B	$F_B/元$	S_C	$F_C/元$	$I/元$
$\{A,B,C\}$	[6, 14; 21, 14; 24, 1]	4 039	[11, 14; 12, 3; 29, 9]	3 272	[1, 9; 15, 13; 26, 10]	3 714	11 025
$\{AB,C\}$	[6, 12; 21, 14; 24, 1]	4 877	[11, 1; 12, 4; 29, 9]	1 468	[1, 14; 15, 12; 26, 14]	5 137	11 482

博弈模式	S_A	F_A/元	S_B	F_B/元	S_C	F_C/元	I/元
$\{A,BC\}$	[6, 9; 21, 14; 24,14]	4 735	[11, 12; 12, 6; 29,1]	2 816	[1, 9; 15, 12; 26,9]	3 875	11 426
$\{AC,B\}$	[6, 10; 21, 6; 24,10]	4 742	[11, 11; 12, 7; 29,9]	4 224	[1, 6; 15, 7; 26,11]	3 999	12 965
$\{ABC\}$	[6, 8; 21, 7; 24,8]	4 465	[11, 7; 12, 8; 29,8]	4 430	[1, 8; 15, 7; 26,8]	4 492	13 387

14.6　结　　论

本章提出了一种基于非合作博弈论的两阶段规划策略,通过考虑多运营商场景中的出行需求来确定最佳的电动汽车充电站设计。本章所提出的方法可以提高充电站运营商的利益,并在满足电动汽车车主充电需求的同时尽可能实现平衡。在充电站规划之前,通过比较出行需求和电动汽车的电池状态,获得充电需求的时空分布。在规划策略的第一阶段,充电站的位置是根据交通结构选择的,以减少电动汽车的总空驶里程。在规划策略的第二阶段,基于非合作博弈论,充电站运营商致力于增加自身经济效益,结合 AMPSO 和近似纳什均衡计算充电站容量。由于博弈策略和电动汽车需求响应的影响,综合考虑了电动汽车车主和充电站运营商对特定区域充电站布局的影响。案例研究结果表明,本章所提出的规划策略是改善电动汽车车主充电体验、促进充电站合理规划、实现运营商利益平衡的可行且有效的方法。

参 考 文 献

[1]黄韧.“双碳”目标下北京市能源转型重点领域及路径研究[D].北京:华北电力大学,2021.

[2]新华网.习近平在第七十五届联合国大会一般性辩论上的讲话[EB/OL].(2020-09-22)[2025-03-24].https://www.xinhuanet.com/world/2020-09/22/c_1126527652.htm.

[3]新华网.习近平在气候雄心峰会上的讲话[EB/OL].(2020-12-12)[2025-03-24].https://www.xinhuanet.com/politics/leaders/2020-12/12/c_1126853600.htm.

[4]CHEN S,WEI Z N,GU W,et al. Carbon neutral oriented transition and revolution of energy systems:Multi-energy flow coordination technology[J]. Electric Power Automation Equipment,2021,41(9):3-12.

［5］HAN X Q,LI T J,ZHANG D X,et al. New issues and key technologies of new power system planning under double carbon goals［J］. High Voltage Engineering,2021,47(9):3036-3046.

［6］国务院办公厅. 新能源汽车产业发展规划(2021—2035 年)［R］. 国务院办公厅,2020.

［7］RUPP M,HANDSCHUH N,RIEKE C,et al. Contribution of country-specific electricity mix and charging time to environmental impact of battery electric vehicles:A case study of electric buses in Germany［J］. Applied Energy,2019,237:618-634.

［8］WU X M,FENG Q J,BAI C C,et al. A novel fast-charging stations locational planning model for electric bus transit system.［J］. Energy,2021,224:120106.

［9］CAPUDER T,SPRČIĆDM,ZORIČIĆ D,et al. Review of challenges and assessment of electric vehicles integration policy goals:Integrated risk analysis approach［J］. International Journal of Electrical Power and Energy Systems,2020,119:105894.

［10］CHEN J P,QIAN A,FEI X. EV charging station planning based on travel demand［J］. Electric Power Automation Equipment,2016,36(6):34-39.

［11］YANG J,WU F Z,YAN J,et al. Charging demand analysis framework for electric vehicles considering the bounded rationality behavior of users［J］. International Journal of Electrical Power & Energy Systems,2020,119:105952.

［12］PAL A,BHATTACHARYA A,CHAKRABORTY A K. Allocation of electric vehicle charging station considering uncertainties［J］. Sustainable Energy Grids and Networks,2020,25(6):100422.

［13］ZHOU K,CHENG L X,WEN L L,et al. A coordinated charging scheduling method for electric vehicles considering different charging demands［J］. Energy,2020,213:118882.

［14］SHAO C C,LI X L,QIAN T,et al. Traffic equilibrium-based fast charging load simulation for electric vehicles［J］. Proceedings of the CSEE,2021,41(4):1368-1376.

［15］AGHAPOUR R,SEPASIAN M S,ARASTEH H,et al. Probabilistic Planning of Electric Vehicles Charging Stations in an Integrated Electricity-Transport System［J］. Electric Systems Research,2020,189:106698.

［16］PAHLAVANHOSEINI A,SEPASIAN M S. Scenario-based planning of fast charging stations considering network reconfiguration using cooperative coevolutionary approach［J］. Journal of Energy Storage,2019,23:544-557.

［17］ALHAZMI Y A,MOSTAFA H A,SALAMA M M A. Optimal allocation for electric vehicle charging stations using Trip Success Ratio［J］. International Journal of Electrical Power & Energy Systems,2017,91:101-116.

［18］孟锦鹏,向月,顾承红,等. 面向可靠性提升的电动汽车充电基础设施协同优化规则［J］.电力自动化设备,2021,6:36-44.

［19］钱科军,谢鹰,张新松,等.考虑充电负荷随机特性的电动汽车充电网络模糊多目标规划［J］. 电网技术,2020,44(11):4404-4414.

［20］田梦瑶,汤波,杨秀,等.综合考虑充电需求和配电网接纳能力的电动汽车充电站规划［J］.电网技术,2021,45(2):498-506.

［21］LI H Z,QIANG W,GAO Y N,et al. Charging station planning considering users' travel characteristics and line availability margin of distribution network［J］.Automation of Electric Power Systems,2018,42(23):48-56.

［22］谭洋洋,杨洪耕,徐方维,等.基于投资收益与用户效用耦合决策的电动汽车充电站优化配置［J］.中国电机工程学报,2017,37(20):5951-5960.

［23］邹云程,刘昊翔,龙建成.考虑出行者异质的多类型充电设施部署优化［J］.系统工程理论与实践,2020,40(11):2946-2957.

［24］PAHLAVANHOSEINI A,SEPASIAN M S. Optimal planning of PEV fast charging stations using an auction-based method［J］.Journal of Cleaner Production,2020,246:118999.

［25］LIU J Y,PEPER J,LIN G,et al. A planning strategy considering multiple factors for electric vehicle charging stations along German motorways［J］.International Journal of Electrical Power & Energy Systems,2021,124:106379.

［26］MENG X Y,ZHANG W G,BAO Y,et al. Sequential construction planning of electric taxi charging stations considering the development of charging demand［J］.Journal of Cleaner Production,2020,259:120794.

［27］PAHLAVANHOSEINI A,SEPASIAN M S. Optimal planning of PEV fast charging stations using nash bargaining theory［J］.Journal of Energy Storage,2019,25:100831.

［28］李至骜,陈来军,刘当武,等.基于主从博弈的储能电站容量电费定价方法［J］.高电压技术,2020,46(2):519-526.

［29］FANG Y,WEI W,MEI S,et al. Promoting electric vehicle charging infrastructure considering policy incentives and user preferences:An evolutionary game model in a small-world network［J］.Journal of Cleaner Production,2020,258:120753.

［30］WU T,MA L,MAO Z G,et al. Setting up charging electric stations within residential communities in current China:Gaming of government agencies and property management companies［J］.Energy Policy,2015,77:216-226.

［31］ZHU Y S,YANG J L,LIU Z F,et al. Research on capacity configuration of wind-PV-EV based on game theory[J]. ActaEnergiae Solaris Sinica,2020,41(9):95-103.

[32]LU Z G,SHI L,GENG L J,et al. Non-cooperative game pricing strategy for maximizing social welfare in electrified transportation networks[J]. International Journal of Electrical Power & Energy Systems,2021,130(2):106980.

[33]WU W,MENG X R,KANG Q Y,et al. New PSO based algorithm for finding mixed strategy approximate Nash equilibrium [J]. Application Research of Computers, 2014, 31(8): 2299-2302.

[34]叶德意,何正友,臧天磊.基于自适应变异粒子群算法的分布式电源选址与容量确定[J].电网技术,2011,35(6):155-160.

[35]邵尹池,穆云飞,余晓丹,等."车-路-网"模式下电动汽车充电负荷时空预测及其对配电网潮流的影响[J].中国电机工程学报,2017,37(18):5207-5219.

[36]姜欣,冯永涛,熊虎,等.基于出行概率矩阵的电动汽车充电站规划[J].电工技术学报,2019,34(z1):272-281.

[37]梅生伟,王莹莹,刘锋.风-光-储混合电力系统的博弈论规划模型与分析[J].电力系统自动化,2011,35(20):13-19.

▶ 第15章 考虑用户动态充电需求的电动汽车充电站规划

15.1 引　言

具有高效、清洁、环保等优点的电动汽车在推进绿色低碳发展、二氧化碳排放尽早达峰等方面发挥了重要作用,近年来其保有量迅速增长[1]。2021年,中国电动汽车数量达到794万辆,充电桩保有量为261.7万台,但实际公共充电桩数仅有114.7万台,远未实现"车桩1∶1"目标[2]。未来需建设更多的充电站来满足EV用户的充电需求,在此背景下,EV充电站的合理规划建设尤为重要。

充电站作为一种为用户提供充电服务的公共设施,EV充电负荷的时空分布直接影响其建设位置和容量配置。从国内外学者的相关研究来看,EV充电负荷的时空分布受交通状况[3]、环境温度[4]、用户出行特性[5]以及里程焦虑[6]等多种因素的影响。赵书强等人[7]基于出行链理论来模拟用户出行规律,通过蒙特卡洛方法对电动汽车的充电负荷进行预测。宋雨浓等人[8]考虑道路红绿灯位置的影响,建立一种按步长仿真的车辆时空转移模型。张美霞等人[9]考虑多源信息实时交互,构建基于后悔理论的充电站选择模型,得到充电站充电负荷信息。

充电站规划问题涉及充电站经营者[10]、EV用户[11]和配电网[12]等多个相关利益主体。藏海祥等人[13]在多种场景下,对EV用户的充电需求进行预测,建立综合考虑用户侧与非用户侧双方利益的多目标规划模型。陈静鹏等人[14]基于用户出行需求,构建以EV用户空驶成本最小为目标的选址定容规划模型。但是现有研究对EV充电负荷的时空分布特性以及充电站规划问题的研究仍存在以下局限。

(1)上述文献虽然考虑了交通路网约束,但是对交通拥堵的时变特性分析不足,亦弱化了车速和环境温度的实时变化对单位里程耗电量的影响。

（2）以往的研究大多先预测出 EV 充电负荷的时空分布,在充电站规划时,假设用户就近选择充电站进行充电,并没有具体分析不同 EV 用户的动态充电需求,得到的充电站充电负荷信息会有误差。

（3）目前,在充电站规划时,考虑 EV 用户充电满意度的研究尚不完善,EV 用户充电满意度主要由前往充电站的时间损失、电量损耗,以及站内排队时间决定。

针对以上分析,本章提出一种考虑用户动态充电需求的电动汽车充电站规划方法。首先,基于 EV 用户出行特性、实时交通信息、环境温度以及里程焦虑等因素,通过改进 Dijkstra 算法模拟 EV 出行过程,建立考虑用户动态充电需求的充电站选择模型;其次,采用 M/M/c 排队论方法对充电站进行容量配置,建立以充电站建设运维成本和 EV 用户经济损失之和最小为目标的充电站规划模型;最后,以某市主城区部分的实际道路情况为规划区域,验证本章所提方法的有效性与合理性。

15.2　电动汽车用户出行特性

15.2.1　基于出行链方式的私家车出行特征

出行链可以很好地模拟电动私家车的出行过程,出行链就是围绕人的所有出行活动构成的一个完整的出行链条,从起始点出发,在一定时间顺序上依次经过若干目的地,最后到达终点结束全部出行的过程[7]。本小节以家作为私家车用户的起点和终点,所构成的 3 种典型出行链结构如图 15-1 所示,假设 3 种出行链的概率分别为 52.8%、24.1%、23.1%[14]。

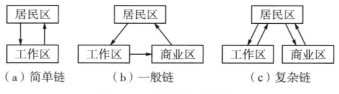

（a）简单链　　　　（b）一般链　　　　（c）复杂链

图 15-1　典型出行链结构

根据美国交通部居民出行数据统计结果[14],私家车用户第一次出行时刻和下班时刻均服从正态分布[7],在商业区的停留时间服从广义极值分布[7]。

15.2.2　基于出行概率矩阵的出租车出行特征

当前,出租车的运营模式主要实行轮班制,车辆由多名司机轮班驾驶运营。出租车在早上 6 点换班时间的出行概率最大,其目的地由乘客决定,具有很强的不确定性和随机性,因此,采用 OD（origin-destination）分析法来描述出租车的出行特征。OD 分析是一种广泛应用于道路规划和交通仿真的方法,通过调查统计可以确定出租车出行起讫点的分布规律,从各时段城市路网节点的 OD 概率矩阵得到电动出租车的出行目的地[6]。

15.3　交通路网架构

15.3.1　静态交通路网架构

根据图论的原理来描述交通路网拓扑结构特征,图 $G=(V,E)$ 表示路网的拓扑结构图,V 为路网中所有节点的集合 $\{1,2,\cdots,n\}$,即道路的起止点或交叉口;E 为路网中所有路段的集合。在如图 15-2 所示的交通路网拓扑结构中,道路都为双行道,采用道路长度对交通路网图量化赋值,其静态交通路网拓扑结构可由式(15-1)的矩阵 D 表示。

$$D=\begin{bmatrix} 0 & l_{12} & l_{13} & \cdots & l_{1N} \\ l_{21} & 0 & l_{23} & \cdots & l_{2N} \\ l_{31} & l_{32} & 0 & \cdots & l_{3N} \\ \vdots & \vdots & \vdots & \ddots & \vdots \\ l_{N1} & l_{N2} & l_{N3} & \cdots & 0 \end{bmatrix} \tag{15-1}$$

式中,N 为交通路网中道路节点总数量;$l_{ij}(i,j=1,2,\cdots,N$ 且 $i\neq j)$ 为路网中直连道路 ij 的长度,当两节点没有道路直接连通时,l_{ij} 的取值为 inf。矩阵 D 中的元素值由道路长度构成,不随时间变化,故称之为静态交通路网。

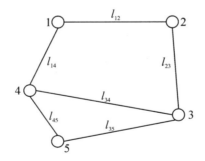

图 15-2　交通路网拓扑结构

15.3.2　动态交通路网架构

交通路网中道路在不同时刻的拥堵情况完全不同,不同道路等级的 EV 平均行驶速度可由式(15-2)计算。

$$
\begin{cases}
V_{ij}(t) = \dfrac{V_{ij\max}}{1+\left[\dfrac{q_{ij}(t)}{C_{ij}}\right]^{\beta}} \\[4mm]
\beta = b + c\left[\dfrac{q_{ij}(t)}{C_{ij}}\right]^{n}
\end{cases}
\tag{15-2}
$$

式中,$V_{ij\max}$ 为路段 ij 的零流速度;$q_{ij}(t)$ 为 t 时刻路段 ij 的车流量;C_{ij} 为道路 ij 的最大通行能力,与道路等级成正比;$q_{ij}(t)$ 与 C_{ij} 的比值为 t 时刻路段饱和度;β 为经验系数。不同等级道路的相关系数 b、c、n 的取值参考文献[6]。

由式(15-2)可知,t 时刻车辆在道路 ij 上的通行耗时可表示为

$$
T_{ij}(t) = l_{ij}V_{ij}(t)^{-1}
\tag{15-3}
$$

把静态交通路网模型中矩阵 $\boldsymbol{D}$ 的元素 l_{ij} 替换为 $l_{ij}V_{ij}(t)^{-1}$,形成新的矩阵 $\boldsymbol{D}_t$,可间接反映时段 t 车辆在交通路网中任一条道路上的通行耗时,$\boldsymbol{D}_t$ 即为考虑道路等级和实时车流量的动态交通路网模型,见式(15-4)。

$$
\boldsymbol{D}_t = \begin{bmatrix}
0 & l_{12}V_{12}(t)^{-1} & l_{13}V_{13}(t)^{-1} & \cdots & l_{1N}V_{1N}(t)^{-1} \\
l_{21}V_{21}(t)^{-1} & 0 & l_{23}V_{23}(t)^{-1} & \cdots & l_{2N}V_{2N}(t)^{-1} \\
l_{31}V_{31}(t)^{-1} & l_{32}V_{32}(t)^{-1} & 0 & \cdots & l_{3N}V_{3N}(t)^{-1} \\
\vdots & \vdots & \vdots & \ddots & \vdots \\
l_{N1}V_{N1}(t)^{-1} & l_{N2}V_{N2}(t)^{-1} & l_{N3}V_{N3}(t)^{-1} & & 0
\end{bmatrix}
\tag{15-4}
$$

15.4 充电站需求模型

15.4.1 最短耗时出行路径规划

利用蒙特卡洛方法为 EV 用户抽取起讫点后,从起始点开始有多种行驶路径可以到达目的地。通常情况下,EV 用户会选择耗时最短的出行路线。传统的 Dijkstra 算法常用于解决网络图论模型的最短路径规划问题,基本思想是利用静态交通路网矩阵 $\boldsymbol{D}$,以式(15-5)为目标函数,在所有可能的 R 中求出令 L 值最小的行驶路线[8]。

$$
L = \sum_{(i,j)\in R} l_{ij}
\tag{15-5}
$$

式中,R 为路径所含道路集合;L 为路径 R 的总长度。

在传统 Dijkstra 算法思想的基础上,结合不同时刻的动态交通路网矩阵 $\boldsymbol{D}_t$,以式(15-6)中的 L' 值最小为目标,求得最短耗时出行路径。

$$L' = \sum_{(i,j) \in R} l_{ij} V_{ij}(t)^{-1} \qquad (15\text{-}6)$$

15.4.2　实时单位里程功耗

15.4.2.1　交通-能耗关系

交通拥堵在影响车辆行驶速度的同时,会导致车辆频繁地制动和启动,从而增加耗电量。基于实时交通拥堵情况建立单位里程耗电量模型[8],单位里程耗电量可由式(15-7)计算。

$$\omega_{l,ij}^{t} = \sum_{n=-1}^{2} a_n [V_{ij}(t)]^n \qquad (15\text{-}7)$$

式中,$\omega_{l,ij}^{t}$ 为不同道路等级下的单位里程耗电量;a_n 为不同道路等级的交通能耗系数[8]。

15.4.2.2　温度-能耗关系

环境温度的变化会对电池的性能产生影响,空调系统的使用也会产生额外耗电量。本小节引入式(15-8)来表示车辆单位里程耗电量与环境温度之间的函数关系[8]。

$$\omega_T = \sum_{n=0}^{5} b_n (1.8T + 32)^n \qquad (15\text{-}8)$$

式中,T 为环境温度;ω_T 为不同环境温度下的单位里程耗电量;b_n 为温度能耗系数[8]。

15.4.2.3　综合能耗

由温度-能耗关系可知,在 20 ℃ 时,车辆的单位里程耗电量最小,以 ω_{20} 为基准,定义温度 T 时的耗电量比 k_T 为

$$k_T = \frac{\omega_T}{\omega_{20}} \qquad (15\text{-}9)$$

$$\omega_{ij}^{t} = k_T \omega_{l,ij}^{t} \qquad (15\text{-}10)$$

综合考虑交通和温度的影响,实时单位里程耗电量可以用式(15-10)计算。

15.4.3　动态充电需求判断

车辆 t 时刻剩余电量 $C_{\mathrm{ap},t}$ 可由式(15-11)计算:

$$C_{\mathrm{ap},t} = C_{\mathrm{ap},t-1} - \sum_{(i,j) \in R} l_{ij} \omega_{ij}^{t-1} \qquad (15\text{-}11)$$

式中,$\omega_{i,j}^{t-1}$ 为 $t-1$ 时刻路段 ij 的实时单位里程耗电量。当 t 时刻的电动汽车电量满足以下特征时,产生充电需求。

（1）对于私家车来说,出行链结构比较固定,当车辆开始下一段行程前,判断当前电量是否满足出行所需电量。式(15-12)为判断私家车在 t 时刻的电量是否满足下段行程出行所需电量。

$$C_{\mathrm{ap},t} \leqslant C_{\mathrm{ap},ij} \tag{15-12}$$

式中, $C_{\mathrm{ap},ij}$ 为下一次出行所需电量。

（2）对于出租车来说,停车时间较短,考虑到出租车司机的里程焦虑不同,设置 SOC 阈值服从 $[0.15\sim0.3]$ 均匀分布。式(15-13)为判断 t 时刻的出租车电量是否达到用户的心理充电阈值。

$$C_{\mathrm{ap},t} \leqslant C_{\mathrm{ap},c} \tag{15-13}$$

式中, $C_{\mathrm{ap},c}$ 为用户充电阈值电量。

15.4.4 考虑用户动态需求的充电站选择模型

当用户产生充电需求时,先分析 EV 用户动态充电需求信息,由改进的 Dijkstra 算法计算从充电需求点前往充电站 j 和充电完成后前往目的地的行程时间之和,充电站选择模型可表示为

$$F_{Tj} = \left(\sum_{h_1 \in R_1} \Delta T_{h_1} + \sum_{h_2 \in R_2} \Delta T_{h_2} \right) \tag{15-14}$$

式中, F_{Tj} 为选择充电站 j 时的综合行程时间; R_1 和 R_2 分别为用户从充电需求点前往充电站和补电之后前往目的地的最短耗时路径集合。EV 用户会选择综合行程时间最短的充电站,充电站需求模型流程图如图 15-3 所示。

15.5 充电站规划策略

15.5.1 目标函数

建设 EV 充电站时不仅要考虑充电站经营者的投资成本,同时要兼顾提供充电服务过程中的用户满意度[2]。本小节考虑充电站经营者与 EV 用户双方利益具有同等重要性,建立充电站选址定容优化模型,以充电站年化总经济成本最低为目标函数,见式(15-15)。

$$F = F_1 + F_2 \tag{15-15}$$

式中, F 为充电站年化总经济成本; F_1 为充电站年建设运维成本; F_2 为用户年化经济损失。

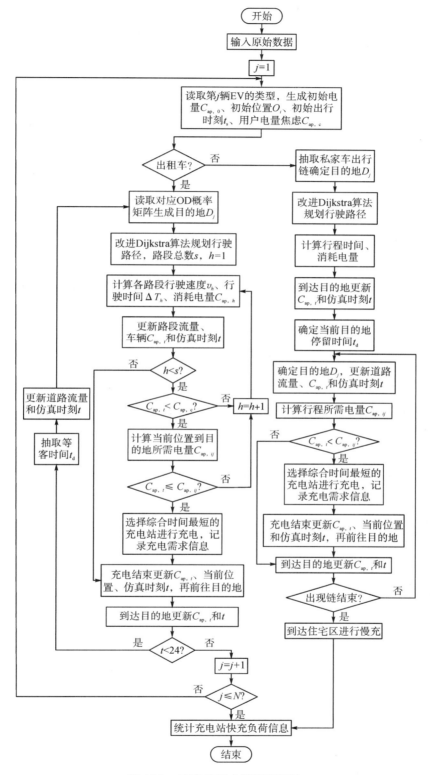

图 15-3　充电站需求模型流程图

15.5.1.1 充电站年建设运维成本

充电站的年建设运维成本包括年建设成本和年运维成本,计算公式为

$$F_1 = \sum_{j=1}^{M} \left[\frac{r_0 (1 + r_0)^{y_s}}{(1 + r_0)^{y_s} - 1} f(N_{chj}) \right] + \sum_{j=1}^{M} C_{yj} \qquad (15\text{-}16)$$

$$f(N_{chj}) = C_j + q N_{chj} \qquad (15\text{-}17)$$

式中,M 为充电站数量;N_{chj} 为充电站平均折旧率;r_0 为充电站平均折旧率;$f(N_{chj})$ 为充电站建设成本函数;C_j 为第 j 个充电站的固定投资成本;q 为单个充电桩购买及土地租金等相关费用;y_s 为充电站最高使用年限;C_{yj} 为第 j 个充电站的年运维成本,充电站的运维成本与日运行容量成正比[2]。充电站的年运维成本为

$$C_{yj} = (k_1 + k_2) C_{ap,rpj} T_y \qquad (15\text{-}18)$$

式中,k_1 为员工工资比例系数;k_2 为并网成本比例系数;$C_{ap,rpj}$ 为第 j 个充电站的日运行容量。

15.5.1.2 用户年化经济损失

综合考虑用户前往充电站的路途耗时、站内排队时间和充电路途电量损耗,用式(15-19)计算用户年化经济损失:

$$F_2 = T_y \sum_{j=1}^{M} (C_{wj} + C_{mj} + C_{ccj}) \qquad (15\text{-}19)$$

式中,C_{wj} 为 EV 用户从充电需求点前往第 j 个充电站的路途时间成本,可用式(15 - 20)计算;C_{mj} 为第 j 个充电站内的用户排队时间成本;C_{ccj} 为用户从充电需求点行驶至第 j 个充电站的电量损耗成本。

$$C_{wj} = C_{uat} \sum_{i \in J_{csj}} \Delta T_{ij} \qquad (15\text{-}20)$$

式中,C_{uat} 为用户的单位时间等效经济损失;J_{csj} 为选择到第 j 个充电站充电的充电需求点集合。

本小节基于 M/M/c 排队论方法来计算车主排队等待时间。假设车辆到达充电站的过程服从泊松分布[15],以每小时在充电站接受服务的充电车辆作为参数 λ,则用户平均等待时间 W_q 为

$$W_q = \frac{(N_{chj} p)^{N_{chj}} p}{N_{chj}! \ (1 - p)^2 \lambda} P_0 \qquad (15\text{-}21)$$

$$P_0 = \left[\sum_{k=0}^{N_{chj}-1} \frac{(\lambda/\mu)^k}{k!} + \frac{(\lambda/\mu)^{N_{chj}}}{N_{chj}! \ (1 - p)} \right]^{-1} \qquad (15\text{-}22)$$

$$p = \frac{\lambda}{c\mu} \tag{15-23}$$

式中, p 为充电桩服务强度; μ 为单个充电桩 1 h 能完成充电服务的车辆数。在第 j 个充电站接受充电服务的 EV 用户排队时间成本 C_{mj} 可表示为

$$C_{mj} = C_{uat} \sum_{k=1}^{24} W_{qk}\lambda_k \tag{15-24}$$

式中, W_{qk} 为 k 时刻充电站 j 内的平均排队时间; λ_k 为充电站 j 内 k 时刻的充电车辆数。

用户前往第 j 个充电站产生的路途电量损耗成本 C_{ccj} 为

$$C_{ccj} = C_{jg} = \sum_{i \in J_{csj}} C_{ap,ij} \tag{15-25}$$

式中, C_{jg} 为用户充电单价; $C_{ap,ij}$ 为从充电需求点到第 j 个充电站所耗费的电量。

15.5.2　充电站容量配置

以充电站的系统单位总费用(系统服务成本与等待成本之和)最小为目标,建立充电站容量配置优化模型:

$$\min F(N_{chj}) = C_s N_{chj} + C_{uat} L_s \tag{15-26}$$

$$L_s = \frac{(N_{chj}p)^{N_{chj}}p}{N_{chj}!\ (1-p)^2}p_0 + \frac{\lambda}{\mu} \tag{15-27}$$

式中, C_s 为单位时间内每个充电桩的使用成本; L_s 为单位时间的平均队长; $p<1$ 为式(15-27)成立的必要条件。

15.5.3　约束条件

15.5.3.1　充电桩配置约束

$$N_{chmin} \leqslant N_{chj} \leqslant N_{chmax} \tag{15-28}$$

式中, N_{chmin}、N_{chmax} 分别为充电站内充电桩最小和最大配置数量。

15.5.3.2　排队等待时间约束

$$W_q \leqslant W_{max} \tag{15-29}$$

式中, W_{max} 为排队等待时间的最大值。

15.5.3.3　充电站覆盖强度约束

为了避免用户前往充电站行驶的距离过长和充电站分布过于集中,相邻两个充电站之

间的距离 $L_{j,j+1}$ 应不大于充电站服务半径的 2 倍[15]。

$$R_s \leqslant L_{j,j+1} \leqslant 2R_s \qquad (15\text{-}30)$$

式中，R_s 为充电站的服务范围；$L_{j,j+1}$ 为节点 j 和节点 $j+1$ 之间的实际距离。

15.5.4　求解流程

在求解过程中，首先，依据建设充电站数量 M，列出候选充电站站址组合，筛选出满足式（15-30）约束的候选站址组合，利用蒙特卡洛方法通过充电站需求模型动态模拟，得到候选站址组合的充电站快充需求信息；其次，基于排队论方法，采用粒子群算法以式（15-26）所得值最小为目标对充电站进行容量配置，过程需满足式（15-28）和式（15-29）的约束条件；最后，根据式（15-15）至式（15-25）计算各充电站候选站址组合年化总经济成本 F，获得该模型充电站站址组合及容量的最优规划。

15.6　算　例　分　析

15.6.1　参数设置

以如图 15-4 所示的某城区部分的主要道路为规划区域，该区域共分为居民区、商业区和工作区，包含 29 个道路节点和 49 条道路，各道路参数见文献[7]。本小节假设该区域中共有 8 000 辆电动私家车、2 000 辆电动出租车，算例所用的电动出租车电池额定容量为 60 kW·h，私家车电池额定容量为 24 kW·h。初始出行时电池荷电状态服从正态分布 $(0.6, 0.1^2)$，充电站充电功率为 60 kW，充电效率为 0.9，充电站选址定容模型相关参数设置见表 15-1 所列。

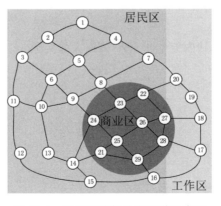

图 15-4　规划区域部分主干道示意图

表 15-1　充电站选址定容模型相关参数

参数	取值	参数	取值
$r_0/\%$	8	y_s/a	20
$C_j/万元$	100	$q/万元$	11
k_1	0.01	k_2	0.071
T_y	365	$C_{uat}/(元 \cdot h^{-1})$	21.44
μ	2	$C_{jg}/[元 \cdot (kW \cdot h)^{-1}]$	1.8
W_q/min	12	$C_s/(元 \cdot h^{-1})$	5.07
N_{chmin}	15	N_{chmax}	45

15.6.2　规划结果及分析

规划区域充电站建设数量范围设置为 5～8 座,对应充电站综合年化经济成本见表 15-2 所列。

从表 15-2 可以看出,随着充电站建设数量的增多,充电站年建设成本呈增加趋势,因为充电站建设数量增多,导致充电站的固定投资成本、充电桩的购买和安装成本都相应增加。充电站年运维成本相近,因为区域内的车辆数固定,充电站日运行容量的变化不大。充电路途耗时成本、耗电成本和排队时间成本呈减小趋势,因为更多的充电站投入使用,增加了用户充电的便利度,减少了 EV 用户前往充电站的行驶时间损耗电量和排队时间,同时提升了用户的充电满意度。当规划区域建设 6 座充电站时,充电站综合年化总经济成本最低,为 598.13 万元。

表 15-2　充电站综合年化经济成本

充电站数量/座	充电站年建设成本/万元	充电站年运维成本/万元	年充电路途耗时成本/万元	年排队时间成本/万元	年充电路途耗电成本/万元	年化总经济成本/万元
5	223.74	98.38	123.50	74.45	93.31	613.38
6	237.13	97.39	109.85	69.53	84.23	598.13
7	259.20	99.36	105.88	66.08	80.11	610.63
8	290.91	98.53	94.36	60.45	71.90	616.15

15.6.3　最优充电站位置和容量

给建设的 6 座充电站编号为 CS1～CS6,最优充电站组合规划结果见表 15-3 所列。结合表 15-3 和图 15-4 可以看出,充电站的位置分布比较均匀,站间距离合适,能很好地为整个区域提供快充服务。附录 D 的附图 D-28 为快充需求时空分布图,从附图 D-28 看出,快充需求数在 14:00—15:00 出现第一个峰值,快充点分布比较均匀,这是因为出租车在经历一上午的寻客和载客后电量不足;在 20:00—21:00 出现另一个峰值,快充需求点集中在从工作区和商业区回居民区的道路节点,私家车用户下班或在经历商业活动之后的电量不满足下段行程所需电量,因此产生快充需求。

表 15-3　最优充电站组合规划结果

充电站编号	道路节点	配电网节点	充电桩数量
CS1	7	6	19
CS2	10	8	27
CS3	14	14	33
CS4	18	24	36
CS5	23	25	22
CS6	29	19	21

图 15-5 为充电站 CS1 ~ CS6 一天的充电车辆数分布图,从图 15-5 中可以看出,选择在充电站 CS2、CS3、CS4 进行补电的车辆数较多,因为充电需求点大多分布在从商业区和工作区返回居民区的路上,EV 用户选择综合行程时间最短的充电站。这些充电站位于居民区和工作区的重要道路节点,也是出租车接送客路线和私家车回居民区路线的主要经过节点。图 15-6 为充电站快充负荷分布图,从图 15-6 可以看出,充电负荷的分布特性和 EV 用户的充电行为相一致,充电站 CS2、CS3、CS4 服务的 EV 用户数量较多。从充电站综合年化经济成本中看出,充电站的年排队等待时间成本并不高,因为这些充电站拥有更多的充电桩,减少用户排队时间,在一定程度上反映了充电站容量配置的合理性。充电站的建设运维成本、EV 用户的路途耗时和电量损耗成本均与充电站容量及服务车辆数呈正相关,证明了本章提出的充电站选址定容模型的合理性。

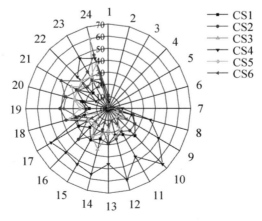

图 15-5　充电车辆数分布图

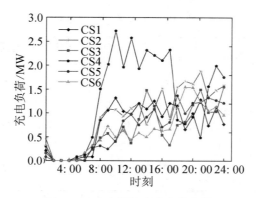

图 15-6 充电站快充负荷分布图

15.6.4 充电站选择行为对比结果分析

为了分析用户选择充电站行为对规划结果的影响,设置如下方案。

方案 1:采用本章所提充电站选择方法。

方案 2:用户在选择充电站时只考虑距离因素。

以建设的 6 个充电站为例,不同方案规划结果见表 15-4 所列,可以看出,方案 2 中的充电站主要分布在各功能区车流量较大的道路节点,附近的充电需求车辆较多,用户在选择充电站时,只考虑距离因素,同一时段充电车辆前往同一充电站的概率增加。充电站建设道路节点 18 和 22 分别位于工作区和商业区,EV 用户的出行活动频率较高,产生的快充需求车辆数也随之增多,充电站内的充电桩配置也相对较多。

方案 2 中的充电站年建设成本相比方案 1 增加了 9.96 万元,因为建设的总充电桩数量增多,虽然使 EV 用户年排队时间成本减少 4.12 万元,但用户年路途耗时和路途电量损耗成本相对方案 1 都增加了,用户选择距离最近的充电站,没有考虑路段交通拥堵的影响,前往充电站路程花费的时间和损耗电量不一定就少。用户在充电站补电后前往目的地的年路途成本为 164.77 万元,对比方案 1 增加 89.56 万元,充电站年化总经济成本 F 也比方案 1 高,证明本章提出的选择综合行程时间最短的充电站选择方法更具有优势,能够使 EV 用户规避交通拥堵路段,以最短的行程时间到达目的地,减少了用户的时间损失和电量损耗成本。

表 15-4 不同方案规划结果

方案	最优充电站选址	最优充电桩数量	充电站综合年化成本/万元						用户补电后年路途成本/万元
			$f(N_{chj})$	C_{yj}	C_{wj}	C_{mj}	C_{ccj}	F	
1	7，10，14，18，23，29	19，27，33，36，22，21	237.13	97.39	109.85	69.53	84.23	598.13	75.21
2	5，13，16，18，21，22	26，19，17，39，22，43	247.09	96.11	115.11	65.41	87.16	610.88	164.77

15.6.5 不同规划目标结果分析

为了分析充电站投资成本和用户经济损失对规划结果的影响，以建设的 6 个充电站为例，表 15-5 展示了 12 个典型充电站候选站址组合规划结果。附录 D 的附图 D-29 为典型组合综合年化经济成本图。

表 15-5 12 个典型充电站候选站址组合规划结果

方案	充电站选址	充电桩数量	目标	
			F_1/万元	F_2/万元
1	5,13,16,17,21,22	34,31,16,33,22,28	328.491	272.314
2	5,13,17,20,24,26	22,36,25,34,23,31	347.070	259.737
3	6,7,13,16,18,26	36,22,27,16,38,39	356.872	253.949
4	6,13,16,18,21,22	39,22,16,38,17,28	341.041	262.113
5	7,9,13,17,22,25	22,35,27,36,17,26	338.343	285.507
6	7,10,14,18,23,29	19,27,33,36,22,21	334.520	263.610
7	7,13,16,18,24,26	31,30,16,35,27,30	346.436	283.022
8	7,9,13,16,21,22	34,31,24,19,19,26	327.593	323.162
9	8,13,16,20,21,28	39,37,16,39,18,26	352.927	302.233
10	9,13,16,20,21,28	34,27,16,39,20,30	342.488	308.296
11	10,14,16,17,20,26	36,33,16,28,31,28	353.339	249.910
12	13,16,17,20,24,26	28,17,29,35,31,34	351.747	274.039

由表 15-5 可知，在充电站规划只考虑 EV 用户利益时，方案 11 为最优解，用户年经济损失成本为 249.910 万元，充电站年建设运维成本为 353.339 万元。单独考虑充电站投资方利益时，方案 8 为最优解，充电站年建设运维成本为 327.593 万元，用户年经济损失成本为 323.162 万元。

本章提出的电动汽车充电站规划方法中，充电站经营者和 EV 用户双方利益具有同等重要性，结合表 15-5 和附图 D-29 可知，方案 6 是本章所提模型的最优解方案，各方案的充电站年运维成本相近,是因为充电站接受充电服务的总容量相近。方案 6 的充电站建设成本、用户前往充电站的时间和电量损失成本、充电站内排队时间成本相比其他方案都不是最低的,但是该方案的综合年化总经济成本 F 为 598.13 万元,是各方案中最具有优势的,这证明了本章所提模型的优势性,充分保障了充电站经营者与 EV 用户双方的利益。

15.7　结　　论

本章提出考虑用户动态充电需求的电动汽车充电站规划方法,并以某市主城区部分的实际道路情况为规划区域进行仿真分析,得到以下主要结论。

(1)建立考虑用户动态充电需求的充电站选择模型分析用户实际充电需求信息,EV 用户选择综合行程时间最短的充电站,规避拥堵路段,在充电完成后快速前往目的地,减少 EV 用户经济损失。

(2)以充电站年化总经济成本最低为优化目标,充电站建设运维成本和 EV 用户经济损失成本之和较低,规划的充电站建设位置和充电桩数量配置比较合理,符合实际情况,充分保障了双方利益,证明了本章所提模型的合理性和可行性。

参 考 文 献

[1]SUN S Y,YANG Q,YAN W J. Optimal temporal-spatial PEV charging scheduling in active power distribution networks[EB/OL].(2017-09-19)[2022-03-17]. https://doi. org/10. 1186/541601-017-0065-x.

[2]严干贵,刘华南,韩凝晖,等.计及电动汽车时空分布状态的充电站选址定容优化方法[J].中国电机工程学报,2021,41(18):6271-6284.

[3]李晓辉,李磊,刘伟东,等.基于动态交通信息的电动汽车充电负荷时空分布预测[J].电力系统保护与控制,2020,48(1):117-125.

[4]YAN J,ZHANG J,LIU Y Q,et al. EV charging load simulation and forecasting considering traffic jam and weather to support the integration of renewables and EVs[J]. Renewable energy,2020,159:623-641.

[5]张琳娟,许长清,王利利,等.基于 OD 矩阵的电动汽车充电负荷时空分布预测[J].电力系统保护与控制,2021,49(20):82-91.

[6]邵尹池,穆云飞,余晓丹,等."车-路-网"模式下电动汽车充电负荷时空预测及其对配电网潮流的影响[J].中国电机工程学报,2017,37(18):5207-5219,5519.

［7］赵书强,周靖仁,李志伟,等.基于出行链理论的电动汽车充电需求分析方法［J］.电力自动化设备,2017,37(8):105-112.

［8］宋雨浓,林舜江,唐智强,等.基于动态车流的电动汽车充电负荷时空分布概率建模［J］.电力系统自动化,2020,44(23):47-56.

［9］张美霞,孙铨杰,杨秀.考虑多源信息实时交互和用户后悔心理的电动汽车充电负荷预测［J］.电网技术,2022,46(2):632-645.

［10］LIU Y B,XIANG Y,TAN Y Y,et al. Optimal allocation model for EV charging stations coordinating investor and user benefits［J］. IEEE Access,2018,6:36039-36049.

［11］SADEGHI-BARZANI P,RAJABI-GHAHNAVIEH A,KAZEMI-KAREGAR H. Optimal fast charging station placing and sizing［J］. Applied Energy,2014,125:289-299.

［12］张忠会,刘故帅,熊剑峰,等.基于谱聚类算法的城市充换电站分布决策［J］.郑州大学学报(工学版),2017,38(5):32-38.

［13］臧海祥,舒宇心,傅雨婷,等.考虑多需求场景的城市电动汽车充电站多目标规划［J］.电力系统保护与控制,2021,49(5):67-80.

［14］陈静鹏,艾芊,肖斐.基于用户出行需求的电动汽车充电站规划［J］.电力自动化设备,2016,36(6):6.

［15］姜欣,冯永涛,熊虎,等.基于出行概率矩阵的电动汽车充电站规划［J］.电工技术学报,2019,34(S1):272-281.

第16章 基于源荷相关性的 DG 和 EV 充电站联合优化配置

16.1 引 言

随着全球对环境污染和化石能源问题的重视,分布式发电(distributed generation,DG)和电动汽车接入配电网已成为研究趋势[1-2]。然而,其存在大规模、随机和间歇性的特点,需要从源荷相关角度构建 DG 和 EV 充电站(EV charging station,EVCS)联合优化配置模型来解决。

目前,一些关于 EVCS 选址和容量选择的研究主要考虑了多方需求的影响。文献[3-4]针对投资成本和网络损耗,构建了多目标协同规划模型,以提高电动汽车充电服务的便利性。文献[5]构建了交通配电网协调规划框架,以改善道路拥堵、降低网络损失成本。文献[6-7]从用户的出行行为和充电需求等方面,提出多种方法来增加 EVCS 的覆盖范围,提高用户的出行便利性。文献[8-9]为解决电动汽车充电负荷的不确定性,引入 DG 对电动汽车充电系统规划的影响。

以上研究主要集中在电动汽车的单独规划上,没有提及 DG 与充电负荷的相关性。因此,文献[10]考虑供需之间不匹配的情况,提出了一种基于人工智能(Artificial Intelligence,AI)的电动汽车充电设施与分布式发电规划策略。文献[11]根据不同的充电需求在时间和空间上建立了基于马尔可夫决策过程的动态联合配置,其中包括每个 EVCS 的充电协调机制。

本章从时间和空间的角度介绍了多源信息对充电负荷的影响。此外,考虑充电负荷与 DG 之间的协调性和互补性,优化 DG 和 EVCS 的布局。本章的贡献体现在以下几个方面。

(1)采用 k-means 聚类算法,基于历史数据对典型场景进行优化。

(2)考虑交通道路阻力和温度变化,构建电动汽车充电负荷的时空模型。

(3)考虑充电负荷与 DG 的协调互补,构建 DG 与 EVCS 的联合优化配置模型。

16.2 风电–光伏负荷时序模型

16.2.1 风电–光伏负荷情景构建

风电–光伏负荷时序特性均与日时刻密切相关,风速的概率模型可以用威布尔概率密度函数(PDF)拟合如下。

$$f_{\mathrm{W}}(v) = \left(\frac{r}{c}\right)\left(\frac{v}{c}\right)^{r-1}\exp\left[\left(-\frac{v}{c}\right)^{r}\right] \tag{16-1}$$

式中,$f_{\mathrm{W}}(v)$ 为风速 PDF;v 为风机所处位置的平均风速;r 和 c 分别为形状参数和尺度参数,且均大于 0。这两个分布参数可以根据每小时历史风速数据的均值和标准差得到。

在一定时间段内,光照强度的概率密度函数近似为 Beta 分布,表示为

$$f_{\mathrm{PV}}(E) = \frac{\Gamma(\alpha+\beta)}{\Gamma(\alpha)\Gamma(\beta)}\left(\frac{E_{\mathrm{PV}}}{E_{\mathrm{max}}}\right)^{a-1}\left(1-\frac{E_{\mathrm{PV}}}{E_{\mathrm{max}}}\right)^{\beta-1} \tag{16-2}$$

式中,$f_{\mathrm{PV}}(E)$ 为光照强度的 PDF;E_{max} 为最大光照强度;E 为实际光照强度;α 和 β 为概率分布的形状参数。

负荷在给定时间的随机性用正态分布近似表示如下。

$$P_{\mathrm{L}} \sim N(\mu_P, \sigma_P^2) \tag{16-3}$$

$$Q_{\mathrm{L}} \sim N(\mu_q, \sigma_q^2) \tag{16-4}$$

式中,P_{L} 和 Q_{L} 分别为负荷的有功功率和无功功率;μ_P 和 σ_P 分别为对应时段负荷有功功率的均值和标准差;μ_q 和 σ_q 分别为对应时段负荷无功功率的均值和标准差。

16.2.2 场景还原

由于传统的 k-means 聚类算法无法确定最优聚类数,本章采用改进的 k-means 聚类算法,在一定时间内对风电–光伏负荷场景进行聚类。通过计算伪 F 统计量(PFS)[12]来确定最优聚类数,以提高算法的性能,求解如下。

(1)确定聚类样本 k 的有效搜索范围,包含 n 个对象,每个对象的属性为 m 维。

(2)根据最大距离原则选择研究对象作为初始聚类中心,依次计算每个对象与聚类中心之间的欧氏距离。

(3)重新计算每个新的聚类中心,并将其作为下一个场景的初始聚类中心。

(4)计算所有聚类结果的 PFS 度量值。

(5)重复步骤(2)~(4),直到距离准则函数收敛。

(6)选择 PFS 指数最大值对应的 k 值作为最优聚类数,得到的聚类中心为典型场景 k。

采用改进的 k-means 聚类算法对规划区内年风速、光强和负荷的历史数据进行处理,生成四种典型运行场景,如图 16-1 至图 16-3 所示。

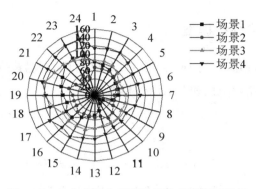

图 16-1　分布式风力发电的四种典型运行场景

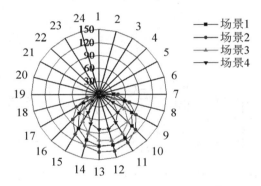

图 16-2　光伏的四种典型运行场景

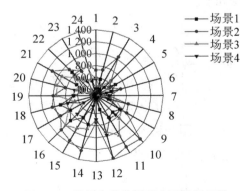

图 16-3　常规负荷的四种典型运行场景

16.3　电动汽车充电负荷时空模型

16.3.1　动态交通网络模型

本小节主要针对城区道路进行 DG 和 EVCS 的联合优化配置。根据城市道路交通运行情况,不同饱和度对应的路段阻抗和节点阻抗模型如下。

16.3.1.1　路段阻抗模型

$$R_{ij}(t)=\begin{cases} R_{ij}^1(t): t_0[1+\alpha(S)^\beta], & 0<S\leqslant1.0 \\ R_{ij}^2(t): t_0[1+\alpha(2-S)^\beta], & 1.0<S\leqslant2.0 \end{cases} \tag{16-5}$$

式中,$R_{ij}(t)$ 为 t 时刻不同饱和度下路段(i,j)的路段阻抗;S 为饱和度;t_0 为零流量通行时间;α 和 β 为阻抗影响因子。

16.3.1.2　节点阻抗模型

$$C_i(t)=\begin{cases} C_i^1(t): \dfrac{9}{10}\left[\dfrac{c(1-\lambda)^2}{2(1-\lambda S)}+\dfrac{S^2}{2q(1-S)}\right], & 0<S\leqslant0.6 \\ C_i^2(t): \dfrac{c(1-\lambda)^2}{2(1-\lambda S)}+\dfrac{1.5S(S-0.6)}{1-S}, & S>0.6 \end{cases} \tag{16-6}$$

式中,$C_i(t)$ 为 t 时刻不同饱和度下路段(i,j)的节点阻抗;c 为信号灯的信号周期;λ 为绿信比;q 为路段车辆到达率。

因此,城市道路阻力模型如下。

$$W_{ij}^k(t)=\begin{cases} C_i^1(t)+R_{ij}^1(t), & 0<S\leqslant0.6 \\ C_i^2(t)+R_{ij}^1(t), & 0.6<S\leqslant0.8 \\ C_i^1(t)+R_{ij}^2(t), & 0.8<S\leqslant1.0 \\ C_i^2(t)+R_{ij}^2(t), & 1.0<S\leqslant2.0 \end{cases} \tag{16-7}$$

式中,$W_{ij}^k(t)$ 为路段(i,j)在 t 时刻不同饱和水平下的路阻。

车辆在路段(i,j)上的车速 $v_{ij}(t)$ 可表示为

$$\begin{cases} v_{ij}(t)=\dfrac{v_{ij-m}(t)}{1+(S_{ij}[t])^\beta} \\ \beta=a+b[S_{ij}(t)]^n \end{cases} \tag{16-8}$$

式中,$v_{ij}(t)$ 为 t 时刻车辆在道路路段(i,j)的行驶速度;$v_{ij-m}(t)$ 为该路段的零流速度;$S_{ij}(t)$ 为 t 时刻路段(i,j)的饱和度;a、b、n 为不同道路等级下的自适应系数。

16.3.2　能耗模型

16.3.2.1　交通-能耗模型

以实际交通测量数据为基础,建立了不同等级道路的速度变化影响下的车辆单位里程耗电量模型。城市道路交通-能耗模型见式(16-9)。

$$E_m = \begin{cases} E_1 = 0.247 + \dfrac{1.52}{v_{ij}} - 0.004v_{ij} + 2.992 \times 10^{-5}v_{ij} \\ E_2 = -0.179 + 0.004v_{ij} + \dfrac{5.492}{v_{ij}} \end{cases} \tag{16-9}$$

式中,E_1、E_2 分别为 I 级道路和 II 级道路的交通能耗。

16.3.2.2　温度能耗模型

根据不同温度下用户对汽车空调的使用率,确定温度对 EV 电池特性和空调能耗的影响。

$$K_{T_p} = \begin{cases} W_L \dfrac{L}{v_{ij}}, T_p > T_{pmax} \\ W_R \dfrac{L}{v_{ij}}, T_p > T_{pmin} \end{cases} \tag{16-10}$$

式中,K_{T_p} 为温度 T_p 时,车辆行驶 L 公里的空调耗电量;T_{pmax} 为车载空调制冷温度上限;T_{pmin} 为车载空调制热温度下限;W_L 为制冷功率,W_R 为制热功率,分别设为 1.2 kW 和 1.5 kW。

因此,考虑交通工况和环境温度的影响,综合能耗 E_{T_p} 表示为

$$E_{T_p} = K_{T_p} + E_m \tag{16-11}$$

16.3.3　智能充电策略模型

针对不同类型电动汽车的行驶特性,设置了不同的充电需求触发条件。

(1)通勤私家车:这类用户通常往返于居住地和工作地之间,到达目的地后更新 SOC,判断下次出行是否满足条件。

$$l_d < R \tag{16-12}$$

式中,l_d 为居住地与工作地之间的距离;R 为车辆剩余电量所对应的续航里程。

当电池剩余电量无法到达目的地时,采用智能充电策略,在目的地选择慢速充电方式。当充电时段为 7:00—17:00 时,充电开始时间服从正态分布 $N \sim (14, 2^2)$,其他时间段服从正态分布 $N \sim (19, 2^2)$。

（2）出租车：此类用户的出行随机性强，本小节设置当前剩余电量低于最小电池阈值时，就近使用快速充电模式。

$$Cap_t(i) \leqslant \varepsilon Cap_1(i) \qquad (16\text{-}13)$$

式中，$Cap_t(i)$ 为当前剩余电量；$Cap_1(i)$ 为设置的阈值电量；ε 取 0.15～0.3。本小节假设出租车仿真终止时间为 24：00。

（3）其他功能性车辆：此类用户出行频繁。如果途中剩余电量不够下一次出行使用，那么采用快速充电模式确定快充负荷的时空信息。到达目的地后，由 OD 概率矩阵生成下一段行程，判断剩余电量是否满足下一段行程所需。根据剩余电量和充电功率估算充电时间，以确定在目的地是否有足够的时间选择慢充，见式（16-14）。

$$t_{s1} - t \geqslant \Delta t \qquad (16\text{-}14)$$

式中，t_{s1} 为快充完成时刻；Δt 为慢充所需时长。考虑到用户的出行习惯，本章假设其他功能车辆的仿真终止时间为 21：00。

16.3.4　基于时空分布的 EV 充电需求预测

本小节假设某地区有 12 000 辆私人通勤车辆、4 000 辆出租车和 4 000 辆其他功能车辆。根据国家合作公路研究计划（NCHRP）提供的数据，拟合得到各类型电动汽车用户的初始时间和返回时间。

采用蒙特卡洛采样法为每辆电动汽车分配初始行驶位置和时刻，结合时间段内电动汽车对应的 OD 行驶概率矩阵，随机生成目的地 d。本小节采用 Floyd 算法确定行驶路径 R 集，并更新充电 SOC，计算每一路段的行驶时间。根据电动汽车的充电特性，记录当前时刻的充电需求信息，包括电动汽车类型、SOC、位置等。在电动汽车到达目的地后，更新道路流和仿真时刻。目的地用作新的起始位置，以调用该时间段的 OD 矩阵，获得下一个目的地。重复模拟每辆电动汽车一天的行驶路径，并在矩阵 G 中计入各配电网节点的充电负荷，得到 24 h 电动汽车充电负荷的时空分布。

16.4　DG 和 EVCS 的联合分配模型

16.4.1　联合最优配置的目标函数

在本小节中，DG 和 EVCS 的优化规划包含三个主要目标，即运营商的综合利润目标、系统负荷波动目标和充电时间消耗目标。

16.4.1.1　运营商年综合效益 F_1

$$\max F_1 = C_S + C_B + C_I - C_{OM} - C_L \tag{16-15}$$

$$C_S = \sum_{s=1}^{N_s} D_s \Big\{ \sum_{s=1}^{24} \big[c_o P_{s,t,L} + (c_v - c_i) P_{s,t,EV} - c_i (P_{s,t,L} - P_{s,t,DWG} - P_{s,t,PV}) \big] \Big\} \tag{16-16}$$

$$C_B = \sum_{s=1}^{N_s} D_s \Big[\sum_{t=1}^{24} (c_b^{DWG} P_{s,t,DWG} + c_b^{PV} P_{s,t,PV}) \Big] \tag{16-17}$$

$$C_I = \frac{R(R+1)^{n_1}}{(R+1)^{n_1}-1} \Big(\sum_{i=1}^{n_{DWG}} P_i^{DWG} c_t^{DWG} + \sum_{j=1}^{n_{PV}} P_j^{PV} c_t^{PV} \Big) + \frac{R(R+1)^{n_2}}{(R+1)^{n_2}-1} \sum_{k=1}^{n_{EV}} (c_f + P_k^{EV} c_t^{EV}) \tag{16-18}$$

$$C_{OM} = \sum_{k=1}^{n_{EV}} P_k^{EV} c_{om}^{EV} + \sum_{s=1}^{N_s} D_s \Big[\sum_{t=1}^{24} \Big(\sum_{i=1}^{n_{DWG}} P_{i,s,t}^{DWG} c_{om}^{DWG} + \sum_{i=1}^{n_{PV}} P_{j,s,t}^{PV} c_{om}^{PV} \Big) \Big] \tag{16-19}$$

$$C_L = c_o \sum_{s=1}^{N_s} D_s \Big(\sum_{t=1}^{24} \sum_{k=1}^{L} I_{k,t}^2 R_k \Big) \tag{16-20}$$

式中, C_S 为年售电收入; C_B 为政府激励补贴; C_I 为 DG 和 EVCS 的年建设投资成本; C_{OM} 为 DG 和 EVCS 的年维护费用; C_L 为配电网的网损成本; N_s 为 DG 的典型运行场景数; D_s 为典型运行场景 s 的天数; c_o 和 c_t 分别为运营商售电电价和购电电价; c_v 为电动汽车单位功率充电成本; $P_{s,t,L}$、$P_{s,t,DWG}$、$P_{s,t,PV}$ 和 $P_{s,t,EV}$ 分别为典型运行场景 s 下 t 时刻负荷、分布式风电 (DWG) 输出功率、光伏 (PV) 输出功率和电动汽车充电功率; c_b^{DWG} 和 c_b^{PV} 分别为 DWG 和 PV 机组出力补贴; n_{DWG}、n_{PV} 和 n_{EV} 分别为 DWG、PV、EVCS 需要建设的节点数; P_i^{DWG}、P_j^{PV} 和 P_k^{EV} 分别为待建节点 i、j、k 处 DWG、PV、EVCS 的额定装机容量; c_f 为 EVCS 的固定投资成本; c_t^{DWG}、c_t^{PV} 和 c_t^{EV} 分别为 DWG、PV 和 EVCS 单位容量的投资成本; R 为贴现率; n_1 和 n_2 分别为 DG 和 EVCS 的使用年限; c_{om}^{DWG}、c_{om}^{PV} 和 c_{om}^{EV} 分别为 DWG、PV、EVCS 的单位容量运维成本; $P_{i,s,t}^{DWG}$ 和 $P_{j,s,t}^{PV}$ 分别为第 i、j 个待建节点 DWG、PV 的实际出力; $I_{k,t}^2$ 为 t 时刻支路 k 的电流; R_k 为分支 k 的电阻; L 为分支数。

16.4.1.2　系统负荷波动指数 F_2

$$\min F_2 = \sum_{s=1}^{N_s} \frac{D_s}{365} \sqrt{\frac{\sum\limits_{t=1}^{24} (P_{s,t,e} - P_{s,ave})^2}{24}} \tag{16-21}$$

$$P_{s,t,e} = P_{s,t,L} + P_{s,t,EV} - P_{s,t,DG} \tag{16-22}$$

式中, $P_{s,t,e}$ 为在典型运行场景 s 下 t 时刻的等效系统负荷; $P_{s,ave}$ 为典型运行场景 s 下系统的平均负荷。

16.4.1.3　年充电耗时成本 F_3

$$\min F_3 = 365\left(\rho \sum_{i \in G_{EV}} \sum_{j \in G_{EVi}} \Delta T_{ij} + c_w \sum_{i \in G_{EV}} \sum_{k=1}^{24} W_{qk} n_k\right) \tag{16-23}$$

式中, ρ 为用户单位时间的出行成本; G_{EVi} 为 EV 充电站 i 服务区域内的充电需求集合; c_w 为用户单位时间的排队成本; n_k 为 EVCS 服务区域内需要充电的电动汽车数量; W_{qk} 为用户排队等待的时间。

16.4.2　联合最优分配约束条件

本小节考虑的约束包括系统潮流约束、节点电压约束、支路容量约束、DG 装机容量约束、EVCS 装机容量约束、EVCS 距离约束,分别可表示为

$$\begin{cases} P_i = V_i \sum_{j \in i} V_j(G_{ij}\cos\theta_{ij} + B_{ij}\sin\theta_{ij}) \\ Q_i = V_i \sum_{j \in i} V_j(G_{ij}\cos\theta_{ij} - B_{ij}\sin\theta_{ij}) \end{cases} \tag{16-24}$$

$$V_{i,\min} \leqslant V_i \leqslant V_{i,\max}, i \in N \tag{16-25}$$

$$S_j \leqslant S_{j,\max}, j \in R_{branch} \tag{16-26}$$

$$\begin{cases} P_{DGi} \leqslant P_{DGi}^{\max} \\ \sum P_{DGi} \leqslant P_{DG}^{\max} \end{cases} \tag{16-27}$$

$$P_{k,EV}^{\min} \leqslant P_{k,EV} \leqslant P_{k,EV}^{\max} \tag{16-28}$$

$$d_{EVCS}^S \leqslant D_1 \leqslant 2d_{EVCS}^S \tag{16-29}$$

式中, P_i 和 Q_i 分别为节点 i 的有功注入和无功注入; G_{ij} 和 B_{ij} 分别为节点导纳矩阵的实部和虚部; θ_{ij} 为节点 i 与 j 的相角差; V_i 和 V_j 分别为节点 i、j 的电压; $V_{i,\max}$ 和 $V_{i,\min}$ 分别为节点 i 电压的上限和下限; S_j 为支路 j 的传输功率; $S_{j,\max}$ 为支路 i 的最大传输功率; R_{branch} 为线路集合; P_{DGi} 为节点 i 安装的 DG 容量; $P_{DGi}^{\max}$ 为节点 i 的最大接入容量; $P_{DG}^{\max}$ 为全网的最大接入容量; $P_{k,EV}^{\max}$ 和 $P_{k,EV}^{\min}$ 分别为节点 k 的 EVCS 接入容量的上限和下限; D_1 为相邻 EVCS 之间的距离; d_{EVCS}^s 为 EVCS 的服务半径。

16.5　算　例　分　析

16.5.1　测试系统及参数设置

本小节以 32 节点交通网络和 IEEE 33 节点配电网系统,验证充电需求时空分布,以及

DG 容量与 EV 充电站规划模型。该路网包含 53 条道路,其功能分区及示意图如图 16-4 所示。

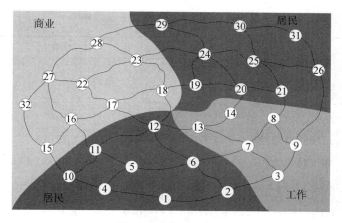

图 16-4　路网示意图

本小节使用的参数如下。

(1)系统最大负载为 3 715+j2 300 kVA,电压等级为 12.6 kV。

(2)分别选取{7,17,24}、{9,23,32}和{1,3,9,25,29,31}为 DWG、PV 和 EVCS 的候选节点。

(3)DGs 和 CFs 的相关参数见文献[13]。

(4)每小时单个充电器服务成本 c_s 为 5.07 元,每小时电动汽车用户排队成本 c_w 为 17 元。

16.5.2　仿真结果与分析

利用出行概率矩阵和 Floyd 算法对电动汽车的行驶轨迹进行模拟,得到电动汽车充电负荷的时空分布,如附录 D 的附图 D-30 所示。从附图 D-30 中可以看出,在 13:00—14:00 和 19:00—21:00 时段,电动汽车充电负荷呈现"双峰"特征。在 13:00—14:00 时段,充电负荷主要集中在节点 1、2、30、32 附近,主要是居民区和商业区的交通枢纽。在 19:00—21:00 时段,充电负荷主要由通勤私家车产生,主要集中在节点 1、4、6、11 和 25 附近。研究结果与实际情况相符。

为了验证 DG 和 EVCS 的联合配置,构建了以下两种方案进行仿真分析:方案 1 假设智能充电策略下进行 DG 和 EV 充电站联合规划;方案 2 假设 EV 随时随地随机充电,即无序充电模式下进行 DG 和 EV 充电站规划。两种方案的最优配置结果见表 16-1 所列。从表 16-1 中可以看出,当用户采用智能充电策略时,EVCS 主要集中在住宅小区。方案 1 下拟建 EVCS 的站点位置和服务范围划分如图 16-5 所示。从图 16-5 中的分布规律来看,居住区的充电站数量偏多。其余充电站分布相对均匀,充电站之间的距离合适,避免了排队时间过长,满足了出行用户的充电需求。

表 16-1   两种方案的最优分配结果

方案	DG 优化结果		EVCS 优化结果	
	配电网节点	容量/kW	路网节点	容量/kW
1	8(4),6(17), 12(25),7(2) 10(12),6(1)	6 100	9(6),2(11),18(10), 23(14),26(12),12(10) 27(8),4(19),14(13)	9 270
2	7(9),4(17), 17(7),25(9), 1(8),2(15)	6 500	7(15),16(6),4(8), 20(9),28(11),3(9), 29(10),15(10),25(15)	8 370

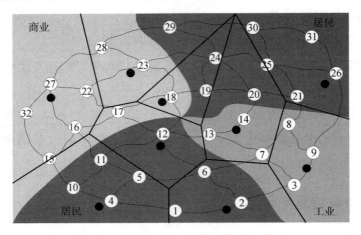

图 16-5   EVCS 的站点位置和服务范围划分

两种方案的综合评价指标结果见表 16-2 所列。由表 16-2 可以看出,采用智能充电策略的有序充电方式的综合年效益显著提高,而电动汽车的大规模入网带来的影响显著降低。方案 1 在四种典型运行场景下的节点电压值如附录 D 的附图 D-31 所示。两种方案在场景 1 下的节点电压(标幺值)曲线如图 16-6 所示。从图 16-6 中可以明显看出,方案 1 的电压质量更令人满意。

表 16-2   两种方案的综合评价指标结果

方案	F_1/万元	F_2/kW	F_3/万元	F
1	2 359.33	142.77	388.58	0.946
2	2 261.45	215.77	444.78	0.859

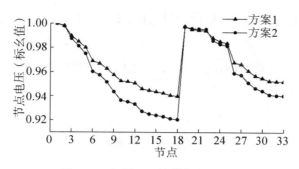

图 16-6　场景 1 下的节点电压曲线

本小节将充电站数量设置为 5～11 个,对综合成本和评价指标进行比较,结果见表 16-3 所列。从表 16-3 中可以看出,随着 EVCS 数量的增加,EVCS 的年投资成本和年运行维护成本呈上升趋势,而年充电成本和电动汽车负荷波动呈下降趋势。这是因为 EVCS 数量的增加使得每个站点划分的服务区域缩小,用户到达充电站所需时间和排队时间减少,从而提升了用户的充电便利程度。充电负荷接入越分散,配电网的负荷波动越平稳。但充电站容量超出该规划区域内 EV 最大需求量时,会造成投资和运维成本增加,同时造成资源浪费,因此,系统综合效益指标值降低。因此,本小节选择 9 个 EVCS 作为该路网 EVCS 的最优数量。

表 16-3　综合评价不同 EVCS 数量的指标

数量	C_1/万元	C_{OM}/万元	F_3/kW	F_1/kW	F_2/kW
5	532.28	62.10	658.24	2 621.95	220.02
6	612.34	70.20	541.91	2 414.37	154.83
7	703.39	80.10	485.51	2 377.62	140.39
8	799.95	90.90	473.79	2 378.17	140.97
9	841.50	92.70	388.58	2 359.33	142.77
10	899.56	97.20	389.98	2 118.48	142.12
11	985.11	106.20	321.47	1 957.16	135.65

16.6　结　　论

本章提出了一种融合多源信息和时序特性的 DG-EVCS 规划模型。结合 IEEE 33 节点配电网和 32 节点路网拓扑,并采用改进粒子群算法和 Voronoi 图进行求解。本章所得结论如下。

(1)采用 k-means 聚类算法的风电-光伏负荷模型能够反映 DG 的不确定性和时间序列特征。

（2）为解决用户出行决策的随机性问题，建立 EV 充电负荷时空模型，该模型考虑了道路阻抗、温度、时间成本等因素。

（3）考虑到 DG 和 EV 负荷的相关性，DG 和 EVCS 模型联合配置有利于减少网损和负荷波动。

参 考 文 献

［1］ZHAO J，XU Z，WANG J H，et al. Robust Distributed Generation Investment Accommodating Electric Vehicle Charging in a Distribution Network［J］. IEEE Transactions on Power Systems，2018，33（5）：4654−4666.

［2］LUO L Z，GU W，WU Z，et al. Joint planning of distributed generation and electric vehicle charging stations considering real−time charging navigation［J］. Applied Energy，2019，242：1274−1284.

［3］YAO W F，ZHAO J H，WEN F S，et al. A Multi−Objective Collaborative Planning Strategy for Integrated Power Distribution and Electric Vehicle Charging Systems［J］. IEEE Transactions on Power Systems，2014，29（4）：1811−1821.

［4］LIU Z P，WEN F S，LEDWICH G. Optimal Planning of Electric−Vehicle Charging Stations in Distribution Systems［J］. IEEE Transactions on Power Delivery，2013，28（1）：102−110.

［5］LIU H C，YANG M Y，ZHOU M C，et al. An Integrated Multi−Criteria Decision Making Approach to Location Planning of Electric Vehicle Charging Stations［J］. IEEE Transactions on Intelligent Transportation Systems，2019，20（1）：362−373.

［6］LAM A Y，LEUNG Y W，CHU X W. Electric Vehicle Charging Station Placement：Formulation，Complexity，and Solutions［J］. IEEE Transactions on Smart Grid，2014，5（6）：2846−2856.

［7］FAZELI S S，VENKATACHALA M S，CHINNAM R B，et al. Two−Stage Stochastic Choice Modeling Approach for Electric Vehicle Charging Station Network Design in Urban Communities［J］. IEEE Transactions on Intelligent Transportation Systems，2021，22（5）：3038−3053.

［8］ARIAS N B，TABARES A，FRANCO J F，et al. Robust Joint Expansion Planning of Electrical Distribution Systems and EV Charging Stations［J］. IEEE Transactions on Sustainable Energy，2018，9（2）：884−894.

［9］SINGH D K，BOHRE A K. Planning and Monitoring of EV Fast−Charging Stations Including

DG in Distribution System Using Particle Swarm Optimization［J］. AI and Machine Learning Paradigms for Health Monitoring System：Intelligent Data Analytics，2021：269-302.

［10］BILAL M，RIZWAN M，ALSAIDAN I，et al. AI-Based Approach for Optimal Placement of EVCS and DG With Reliability Analysis［J］. IEEE Access，2021，9：154204-154224.

［11］ATAT R，ISMAIL M，SERPEDIN E，et al. Dynamic Joint Allocation of EV Charging Stations and DGs in Spatio-Temporal Expanding Grids［J］. IEEE Access，2020，8：7280-7294.

［12］VOGEL M A，WONG A K C. PFS Clustering Method［J］. IEEE Transactions on Pattern Analysis and Machine Intelligence，1979，3：237-245.

［13］LIU L J，ZHANG Y，DA C，et al. Optimal allocation of distributed generation and electric vehicle charging stations based on intelligent algorithm and bi-level programming［J］. International Transactions on Electrical Energy Systems，2020，30（6）：e12366.

▶ 第 17 章　考虑充放储一体站与电动汽车互动的主从博弈优化调度策略

17.1　引　　言

随着电动汽车相关技术的不断进步,EV 产业飞速发展[1-4]。截至 2019 年底,我国纯 EV 的保有量约达到 600 万辆。随着 EV 数量的不断增多,EV 作为具有灵活性可调度资源,会为电网带来巨大的响应潜力[5-6]。此外,EV 数量的增加也为 EV 充电站带来了新的挑战与机遇。但 EV 单体功率低,不同类型 EV 会带来差异性问题,且 EV 用户出行行为存在明显差异,致使 EV 负荷难以确定。因此,采用有效的调度策略对 EV 的充电行为进行合理引导,有利于增加微电网的整体经济与环境效益[7-9]。

由于 EV 充电负荷具有不确定性,许多学者对 EV 的充电引导策略进行了大量研究。文献[10]提出了一种基于分层增强深度网络强化学习的 EV 充电引导方法,该方法能够在随机情况下决策出最优的 EV 充电目的地和行驶路径;文献[11]提出一种面向电动汽车(车)、快速充电站、配电网多元需求的电动汽车快速充电引导策略,不仅节约了用户充电成本,还提高了充电站的运营效率;文献[12]提出一种考虑路网运行状态、充电站运行状态和配电网运行状态的实时用户充电引导策略,合理地缓解了交通压力,并且保证了配电网电压处于正常运行范围;文献[13]在传统微电网模型的基础上,考虑到电动汽车的使用情况具有很强的随机性与灵活性,提出在不同电价机制下电动汽车合理的有序充放电调度策略,使用户成本与微电网运行成本明显降低;文献[14]考虑到不同区域 EV 的电气特性与出行特性,提出一种基于区域解耦的时空双尺度电动汽车优化调度方法,根据不同区域特性采取不同调度模型,更有利于实际调度策略的实施。以上文献都指出了 EV 出行特性与充电行为对 EV 负荷的影响,并在考虑 EV 负荷的不确定性的基础上提出了行之有效的调度策略,若在 EV 充电引导的基础上考虑带有储能设备的充放储一体站(charging-discharging-storage integrated station,CDSIS)[15],一方面能有效缓解 EV 充电负荷的不确定性对电网侧的冲击,另一方面还能提高充电站与 EV 用户的经济效益。

由相关文献研究可知,相比于传统充电站,CDSIS 不仅能通过调度中心控制电能的流动,实现对电网的削峰填谷,还能对站内谐波进行集中补偿从而实现电能质量的优化。当电网出现紧急情况时,CDSIS 可以脱离电网进行孤岛运行,降低经济损失。文献[16]将换电站和梯次站内电池组分成若干部分,结合电网实时负荷水平,提出一种新型的充放电控制策略,在保证站内储电设备在满电状态的前提下,还能为电网提供增值服务;文献[17]提出一种综合考虑电动汽车充放储一体站与主动配电网的两阶段鲁棒优化调度模型,将 CDSIS 作为一种新型可控能源,合理地参与到优化调度策略中,有效地减少了系统总运行成本;文献[18]针对 EV 充电负荷大量接入后给配电网带来的风险,提出一种综合考虑 CDSIS 与主动配电网的优化调度模型。CDSIS 的加入不仅满足了日内优化调度的需求,更降低了主动配电网的运行维护成本。

本章提出一种考虑 CDSIS 与电动汽车互动的主从博弈优化调度策略。该策略以 CDSIS 作为主体,利用电价对双方进行引导,从而得到在各个场景状态下的最优策略。CDSIS 作为一种新型可控能源,合理地参与到优化调度策略中,有效地减少了系统运行总成本。以某区域为例进行仿真,分析了电价对 CDSIS 和 EV 用户利益的影响,验证了本章模型的有效性。

17.2　CDSIS 多场景设置及其模型

17.2.1　CDSIS 多场景设置

多场景设置是针对随机过程中难以确切描述的不确定因素,通过多个场景转化为确定因素的求解方式。本小节根据 CDSIS 的特性将其分为三种行为,即其在日前市场购电的储电行为、向电网侧售电的放电行为和 CDSIS 内 EV 充电的充电行为。根据上述三种行为特征,结合配电网系统运行状态建立 CDSIS 多场景模型,见表 17-1 所列。

表 17-1　系统多场景描述

场景数	场景描述	CDSIS 行为
1	系统正常运行	充电、放电、储电
2	系统负荷低谷运行	充电、储电
3	系统负荷高峰运行	放电

本小节将 CDSIS 多场景设置分为两个阶段,每个阶段单独设置。

(1)当配电网系统正常运行或低负荷运行时,CDSIS 优先考虑充电行为。当满足 EV 充电需求时,考虑其储电行为,此时 CDSIS 表现为负荷特性。

（2）当配电网系统达到负荷高峰运行状态时,CDSIS 优先考虑放电行为。CDSIS 向电网侧售电,此时 CDSIS 起到分布式电源的作用,以达到削峰的效果。相比于第一阶段,此时 CDSIS 表现为分布式电源特性。

17.2.2 CDSIS 模型

为更好地实现 EV 充电站与电能的双向交互能力,提高 EV 入网规模,建立 CDSIS。CDSIS 不仅能为 EV 用户提供充电服务,还能通过储能系统向电网侧放电。其充放电调整率 $\psi(i)$ 为

$$\psi(i) = \frac{P_1(i)}{P_{1e}(i)}, \psi(i) \in [-1, 1] \tag{17-1}$$

式中,$i=1$ 时为 CDSIS 充电系统的充放电状况,$i=-1$ 时为 CDSIS 储能系统的充放电状况;$P_1(i)$ 为充电系统和储能系统的额定充电功率;$P_{1e}(i)$ 为充电系统和储能系统的实际放电功率;$\psi(i)>0$ 时为 CDSIS 的充电状态,$\psi(i)<0$ 时为放电状态。

储能系统通过 Boost 升压电路对充电系统进行电能支持,其运行功率为 $P_B(t)$,$P_B(t)$ 与充电系统剩余电量、储能系统剩余电量的关系满足式(17-2)。

$$\begin{cases} Q_C(t) = Q_C(t_0) + \int_t [P_C(t) + P_B(t) - p_n^+(t)] \mathrm{d}t \\ Q_F(t) = Q_F(t_0) + \int_t [P_F(t) - P_B(t)] \mathrm{d}t \end{cases} \tag{17-2}$$

式中,$Q_C(t)$ 为充电系统剩余电量;$Q_F(t)$ 为储能系统剩余电量;$Q_C(t_0)$、$Q_F(t_0)$ 分别为充电系统和储能系统初始电量;$p_n^+(t)$ 为 t 时段第 n 辆 EV 的充电功率;$P_C(t)$ 为 t 时刻充电系统功率;$P_F(t)$ 为 t 时刻储能系统功率。

由于 CDSIS 的储能装置与变流装置受限,储能系统与充电系统会受到边界条件限制,其功率约束见式(17-3)。

$$P_{C,Fmin} \leqslant P_{C,F} \leqslant P_{C,Fmax} \tag{17-3}$$

式中,$P_{C,F}$ 为 CDSIS 储能系统充放电功率;$P_{C,Fmin}$、$P_{C,Fmax}$ 分别为 CDSIS 储能系统充放电的最小、最大功率。

17.3 "车-路-网"交互模型

17.3.1 动态交通路网模型

采用图论分析法对交通路网进行建模。交通网络拓扑结构图如图 17-1 所示。

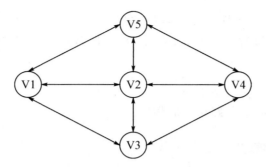

图 17-1　交通网络拓扑结构图

为体现"车–路–网"的交互特性,本小节采用动态路网模型,固定时段更新各路段车流量。动态路网模型描述为

$$
\begin{cases}
G=(V,E,H,W) \\
V=\{v_i \mid i=1,2,\cdots,u\} \\
E=\{v_{ij} \mid v_i \in V, v_j \in V, i \neq j\} \\
H=\{t \mid t=1,2,\cdots,T\} \\
W=\{w_{ij}(t) \mid t \in H\}
\end{cases}
\tag{17-4}
$$

式中,G 为交通路网集合;V 为路网中全部节点集合;E 为路网中所有路段集合;H 为划分的时间的集合,即将全天分为 T 个时间段;W 为路段权值集合,表示车辆经过该路段的出行代价,可用耗时、经过速度和费用进行量化;v_{ij} 为第 i 个与第 j 个节点的连接路段;$w_{ij(t)}$ 为 t 时段路段 v_{ij} 的权值。路网中节点间的连接关系用矩阵 $\boldsymbol{D}$ 描述。矩阵 $\boldsymbol{D}$ 的元素 $d_{ij}(t)$ 的表达式为

$$
d_{ij}(t)=
\begin{cases}
w_{ij}(t), & v_{ij} \in E \\
0, & v_i = v_j \\
\infty, & v_{ij} \notin E
\end{cases}
\tag{17-5}
$$

17.3.2　城市道路路阻模型

由于城市路网具有多交叉口且实时变化的特点,EV 行驶过程中不仅会受到路段阻抗影响,且交通信号灯会对行驶时间造成影响,为针对城市道路 EV 充电需求,引入城市路网路阻模型。本小节以行驶时间为道路路阻进行建模分析,引用速度–流量模型。EV 行驶速度 $v_{ij}(t)$ 的表达式为

$$
\begin{cases}
v_{ij}(t)=\dfrac{v_{ij,\max}}{1+\left[\dfrac{Q_{ij}(t)}{C_{ij}}\right]^{\omega}} \\[4mm]
\omega=a+b\left[\dfrac{Q_{ij}(t)}{C_{ij}}\right]^{\gamma}
\end{cases}
\tag{17-6}
$$

式中，$v_{ij,\max}$ 为道路 ij 的零流速度；C_{ij} 为道路 ij 的通行能力；$Q_{ij}(t)$ 为 t 时刻道路 ij 的路段车流量；a、b、γ 为不同道路等级时的自适应系数；ω 为道路等级。路阻模型数学表达式为

$$w_{ij}(t)=\frac{L_{ij}}{v_{ij}(t)}+R_i \tag{17-7}$$

式中，L_{ij} 为道路 ij 的长度；R_i 为路口 i 等待红绿灯时长。

17.3.3　配电网模型

在"车-路-网"模式下，需要实现配电网与路网在空间上的耦合，因此，在建立路网模型时，需要建立合适的配电网与路网相匹配。大量 EV 充电行为对路段车流量、电网负荷时空分布以及用户与充电站利润带来了影响，本小节将配电网作为电能供应方与充电站进行电能的双向交易。第 g 个配电网节点 M_g^Y 的模型表达式为[19]

$$M_g^Y=(G^Y,C^Y) \tag{17-8}$$

式中，G^Y 为源节点位置；C^Y 为源节点容量信息。

第 g 个配电网节点在 t 时刻接入 EV 充电功率的总和为

$$P_g(t)=\sum_{n=1}^N p_n^+(t) \tag{17-9}$$

式中，N 为 t 时段 EV 充电总数。

17.3.4　EV 充电电价响应度模型

正常情况下，EV 用户会选择路径最短的充电站充电[20-21]，但这可能会导致某一时间段负荷越限，严重时会影响电网运行稳定性。因此，本小节引入 EV 充电电价响应度模型，合理地调控 EV 充电行为，以均衡各时段 EV 充电负荷分布[22]。

EV 用户在满足价格开始阈值时才会参与调控过程，且存在价格饱和阈值。若调控时段电价差高于饱和阈值后继续增大，参与充电响应的 EV 用户不会增加。EV 用户需求响应度为[23]：

$$\lambda_c(t)=\begin{cases}0, & 0<\Delta c_{s,t}(t)<l_{s,t}\\ \dfrac{\Delta c_{s,t}(t)-l_{s,t}}{h_{s,t}-l_{s,t}}, & l_{s,t}\leqslant\Delta c_{s,t}(t)\leqslant h_{s,t}\\ \lambda_{c,\max}, & \Delta c_{s,t}(t)>h_{s,t},(t-s)\in[-6,6]\end{cases} \tag{17-10}$$

式中，$\lambda_c(t)$ 为 t 时段 EV 需求响应度；$\Delta c_{s,t}(t)$ 为 t 时段 s 时刻与 t 时刻的电价差值；$l_{s,t}$、$h_{s,t}$ 分别为启动阈值和饱和阈值；$\lambda_{c,\max}$ 为最大 EV 需求响应度。

17.4　EV 充电负荷时空预测

17.4.1　EV 充电行为影响因素

EV 用户的出行决定了 EV 初始出行时刻和返程时刻,因燃油汽车与 EV 用户出行行为相同,借鉴美国家庭出行调查数据中 EV 初始出行时刻和返程时刻概率分布曲线[24],并据此生成 EV 初始出行时刻。由美国家庭出行调查数据可知,不同类型 EV 电池容量 $C_{\text{ap},r}$ 服从式(17-11)的伽马分布[25]。

$$f(C_{\text{ap},r};\sigma,\beta)=\frac{1}{\beta(\sqrt{2\pi})}e^{-\frac{(C_{\text{ap},r}-\sigma)^2}{2\beta^2}} \qquad (17\text{-}11)$$

式中,$C_{\text{ap},r}$ 为 EV 容量;σ 为 EV 一天内行驶距离均值;β 为概率函数标准方差。

假设初始荷电状态 SOC 是 EV 刚充完电时的电池状态。根据 EV 电池容量,结合初始 SOC 得到初始电量 $C_{\text{ap},0}$。由于 EV 耗电量随着行驶里程线性增加,因此 t 时刻剩余电量 $C_{\text{ap},t}$ 为

$$C_{\text{ap},t}=\eta(C_{\text{ap},t-1}-\Delta l\cdot\Delta C_{\text{ap}}) \qquad (17\text{-}12)$$

式中,$C_{\text{ap},t-1}$ 为 $t-1$ 时刻 EV 剩余电量;η 为耗能系数,表示车辆在行驶过程中启动及刹车造成的电量损失;Δl 为 $t-1$ 到 t 时刻车辆的行驶距离;ΔC_{ap} 为每公里 EV 耗电量。

17.4.2　EV 出行概率矩阵

为分析 EV 的时空特性,引入 OD 分析法[26]。通过查阅交通部门历史数据,得到各时段各类型 EV 路段通行量,并根据复杂交通网络 OD 矩阵推算法,由路段通行量反推各时段的 OD 矩阵 A[27],并对不同类型 EV 出行特性进行刻画。

将一天划为 24 个时段,因此将 OD 矩阵分为 24 个部分,每个部分为一个子矩阵 $A_{m\times m}^{(T,T+1)}$,其中,m 为模拟区域内道路节点数量,$T=0,1,\cdots,23$,$A_{m\times m}^{(T,T+1)}$ 为 T 至 $T+1$ 时段车辆出发点、目的地的通行量。因此,在 T 到 $T+1$ 时段内,EV 以节点 i 为起点、以节点 j 为终点的概率为

$$\rho_{ij}^{T,T+1}=\frac{a_{ij}^{T,T+1}}{\sum\limits_{j=1}^{m}a_{ij}^{T,T+1}},1\leqslant i\leqslant m \qquad (17\text{-}13)$$

式中,$a_{ij}^{T,T+1}$ 为在 T 到 $T+1$ 时段内以 i 为起点,以 j 为终点的 EV 数量($1\leqslant i\leqslant m,1\leqslant j\leqslant m$);$\rho_{ij}^{T,T+1}$ 为在 T 到 $T+1$ 时段内 EV 停留在原地的概率;$\sum\limits_{j=1}^{m}a_{ij}^{T,T+1}$ 为 T 到 $T+1$ 时段内由节点 i 到任意节点的 EV 数量之和。

17.4.3　考虑时空分布特性的 EV 充电负荷预测

EV 充电需求预测是研究 EV 充放电优化调控的重要前提[28]。在理想状态下,利用蒙特卡洛抽样分配每辆 EV 起始节点与初始出行时刻 t_s,结合 t_s 时段对应 OD 概率矩阵,随机抽样生成目的地节点。通过重复调用各时段 EV 的 OD 概率矩阵,刻画出 EV 出行轨迹。当 EV 满足充电需求时,即可预测 EV 用户充电负荷。在该预测模型中,不考虑道路阻抗对 EV 的影响,且 EV 满足充电需求时选择最近的充电站充电。EV 充电负荷时空分布预测流程图如图 17-2 所示。

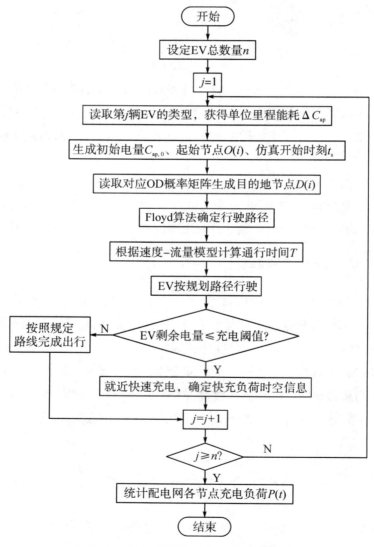

图 17-2　EV 充电负荷时空分布预测流程图

17.5　电动汽车及 CDSIS 优化调控策略

17.5.1　电动汽车及 CDSIS 多目标主从博弈优化调度模型

本小节采用电价响应的方式对 EV 充电进行引导,EV 用户根据不同时间电价选择对自己利益最大的时间段进行充电。CDSIS 与 EV 之间构成主从博弈,CDSIS 作为领导者,EV 作为追随者。

17.5.1.1　CDSIS 目标函数

最大自身化盈利是 CDSIS 的目标,CDSIS 盈利包含四部分:(1)其向实时市场售电的收入;(2)其在日前购电的成本;(3)其在实时电网购电的成本;(4)EV 在 CDSIS 的充电收益。因此,CDSIS 目标函数表达式为

$$\max\left\{\sum_{t=1}^{T}\sum_{n=1}^{N}c_n^+(t+\Delta t)p_n^+(t)+\sum_{t=1}^{T}\left[\delta^-(t)E^-(t)-\delta^d(t)E(t)-\delta^+(t)E^+(t)\right]\right\}$$

$$(17\text{-}14)$$

式中,N 为一天内在 CDSIS 充电的 EV 数量;Δt 为车辆因道路阻抗花费的时长;$\delta^-(t)$、$\delta^+(t)$ 分别为 t 时段 CDSIS 向电网的购电电价、售电电价;$E^-(t)$、$E^+(t)$ 分别为 t 时段 CDSIS 从实时市场的购电电量和售电电量;$\delta^d(t)$ 为 t 时段日前合同电价;$E(t)$ 为日前市场 t 时段合同电量;$c_n^+(t)$ 为 t 时段第 n 辆 EV 的充电电价;$p_n^+(t)$ 为 t 时段第 n 辆 EV 的充电功率。

17.5.1.2　CDSIS 约束条件

1. 充电电价约束

$$\begin{cases}c_{\min}^+(t)\leqslant c_n^+(t)\leqslant c_{\max}^+(t)\\[2mm]\dfrac{\sum\limits_{t=1}^{T}c_n^+(t+\Delta t)}{T}=c_{av}^+\end{cases}$$

$$(17\text{-}15)$$

式中,$c_{\max}^+(t)$、$c_{\min}^+(t)$ 分别为 t 时段最高电价、最低电价;c_{av}^+ 为日平均电价。

2. CDSIS 日前购电量约束、实时购售电量约束

$$\begin{cases}E(t)\geqslant 0\\ 0\leqslant E^+(t)\leqslant z(t)M\\ 0\leqslant E^-(t)\leqslant\varphi^-(t)[1-z(t)]\end{cases}$$

$$(17\text{-}16)$$

式中,$z(t)$ 为布尔变量,表示在 t 时段的电交易状态;M 为足够大的正数;$\varphi^-(t)$ 为 CDSIS 在 t 时段的储能放电量。

3. 能量平衡约束

$$\sum_n p_n^+(t) + \varphi^+(t) - \varphi^-(t) = E(t) + E^+(t) - E^-(t) \tag{17-17}$$

式中，$\varphi^+(t)$ 为 t 时段 CDSIS 储能设备充电量。

4. CDSIS 储能设备充放电约束

$$\begin{cases} 0 \leqslant \varphi^+(t) \leqslant u(t) R_{max}^+ \\ 0 \leqslant \varphi^-(t) \leqslant [1 - u(t)] R_{max}^- \end{cases} \tag{17-18}$$

式中，$u(t)$ 为布尔变量，表示 t 时段 CDSIS 储能设施的状态；R_{max}^+、R_{max}^- 分别为 CDSIS 储能设备的最大充电功率、最大放电功率。

5. CDSIS 储能电量约束

$$\begin{cases} 0 \leqslant S(t) = S(t-1) + \eta^+ \varphi^+(t) - \dfrac{\varphi^-(t)}{\eta^-} \leqslant S_{max} \\ S(1) = S(T) = S(0) \end{cases} \tag{17-19}$$

式中，$S(t)$ 为 t 时段 CDSIS 储能设施的储能电量；η^+ 和 η^- 分别为 CDSIS 储能设备充、放电效率；S_{max} 为 CDSIS 储能设备的最大容量；$S(0)$ 为 CDSIS 储能设备的初始电量。

17.5.1.3　EV 目标函数

EV 的目标为充电成本最小，其目标函数为

$$\min \sum_t^{T_a} c_n^+(t + \Delta t) p_n^+(t) \tag{17-20}$$

式中，T_a 为 EV 充电时长。

17.5.1.4　EV 约束条件

1. EV 电池荷电水平约束

EV 充电量应使电池达到相应的荷电水平，约束条件为

$$\sum_t^{T_a} P_n^+(t) = \frac{\xi E_n^{max} - E_n^0}{\mu} \tag{17-21}$$

式中，ξ 为用户期望的电池荷电水平；E_n^{max} 为第 n 辆 EV 电池容量；E_n^0 为第 n 辆 EV 初始电量；μ 为 EV 的充电效率。

2. 充电功率约束

$$\begin{cases} 0 \leqslant p_n^+(t) \leqslant p_{n,max}^+, & t \in T_a \\ p_n^+(t) = 0, & t \notin T_a \end{cases} \tag{17-22}$$

式中，$p_{n,max}^+$ 为第 n 辆车的最大充电功率；T_a 为 EV 充电时长。

17.5.1.5　求解方法

本小节采用 KKT 条件和对偶理论将电动汽车及 CDSIS 多目标主从博弈优化调度模型转化为混合整数线性规划模型,从而得出最优解。

1. 主从博弈模型的等价非线性规划转化

对于博弈双方,EV 决策时的价格是确定的,将对应 KKT 条件代替线性规划式(17-20)至式(17-22),消去该优化问题。记对偶变量为 α_1、η_{it}^-、η_{it}^+、ϖ_{nt},对应线性规划式(17-20)至式(17-22)的 KKT 条件为

$$c_n^+(t) - \alpha_n - \eta_{it}^- - \eta_{it}^+ - \varpi_{nt} = 0 \tag{17-23}$$

$$\sum_t^{T_a} p_n^+(t) = \frac{\xi E_n^{\max} - E_n^0}{\mu} \tag{17-24}$$

$$0 \le \eta_{it}^- \perp p_n^+(t) \ge 0, t \in T_a \tag{17-25}$$

$$0 \ge \eta_{it}^+ \perp p_n^+(t) - p_{n,\max}^+ \le 0, t \in T_a \tag{17-26}$$

$$p_n^+(t) = 0, t \notin T_a, \varpi_{nt} = 0, t \in T_a \tag{17-27}$$

约束式(17-25)与式(17-26)为互补松弛条件,$x \perp y$ 表示标量 x 与 y 中最多有一个可以严格大于 0;式(17-23)至式(17-27)可将下层优化转化为约束。因此,目标函数式(17-14)、式(17-25)、式(17-26)是非线性的,下面分析非线性问题线性化。

2. 互补松弛条件线性化

利用文献[29]的方法,引入布尔变量 θ_{it}^+ 和 θ_{it}^- 将约束式(17-25)、式(17-26)转化为线性不等式。

$$0 \le \eta_{it}^- \le M\theta_{it}^-, t \in T_a \tag{17-28}$$

$$0 \le p_n^+(t) \le M(1 - \theta_{it}^-), t \in T_a \tag{17-29}$$

$$0 \le p_{n,\max}^+ - p_n^+(t) \le M\theta_{it}^-, t \in T_a \tag{17-30}$$

$$M(1 - \theta_{it}^-) \le \eta_{it}^+ \le 0, t \in T_a \tag{17-31}$$

3. 目标函数线性化

目标函数的非线性化的源头是电价与充电功率的乘积 $c_n^+(t)p_n^+(t)$。线性规划的对偶定理指出,处于最优解时,对偶问题和原问题的目标函数值相同。由线性规划式(17-20)至式(17-22)可得

$$\min \sum_t^{T_a} c_n^+(t + \Delta t) p_n^+(t) = \alpha_1 \frac{\xi E_n^{\max} - E_n^0}{\mu} + \sum_t^{T_a} \eta_{it}^+ P_{n,\max}^+ \tag{17-32}$$

在满足 KKT 条件的前提,目标函数式(17-14)等价于式(17-33)。式(17-33)对应决策变量是线性的。

$$\sum_t^{T_a} \alpha_1 \frac{\xi E_n^{\max} - E_n^0}{\mu} + \sum_t^{T_a} \sum_t^{T_a} \eta_{it}^+ p_{n,\max}^+ + \sum_{t=1}^{T_a} \left[\delta^-(t)E - \delta^d(t)E(t) - \delta^+(t)E^+(t) \right]$$

$$(17\text{-}33)$$

4. 主从博弈模型的等价混合整数线性规划模型

综上所述,CDSIS 电价定价博弈可等价为如下混合整数线性规划:

$$\begin{cases} \max \sum_t^{T_a} \alpha_1 \frac{\xi E_n^{\max} - E_n^0}{\mu} + \sum_t^{T_a} \sum_t^{T_a} \eta_{it}^+ p_{n,\max}^+ + \sum_{t=1}^{T_a} \left[\delta^-(t)E^-(t) - \delta^d(t)E(t) - \delta^+(t)E^+(t) \right] \\ \text{s. t. } 式(17\text{-}15)—式(17\text{-}29),式(17\text{-}23)—式(17\text{-}24),式(17\text{-}27)—式(17\text{-}31) \end{cases}$$

$$(17\text{-}34)$$

混合整数线性规划式(17-34)最优解中,$\{c_n^+(t), E_t^-, E_t^+, E_t, \vartheta^+, \vartheta^-, z(t), u(t), p_n^+\}$ 构成了博弈式(17-14)至式(17-27)、式(17-20)至式(17-22)的 Stackelberg 均衡。

17.5.2　EV 充放电优化调度策略

结合 EV 充电时空分布预测模型和电动汽车及 CDSIS 多目标主从博弈优化调度模型,提出 EV 充放电优化调度模型,其流程图如图 17-3 所示。

具体调度步骤如下。

(1)由 17.4.3 小节预测结果得到各节点充电需求时空分布情况,并由 17.5.1 小节主从博弈获得其优化电价。

(2)根据各节点负荷情况,在优化电价的基础上制定充电电价。

(3)根据最优电价制定最优充电计划。

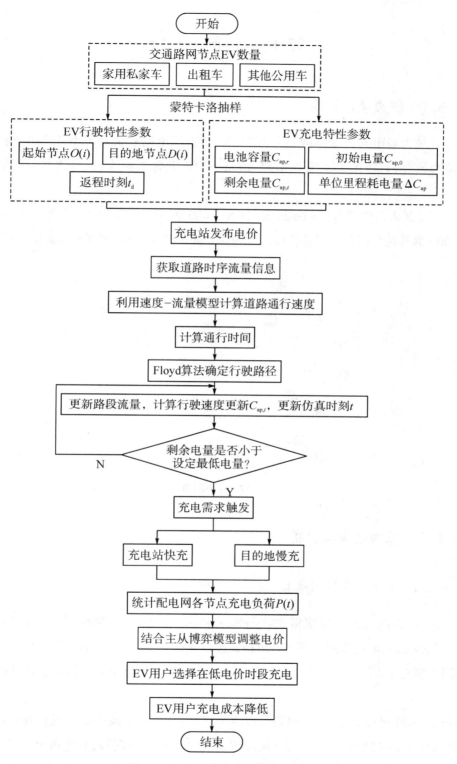

图 17-3　EV 充放电优化调度流程图

17.6 算 例 分 析

17.6.1 仿真条件设定

本小节采用某市某区域路网结合 IEEE 33 节点配电网系统对本小节模型进行算例分析。该路网包含 31 个节点与 52 条道路,道路平均长度为 1.44 km。具体路网图如图 17-4 所示。

结合该地区人口数量与车辆渗透度,引入 1 000 辆 EV,包含 250 辆家用私家车、450 辆出租车、300 辆其他公用车。实验软件环境为 Matlab2021b,并用 CPLEX 求解器求解。

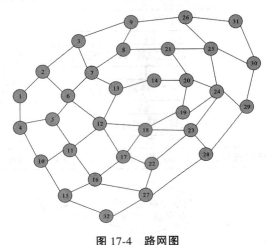

图 17-4 路网图

17.6.2 算例结果与分析

17.6.2.1 充电负荷预测结果

EV 用户的充电需求需要根据其出行需求和车辆当前 SOC 判断其是否需要充电,因此,需要对 EV 的充电负荷进行调控。负荷调控的基础是 EV 充电负荷预测,采用 17.5.1 小节的预测模型对 EV 负荷进行预测。各节点充电负荷的时空分布情况如附录 D 的附图 D-32 所示。

由附图 D-32 可以看出,一天内共出现两个高峰期,第一个高峰期出现在 08:00—09:00 时段,峰值约为 1 644 kW;第二个高峰期出现在 18:00—19:00 时段,峰值约为 4 320 kW。此外,私家车在 02:00—17:00 时段有充电需求,且在 10:00 达到高峰;出租车和其他公用车一天内均有充电需求,且充电高峰出现在 19:00 时刻。

17.6.2.2　系统最优解

日前市场电价见表 17-2 所列。一般来说,实时市场购电价格会高于日前市场购电价格,因此,假设零售电价上限为电价的 1.2 倍,下限为电价的 0.8 倍,电价平均值为 0.9 元/(kW·h)。实验参数见表 17-3 所列。

表 17-2　日前市场电价

时段	电价/[元/(kW·h)]	时段	电价/[元/(kW·h)]	时段	电价/[元/(kW·h)]
1:00	0.457 0	9:00	0.873 1	17:00	0.873 1
2:00	0.457 0	10:00	0.873 1	18:00	0.873 1
3:00	0.457 0	11:00	1.289 3	19:00	1.289 3
4:00	0.457 0	12:00	1.289 3	20:00	1.289 3
5:00	0.457 0	13:00	1.289 3	21:00	1.289 3
6:00	0.457 0	14:00	1.289 3	22:00	0.873 1
7:00	0.457 0	15:00	1.289 3	23:00	0.873 1
8:00	0.873 1	16:00	0.873 1	24:00	0.873 1

表 17-3　实验参数

参数	数值	参数	数值
$E_n^{\max}$	76	$c_{\min}^+(t)$	1.547 1
$p_{n,\max}^+$	60	$c_{\max}^+(t)$	0.411 3
μ	0.9	c_{av}^+	0.9
$R_{\max}^+/\mathrm{kW}$	1 000	$s(0)$	2 500
$R_{\max}^-/\mathrm{kW}$	1 000	ϑ^+	0.9
$S_{\max}/(\mathrm{kW\cdot h})$	5 000	ϑ^-	0.9
$l_{s,t}$	0.2	$h_{s,t}$	1.5
$\lambda_{\mathrm{c,max}}$	0.9	—	—

求解式(17-34)可以得到,CDSIS 最大利益为 4 823 元,充电站最优策略见表 17-4 所列。根据最优电价与日前电价对比可知,CDSIS 总会将电价上限、下限分别设置在 EV 日前充电、不充电时段,以满足均价。因为实时市场电价高于日前市场电价,此时不需要从实时市场购电。这样设置一方面是为了应对一些不确定因素,如 EV 临时离开充电站;另一方面,由17.5 节模型可得 EV 的最优充电时间在 01:00—08:00 时段,在该时间段的 EV 充电成本最低,理性的 EV 用户没有偏离该充电时间的倾向。因此,在该优化电价下,EV 的充电行为是有序行为。

表 17-4　CDSIS 最优策略

时段	充电价格/ [元/(kW·h)]	日前市场购 电量/(kW·h)	实时市场售 电量/(kW·h)	储能设备储 电量/(kW·h)
1:00	0.548 4	0	0	2 500
2:00	0.548 4	1 524	0	2 500
3:00	0.5484	1 524	0	2 500
4:00	0.548 4	0	0	2 500
5:00	0.548 4	15 484	0	3 400
6:00	0.548 4	2 524	0	4 300
7:00	0.548 4	777.78	0	5 000
8:00	1.047 7	2 076	0	5 000
9:00	1.047 7	0	0	5 000
10:00	1.047 7	2 076	0	5 000
11:00	1.047 7	0	1 000	3.89
12:00	1.047 7	0	1 000	2.78
13:00	1.047 7	0	0	2.78
14:00	1.047 7	0	0	2.78
15:00	1.047 7	0	0	2.78
16:00	1.047 7	2 076	0	2.78
17:00	1.047 7	0	0	2.78
18:00	1.047 7	2 076	0	2.78
19:00	1.047 7	0	250	2 500
20:00	1.047 7	0	0	2 500
21:00	1.031 4	0	0	2 500
22:00	1.036 5	0	0	2 500
23:00	1.036 5	0	0	2 500
24:00	1.036 5	0	0	2 500

由表 17-4 可以看出,当配电网系统正常运行或低负荷运行时,配电网系统优先满足 CDSIS 内 EV 的充电需求,保障了 EV 用户的正常行驶。并在满足 CDSIS 内 EV 的充电需求后,在日前市场电价较低时段进行购电。这样既保证了配电网系统正常运行,又在满足 EV 充电需求的同时减少了购电成本,获得了更大的收益,从而达到此场景运行状态最优。

17.6.2.3　CDSIS 与传统充电站对比

为验证 CDSIS 比传统充电站更具优势,将 S_{max} 设为 0 进行模拟,得到传统充电站最优策略,见表 17-5 所列。

表 17-5　传统充电站最优策略

时段	充电价格/ [元/(kW·h)]	日前市场购 电量/(kW·h)	实时市场购 电量/(kW·h)
1:00	0.548 4	0	0
2:00	0.548 4	14 484	0
3:00	0.548 4	1 524	0
4:00	0.548 4	1 524	0
5:00	0.548 4	0	0
6:00	0.548 4	1 524	0
7:00	0.548 4	0	0
8:00	1.047 7	2 076	0
9:00	1.047 7	2 076	0
10:00	1.047 7	0	0
11:00	1.047 7	0	0
12:00	1.047 7	0	0
13:00	1.047 7	0	0
14:00	1.047 7	0	0
15:00	1.047 7	0	0
16:00	1.047 7	2 076	0
17:00	1.047 7	0	0
18:00	1.047 7	2 076	0
19:00	1.047 7	0	0
20:00	1.047 7	0	0
21:00	1.547 2	0	0
22:00	0.864 6	0	0
23:00	0.864 6	0	0
24:00	0.864 6	0	0

由表 17-5 可以看出,结合日前电价可得传统充电站的收益为 3 191 元,由 17.6.2.2 小节可知,CDSIS 的收益为 4 823 元,因此,采用 CDSIS 能获得更大的收益。相比于 CDSIS,传统充电站没有储能设备,因此,CDSIS 能在电价较低时向电网侧购电并储存在储能设备中,在电价高峰向电网侧放电。这样不仅能为其带来额外收入,还能降低负荷峰值。因此 CDSIS 相较于传统充电站更有优势。

17.6.2.4　定价下限对最优解的影响

在保证其他参数不变的前提下,改变定价下限,从 0.5 倍日前市场电价到 0.9 倍日前市场电价,所得 CDSIS 利润和 EV 用户充电成本变化分别如图 17-5、图 17-6 所示。

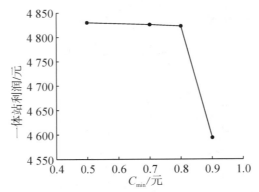

图 17-5　不同定价下限 CDSIS 利润对比

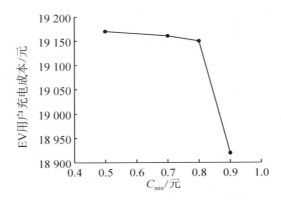

图 17-6　不同定价下限 EV 用户充电成本对比

由图 17-5、图 17-6 可以看出,当充电电价定价下限在 0.5 倍日前市场电价时,CDSIS 利润最大为 4 830 元,而此时 EV 用户充电成本为 19 172 元,且成本最高。这是因为充电电价定价下限过低,而充电电价均值不变,使得 EV 用户充电时段的充电电价升高,进而使 EV 用户充电成本增大。而 CDSIS 可以在日前市场电价较低时段购电并储存,在充电电价较高时售出,因此,此时的 CDSIS 利润最大。当充电电价定价下限在 0.5～0.8 倍日前市场电价时,CDSIS 利润和 EV 用户充电成本会随着定价下限的提高缓慢下降。而当充电电价定价下限超过 0.8 倍日前市场电价时,CDSIS 利润和 EV 用户充电成本迅速下降。这是因为定价下限的提高会使 EV 充电时间段内的定价升高,考虑到定价均值的限制,多 EV 充电时间段的定价和充电站利润以及 EV 用户充电成本降低。因此,为了实现充电站和 EV 用户的双赢,定价下限应综合考虑外部因素。

17.6.2.5　CDSIS 储能设备容量对系统最优解的影响

设 S_{max} 在 4 000～20 000 kW·h 内变化,其余参数不变。充电站利润的变化如图 17-7 所示。

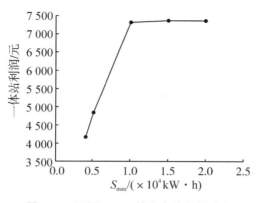

图 17-7　不同 S_{max} 下的充电站利润对比

由图 17-7 可以看出,当 S_{max} 为 4 000 ~ 10 000 kW · h 时,CDSIS 利润从 4 170 元快速增长到 7 302 元,但当 S_{max} 的值超过 10 000 kW · h 后,CDSIS 利润便缓慢增加,并在电站利润达到 7 375 元后不再变化。这是因为储能设备的容量越大,CDSIS 便能在电价较低时购买并储存更多电量,节约了电能的购买成本。此外,由 17.6.2.2 小节可知,CDSIS 在时段 11:00—12:00 与 19:00 向实时市场共售出 2 500 kW · h 电量,进一步提高自身利润。然而,EV 用户的充电需求并不会有太大的变化,盲目地增加 CDSIS 储能设备的容量,还会使 CDSIS 建设成本升高。

17.6.2.6　优化电价对 EV 用户的影响

为缓解电网高峰时段的用电压力,本小节结合 17.3.4 小节的 EV 充电电价响应度模型,合理引导 EV 优化错峰充电。在此过程中,EV 用户也会节约充电费用。由 17.6.2.1 小节可知,一天内共出现 2 个高峰期:第一个高峰期出现在 08:00—09:00 时段;第二个高峰期出现在 18:00—19:00 时段。因此,将这两个时段作为 EV 充电调控时段。EV 充电情况统计见表 17-6 所列。

表 17-6　EV 充电情况统计

调度时段	EV 数量/辆	峰值转移 电量/(kW · h)	EV 用户节省 费用/元
08:00—09:00	36	427.44	245.78
18:00—19:00	94	1 123.20	645.84

17.7 结 论

针对 EV 用户与充电站双方共同利益,建立了 EV 及 CDSIS 多目标主从博弈优化调度模型。将 CDSIS 作为主体,以双方利益最大化为目标,并考虑了 EV 与 CDSIS 之间的互动,提出一种考虑 CDSIS 与 EV 互动的主从博弈优化调度策略。综合考虑了 EV 充电策略对电价的响应,使得调度策略更加贴近现实。

该策略通过对 CDSIS 多场景进行分段优化设置,有效地减少了 EV 用户成本,CDSIS 的引入极大地增加了充电站的收入,实现了 CDSIS 与 EV 用户的双赢。相较于传统充电站,CDSIS 是一种新型可控能源,不仅能合理地参与到优化调度策略中,还能有效地减少系统总运行成本。设置合理的规划 CDSIS 储能设备容量与电价最低定价下限,不仅可使 CDSIS 的收入增多,还能降低系统总运行成本和 CDSIS 的建设成本。此外,CDSIS 还能向电网侧售电,既有效提高了 CDSIS 的收入,还对电网侧起到了削峰填谷的作用。

参 考 文 献

[1]王睿,高欣,李军良,等.基于聚类分析的电动汽车充电负荷预测方法[J].电力系统保护与控制,2020,48(16):37-44.

[2]杨国丰,周庆凡,侯明扬,等.中国电动汽车发展前景预测与分析[J].国际石油经济,2017,25(4):59-65.

[3]楚岩枫,朱天聪.基于 Bass 模型和 GM(1,1)模型的我国电动汽车保有量预测研究[J].数学的实践与认识,2021,51(11):21-32.

[4]龚诚嘉锐,林顺富,边晓燕,等.基于多主体主从博弈的负荷聚合商经济优化模型[J].电力系统保护与控制,2022,50(2):30-40.

[5]DAS H S,RAHMAN M M,LI S,et al. Electric vehicles standards,charging infrastructure,and impact on grid integration:A technological review[J]. Renewable and Sustainable Energy Reviews,2019:109618.

[6]陈文彬,徐大勇,郭瑞鹏.负荷预测对新能源电网多目标优化调度的影响规律研究[J].电力系统保护与控制,2020,48(10):46-51.

[7]史文龙,秦文萍,王丽彬,等.计及电动汽车需求和分时电价差异的区域电网 LSTM 调度策略[J].中国电机工程学报,2022,42(10):3573-3587.

[8]潘振宁,余涛,王克英.考虑多方主体利益的大规模电动汽车分布式实时协同优化[J].

中国电机工程学报,2019,39(12):3528-3541.

[9]SALMAN H,MANSOOR K M,FARUKH A,et al. A Comprehensive Study of Implemented International Standards,Technical Challenges,Impacts and Prospects for Electric Vehicles [J]. IEEE Access,2018,6:13866-13890.

[10]詹华,江昌旭,苏庆列.基于分层强化学习的电动汽车充电引导方法[J].电力自动化设备,2022,42(10):264-272.

[11]邵尹池,穆云飞,林佳颖,等."车-站-网"多元需求下的电动汽车快速充电引导策略[J].电力系统自动化,2019,43(18):60-66,101.

[12]张聪,彭克,肖传亮,等.基于"车-路-网"协同的电动汽车充电引导策略[J].电力自动化设备,2022,42(10):125-133.

[13]周晨瑞,盛光宗,李升.考虑电动汽车接入的微电网多目标优化调度[J].电气工程学报,2023,18(1):211-218.

[14]葛晓琳,曹士鹏,符杨,等.基于区域解耦的时空双尺度电动汽车优化调度[J].中国电机工程学报,2023,47(19):7383-7395.

[15]曾梦隆,韦钢,朱兰,等.交直流配电网中电动汽车充换储一体站规划[J].电力系统自动化,2021,45(18):52-60.

[16]楚皓翔,解大.考虑电网运行状态的电动汽车充放储一体化充换电站充放电控制策略[J].电力自动化设备,2018,38(4):96-101.

[17]袁洪涛,韦钢,张贺,等.计及充换储一体站的主动配电网鲁棒优化调度[J].中国电机工程学报,2020,40(8):2453-2468.

[18]袁洪涛,韦钢,张贺,等.基于模型预测控制含充换储一体站的配电网优化运行[J].电力系统自动化,2020,44(5):187-197.

[19]郑远硕,李峰,董九玲,等."车-路-网"模式下电动汽车充放电时空灵活性优化调度策略[J].电力系统自动化,2022,46(12):88-97.

[20]张琦,杨健维,向悦萍,等.计及气象因素的区域电动汽车充电负荷建模方法[J].电力系统保护与控制,2022,50(6):14-22.

[21]张美霞,孙铨杰,杨秀.考虑多源信息实时交互和用户后悔心理的电动汽车充电负荷预测[J].电网技术,2022,46(2):632-645.

[22]李东东,张凯,姚寅,等.基于信息间隙决策理论的电动汽车聚合商日前需求响应调度策略[J].电力系统保护与控制,2022,50(24):101-111.

[23]孙宇军,王岩,王蓓蓓,等.考虑需求响应不确定性的多时间尺度源荷互动决策方法[J].电力系统自动化,2018,42(2):106-113.

［24］BROWN E R,PIKAR Y C M,CAREY J W N,et al. Transportation Research Board［J］. National Research Council,1999:425-430.

［25］MU Y F,WU J Z,JENKINS N,et al. A Spatial-Temporal model for grid impact analysis of plug-in electric vehicles［J］. Applied Energy,2014,114(2):456-465.

［26］ZHANG C Y,DING M,ZHANG J J. A Temporal and Spatial Distribution Forecasting of Private Car Charging Load Based on Origin-Destination Matrix［J］. Transactions of China Electrotechnical Society,2017,32(1):78-87.

［27］肖志国. 区域 OD 矩阵反推技术评价及其理论研究［D］. 武汉:华中科技大学,2006.

［28］JAHANGIR H,GOUGHERI S S,VATANDOUST B,et al. Plug-in Electric Vehicle Behavior Modeling in Energy Market:A Novel Deep Learning-Based Approach With Clustering Technique［J］. IEEE Transactions on Smart Grid,2020(6),11(6):4738-4748.

［29］谢仕炜,胡志坚,王珏莹. 考虑时-空耦合的城市电力-交通网络动态流量均衡［J］. 中国电机工程学报,2021,41(24):8408-8424.

► 附录

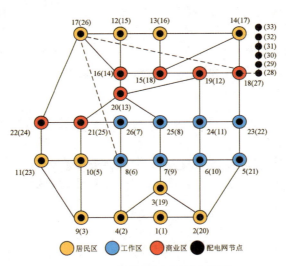

附图 A-1　交通–配电网耦合模型

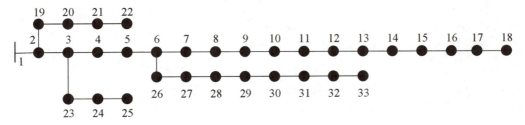

附图 A-2　IEEE 33 节点图

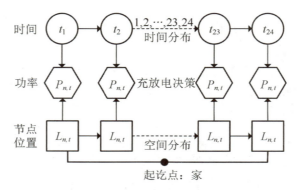

附图 A-3　EV 出行链时空分布模型

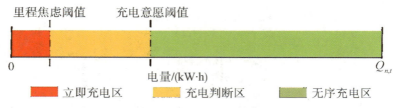

附图 A-4　用户充电意愿阈值

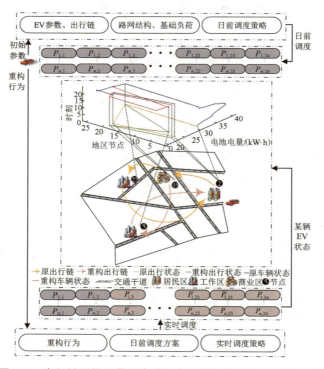

附图 A-5　出行链重构场景下电动汽车多目标动态电力调度框架图

附表 A-1　道路节点长度参数

路段	长度/km	路段	长度/km	路段	长度/km	路段	长度/km
{1,2}	5.1	{6,24}	4.4	{12,17}	5.7	{19,20}	4.5
{1,4}	5.3	{7,8}	5.7	{13,14}	5.4	{19,24}	5.1
{2,3}	5.2	{7,25}	4.5	{13,15}	5.6	{20,21}	5.3
{2,5}	5.4	{8,10}	5.1	{14,15}	4.4	{20,25}	3.7
{2,6}	5.6	{8,26}	4.6	{14,18}	4.8	{21,22}	3.2
{3,4}	5.3	{9,11}	5.2	{15,16}	3.4	{21,26}	5.6
{3,7}	5.7	{9,10}	4.8	{15,19}	3.7	{23,24}	3.8
{4,8}	5.8	{10,11}	4.9	{16,17}	5.6	{24,25}	5.2
{4,9}	4.9	{10,21}	5.2	{16,20}	3.8	{25,26}	5.4
{5,6}	5.5	{11,22}	5.5	{17,22}	6.1		
{5,23}	5.3	{12,13}	5.3	{18,19}	3.8		
{6,7}	4.8	{12,16}	5.6	{18,23}	5.4		

附表 A-2　参数设置

参数	取值
k	1.153
h	195.787
c	164.506
d	0.234
g	438.445
m	41.767
n	0.657
o	68.52
ζ_1	1.2×10^{-6}
ζ_2	1.64×10^{-4}
ζ_3	8.16×10^{-3}
ζ_4	8.85×10^{-1}

附表 A-3　气温数据

时段/h	1	2	3	4	5	6	7	8
气温/℃	6	6	6	6	6	6	7	8
时段/h	9	10	11	12	13	14	15	16
气温/℃	8	9	10	10	11	12	12	12
时段/h	17	18	19	20	21	22	23	24
气温/℃	13	12	11	10	10	7	7	6

附表 A-4　道路拥堵系数

地区	时段	拥堵系数	地区	时段	拥堵系数	地区	时段	拥堵系数
居民区	08:00—10:00	1.5	工作区	08:00—10:00	1.2	商业区	08:00—10:00	1.8
	10:00—17:00	1.2		10:00—17:00	1.5		10:00—17:00	1.2
	17:00—20:00	1.8		17:00—20:00	1.8		17:00—20:00	1.8

附表 A-5　电动汽车参数

参数	取值
电池容量 Q_0/(kW·h)	40
慢充范围 P_s/kW	$(0,3.1]$
快充范围 P_f/kW	$(3.1,15]$
平均行驶速度 v/(km·h^{-1})	20
每千米耗电 ΔQ/(kW·h)	0.2
电池损耗费用 θ/元	0.6

附表 A-6　分时电价

时段		电价/[元·(kW·h)$^{-1}$]
谷时段	00:00—08:00	0.37
平时段	08:00—12:00	0.87
	17:00—21:00	
峰时段	12:00—17:00	0.687
	21:00—00:00	
放电补贴电价	00:00—24:00	0.3

附表 A-7 部分敏感度系数

场景 3			场景 4			场景 5		
事件 1	事件 2	事件 3	事件 1	事件 2	事件 3	事件 1	事件 2	事件 3
0.927 2	0.926 0	0.963 9	2.236 0	2.300 1	1.616 0	0.919 6	1.090 9	0.865 5
0.864 5	0.864 5	0.876 8	1.929 3	2.259 6	1.860 8	1.174 3	1.356 5	0.936 3
0.875 6	0.888 4	0.830 7	2.555 0	2.323 5	1.409 7	0.957 4	0.952 8	1.074 9
0.807 1	0.806 0	0.843 1	2.310 8	1.872 8	1.569 0	1.123 3	0.902 1	0.912 8
0.850 9	0.848 4	0.885 9	2.252 5	1.872 8	2.065 3	0.875 8	1.160 2	0.831 9
0.859 7	0.857 6	0.907 3	2.968 0	2.502 5	2.300 5	1.090 7	1.089 7	1.027 9
0.911 4	0.912 0	0.872 2	1.942 3	2.542 3	2.313 1	1.304 7	0.842 5	1.166 9
0.723 0	0.721 8	0.693 6	2.823 6	2.960 9	2.118 8	0.963 3	1.081 7	0.979 8
0.858 2	0.848 7	0.845 6	1.978 4	2.879 2	1.932 0	1.097 7	1.280 9	1.190 5
0.941 7	0.940 3	0.942 6	3.347 7	2.786 8	2.212 6	1.114 3	1.116 8	0.891 2
0.783 4	0.779 5	0.745 3	2.536 1	2.888 6	1.909 8	1.137 8	1.239 9	1.209 3
0.863 7	0.861 9	0.838 8	2.586 8	2.604 7	2.108 8	1.146 5	0.957 2	1.277 2
0.836 3	0.836 3	0.841 8	2.429 7	2.540 4	1.651 7	1.186 2	1.086 3	0.914 1
0.803 5	0.800 7	0.783 6	2.304 3	2.283 4	1.577 1	1.358 3	0.985 2	0.812 5
0.823 2	0.820 1	0.853 8	1.942 3	1.864 7	2.275 4	0.902 0	0.930 3	0.944 9
0.827 1	0.823 3	0.890 3	1.942 2	2.489 4	2.114 7	1.044 0	1.179 8	1.006 9
0.771 2	0.766 4	0.786 4	3.346 5	2.788 4	1.708 8	0.945 8	1.115 0	0.900 5
0.886 4	0.884 8	0.943 1	2.203 9	2.796 8	2.131 0	0.942 7	1.041 8	0.808 5
0.887 3	0.881 5	0.872 0	2.230 5	2.580 6	2.090 5	1.204 9	1.036 3	0.784 4
0.927 4	0.920 0	0.967 9	2.277 3	2.519 6	2.497 0	0.852 6	1.187 4	1.272 4
0.862 3	0.860 4	0.894 6	3.003 2	2.825 6	1.946 4	0.919 6	0.930 6	0.895 1
0.826 5	0.825 7	0.891 6	3.245 0	3.094 4	1.684 7	0.846 8	1.175 4	1.004 2
0.888 5	0.885 2	0.867 6	3.474 7	1.936 0	2.179 6	0.957 4	1.254 2	1.074 9
0.861 1	0.859 3	0.865 9	3.270 4	2.369 4	1.903 8	1.088 1	0.959 1	0.879 0
0.811 4	0.807 0	0.844 2	2.720 3	2.223 1	1.947 8	0.960 2	0.949 3	1.012 6
0.952 2	0.953 4	1.018 9	2.121 6	2.427 4	2.530 9	1.079 0	1.077 3	1.265 2
0.772 4	0.764 5	0.801 7	2.815 2	2.643 0	2.161 1	0.848 7	1.106 8	1.122 8

场景 3			场景 4			场景 5		
事件 1	事件 2	事件 3	事件 1	事件 2	事件 3	事件 1	事件 2	事件 3
0.886 0	0.871 7	0.909 2	2.765 0	2.749 1	1.792 1	1.091 3	1.080 0	0.872 9
0.910 2	0.907 1	1.010 7	2.677 8	2.558 3	2.260 1	1.201 2	1.211 1	0.915 6
0.824 6	0.820 4	0.818 0	2.992 5	2.859 6	1.640 9	0.884 1	0.886 0	1.336 0
0.843 7	0.837 3	0.833 7	2.651 3	2.085 5	2.252 2	1.091 0	1.121 6	0.974 9
0.820 6	0.815 9	0.820 1	2.771 3	2.571 2	2.066 3	1.150 2	1.128 6	1.056 6
0.853 6	0.838 7	0.863 9	1.955 6	3.303 0	1.783 0	0.931 3	0.935 9	1.040 1
0.839 2	0.828 5	0.806 0	2.825 1	2.631 3	1.672 4	1.112 2	0.912 9	1.030 4
0.894 8	0.883 6	0.901 2	2.307 3	2.315 1	1.723 3	0.927 2	1.099 5	0.990 6
0.926 7	0.917 3	0.929 9	2.164 0	2.394 5	1.684 7	1.018 2	1.020 3	0.979 9
0.881 5	0.875 2	0.933 8	2.219 6	2.385 4	2.469 0	1.139 5	1.139 4	0.972 9
0.933 2	0.930 9	0.979 0	3.364 3	2.481 0	1.435 0	1.086 0	1.079 2	0.908 4
0.800 0	0.790 6	0.779 3	2.364 6	2.162 4	2.023 3	0.984 3	1.122 8	0.857 7
0.876 2	0.870 7	0.873 3	2.671 7	2.527 9	1.796 1	0.917 8	0.923 4	1.081 1
0.895 7	0.887 8	0.970 7	2.987 7	2.470 5	2.505 1	1.060 9	0.940 5	1.004 2
0.857 1	0.854 2	0.865 4	2.573 2	2.615 0	2.735 4	0.989 0	0.996 3	1.179 2

附 录 B

附表 B-1 S_H、S_W 参数取值

参数	取值	参数	取值
α	1.230×10^2	b_5	3.785×10^{-2}
a_1	1.671×10^{-3}	b_6	3.154×10^{-2}
a_2	5.289×10^{-4}	b_7	4.416×10^{-2}
a_3	3.218×10^{-4}	b_8	1.901×10^{-2}
a_4	1.517×10^{-4}	c_1	4.925×10^{-1}
a_5	3.140×10^{-5}	c_2	1.654
a_6	2.515×10^{-5}	c_3	1.258
a_7	1.757×10^{-5}	c_4	4.477×10^{-1}
a_8	2.030×10^{-5}	c_5	-5.288×10^{-1}
b_1	3.142×10^{-3}	c_6	-1.06
b_2	6.319×10^{-3}	c_7	-1.18
b_3	1.264×10^{-2}	c_8	4.535×10^{-2}
b_4	2.522×10^{-2}		

附表 B-2 电动汽车出行特征量

日出行特征量	概率分布或计算公式	参数值
日首次出行时刻 t_0/h	$f_s(x)=\dfrac{1}{\sigma_s\sqrt{2\pi}}\exp\left[-\dfrac{(x-\mu_s)^2}{2\sigma_s^2}\right],0\leqslant x\leqslant24$	$\mu_s=7.5,$ $\sigma_s=0.8$
日出行结束时刻 $t_{r,end}/h$	$f_e(x)=\begin{cases}\dfrac{1}{\sigma_e\sqrt{2\pi}}\exp\left[-\dfrac{(x+24-\mu_e)^2}{2\sigma_e^2}\right],0<x\leqslant\mu_e-12\\[3mm]\dfrac{1}{\sigma_e\sqrt{2\pi}}\exp\left[-\dfrac{(x-\mu_e)^2}{2\sigma_e^2}\right],\quad\mu_e-12<x\leqslant24\end{cases}$	$\mu_e=17.6,$ $\sigma_e=3.4$
不同区域的停车时长 t_p^i/h	式（3-5）、式（3-6）	见下文

续表

日出行特征量	概率分布或计算公式	参数值
不同始末点间的 行驶距离 $d_{i-1,t}$/km	$D = \begin{pmatrix} d_{1,1} & \cdots & d_{1,n} \\ \vdots & \ddots & \vdots \\ d_{n,1} & \cdots & d_{n,n} \end{pmatrix}$	参见第3章文献[10]
不同起点、不同 时间的车辆目的 转移概率 P_t[20]	$P_t = \begin{pmatrix} p_{t,1,1} & \cdots & p_{t,1,n} \\ \vdots & \ddots & \vdots \\ p_{t,n,1} & \cdots & p_{t,n,n} \end{pmatrix}$ 其中, $\begin{pmatrix} 0 \leq p_{t,m,q} \leq 1 \\ \sum_{q=1}^{n} p_{t,m,q} = 1 \end{pmatrix}$ t 表示时间; $m,q = 1,2 \cdots\cdots n$	参见第3章文献[21]

附表 B-3　电动汽车相关参数

参数	取值
C_{max}	0.9
C_{min}	0.2
C_0	0.9
电网转化效率 ε	0.85
电池容量 Q_0/(kW·h)	30
动力电池充电效率 ε^{in}	0.97
动力电池放电效率 ε^{ex}	0.97
充电电量系数 θ^{in}	0.1
放电电量系数 θ^{ex}	0.1
慢充范围 P_m/kW	$(0,3]$
快充范围 P_f/kW	$(3,15]$
平均行驶速度 v/(km·h^{-1})	20
每千米耗电 ΔQ/(kW·h)	0.21
动力电池的损耗 C_d/元	0.27

附表 B-4　50 辆电动汽车的快充数据

车辆序号	快充功率/kW	充电时刻/h
24	7.720 9	16
31	8.539 7	20
35	3.136 3	10

附表 B-5　100 辆电动汽车的快充数据

车辆序号	快充功率/kW	充电时刻/h
13	3.777 5	12
14	3.079 9	22
17	12.276 6	12
22	4.747 9	12
23	15.000 0	20
29	3.742 4	11
35	4.005 6	8
50	3.155 3	22
58	11.268 5	20
	3.942 5	21
65	3.203 9	18
78	3.658 2	11
90	3.730 3	22
98	6.719 6	16
	4.846 9	20

附　录　C

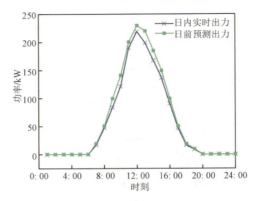

附图 C-1　光伏预测与实时出力曲线

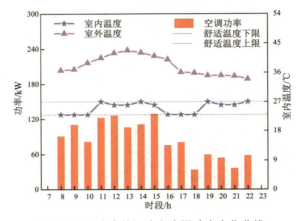

附图 C-2　室内外温度和空调功率变化曲线

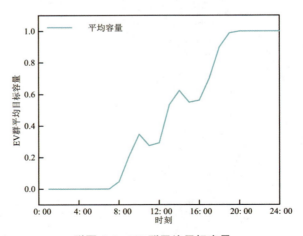

附图 C-3　EV 群平均目标容量

附表 C-1　电动汽车参数

项目	参数	项目	参数
$P_{i,k}^{EV,ch}$	5 kW	S_{max}^{EV}	0.9
$P_{i,k}^{EV,dis}$	5 kW	到达时间	N(8.34,0.6C)
η^{ch}	0.95	离开时间	N(17.53,0.785)
η^{dis}	0.95	荷电状态	N(0.4,0.1)
S_{min}^{EV}	0.2	电池容量	35 kW·h
N^{EV}	50	W	3

附表 C-2　储能参数

项目	参数	项目	参数
$P_{i,j}^{ES,ch}$	60 kW	S_{min}^{ES}	0.2
$P_{i,j}^{ES,dis}$	60 kW	S_{max}^{ES}	0.9
η^{ch}	0.95	电池容量	250 kW·h
η^{dis}	0.95	N^{ES}	2

附表 C-3　空调参数

项目	参数	项目	参数
δ	3	C_b	5.56 ℃/kW
R_b	0.18 kW·h/℃	ΔT	2 ℃
N^{AC}	100	功率	1.5 kW

附表 C-4　电网分时电价

名称	时段	购电价格/[元/(kW·h)]
峰时段	11:00—16:00 19:00—23:00	1.3
平时段	9:00—11:00 16:00—19:00	0.9
谷时段	0:00—9:00 23:00—24:00	0.4

附表 C-5　动态激励电价

名称	时段	购电价格/[元/(kW·h)]
峰时段	9:00—12:00 14:00—18:00	1.3

名称	时段	购电价格/[元/(kW·h)]
平时段	6:00—9:00 12:00—14:00 18:00—22:00	0.9
谷时段	0:00—6:00 22:00—24:00	0.4

附　录　D

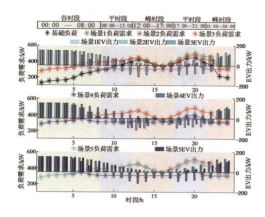

附图 D-1　不同场景下的总负荷和 EV 出力

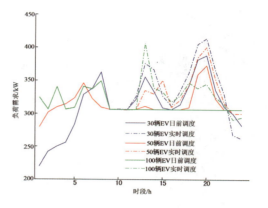

附图 D-2　不同车辆规模的负荷需求

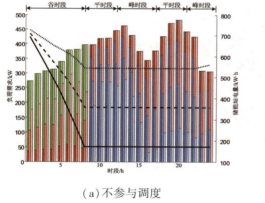

（a）不参与调度

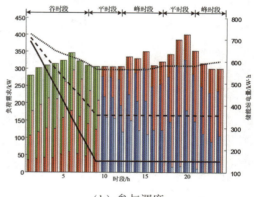

（b）参与调度

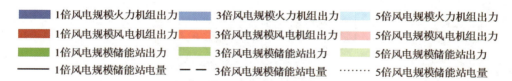

附图 D-3　不同风电规模储能站出力

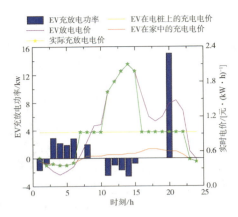

附图 D-4　某一辆 EV 链式荷电状态及其
充放电功率

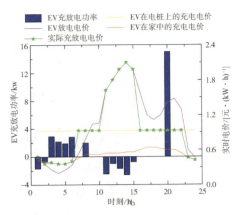

附图 D-5　某一辆 EV 在不同地点
的实际电价

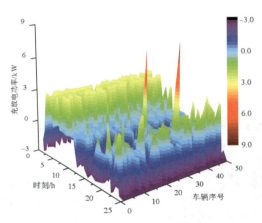

（a）50 辆车快慢充及放电功率需求

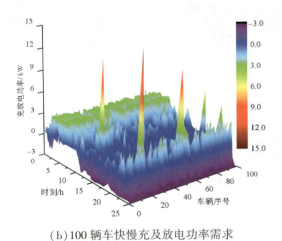

（b）100 辆车快慢充及放电功率需求

附图 D-6　不同车辆规模的快慢充及放电功率需求

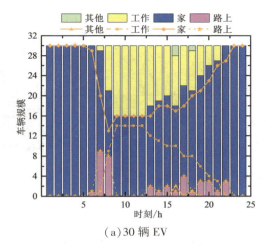

（a）30 辆 EV

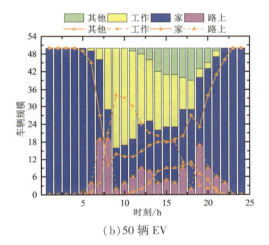

（b）50 辆 EV

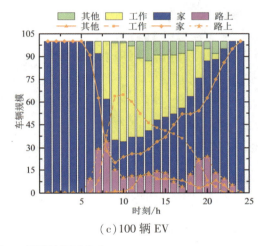

（c）100 辆 EV

附图 D-7　不同时刻不同 EV 规模的区域分布

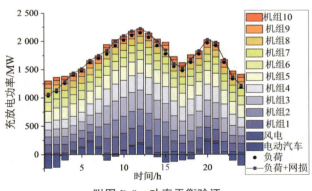

附图 D-8　功率平衡验证

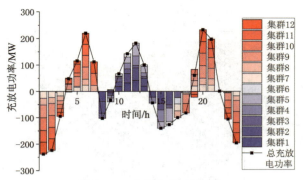

附图 D-9　电动汽车功率验证

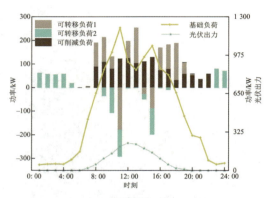

附图 D-10　异构负荷日前阶段优化结果

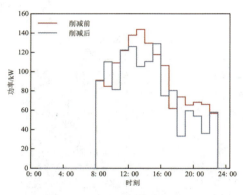

附图 D-11　可削减负荷优化对比结果

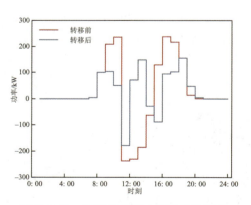

附图 D-12　可转移负荷 1 优化对比结果

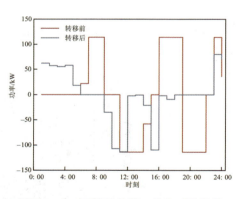

附图 D-13　可转移负荷 2 优化对比结果

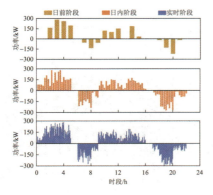

附图 D-14　24 h 连续的日前−日内−实时
阶段储能充放电功率

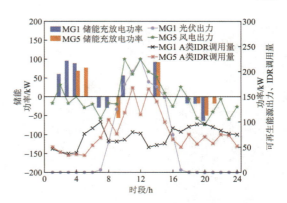

附图 D-15　日前阶段 MG1、MG5 调度结果

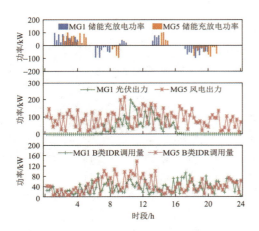

附图 D-16　日内阶段 MG1、MG5 调度结果

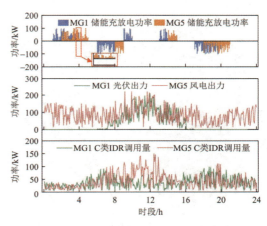

附图 D-17　实时阶段 MG1、MG5 调度结果

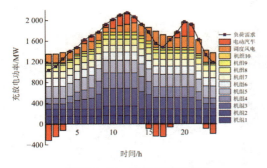

附图 D-18　功率平衡验证

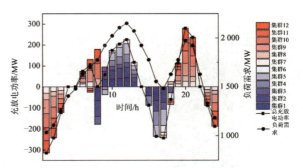

附图 D-19　各集群电动汽车充放电策略

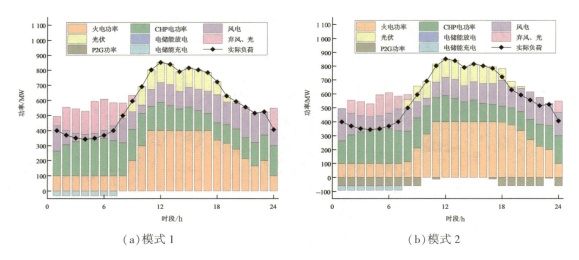

（a）模式 1　　　　　　　　　　　　（b）模式 2

附图 D-20　非合作电能调度图

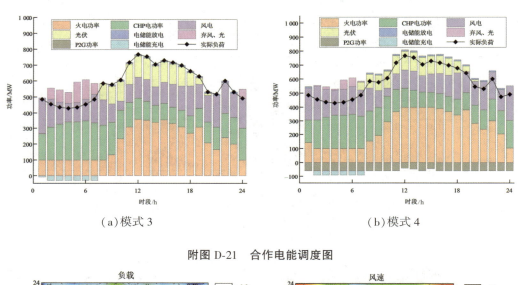

（a）模式 3　　　　　　　　　　　　（b）模式 4

附图 D-21　合作电能调度图

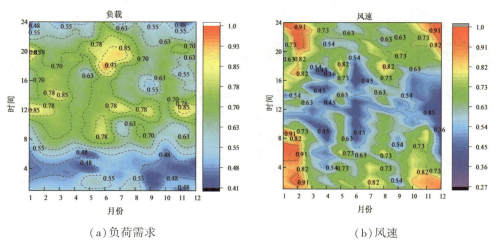

（a）负荷需求　　　　　　　　　　　（b）风速

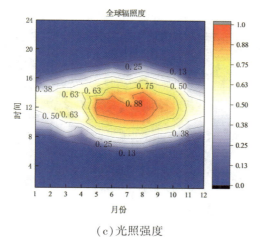

（c）光照强度

附图 D-22　气象条件优化设计

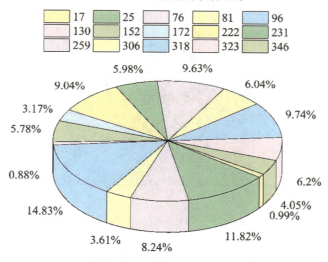

附图 D-23　典型日评选结果

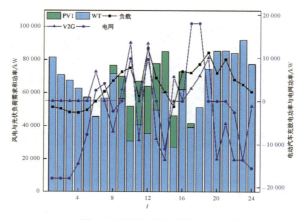

（a）第 25 天混合动力系统输出功率

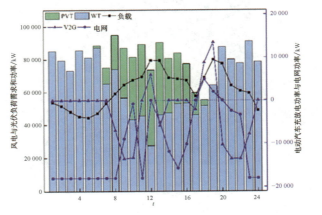

(b) 第 96 天混合动力系统输出功率

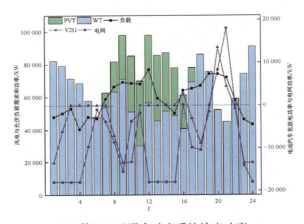

(c) 第 259 天混合动力系统输出功率

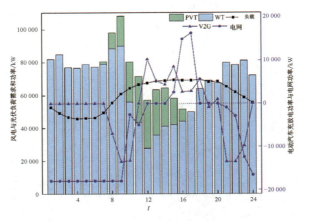

(d) 第 318 天混合动力系统输出功率

附图 D-24 风电-光伏-电动汽车系统输出调度结果

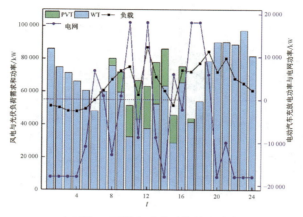

（a）第 25 天混合动力系统输出功率

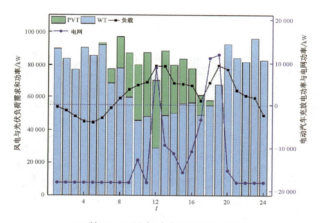

（b）第 96 天混合动力系统输出功率

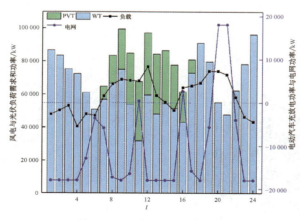

（c）第 259 天混合动力系统输出功率

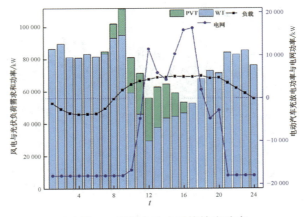

(d) 第 318 天混合动力系统输出功率

附图 D-25　风电、光伏系统输出调度结果

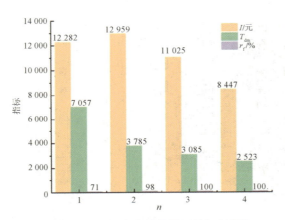

附图 D-26　不同充电站数量下的规划指标

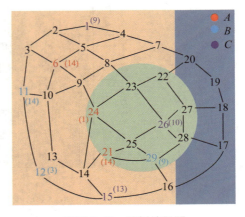

附图 D-27　规划结果图

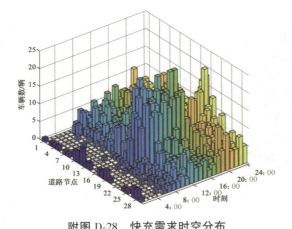

附图 D-28　快充需求时空分布

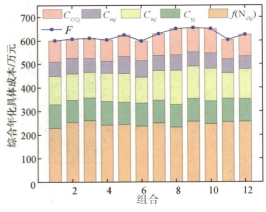

附图 D-29　典型站址组合综合年化经济成本

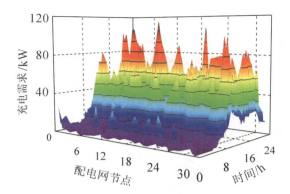

附图 D-30　电动汽车充电负荷时空分布

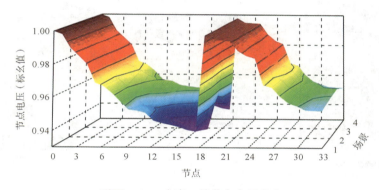

附图 D-31　方案 1 的节点电压分布

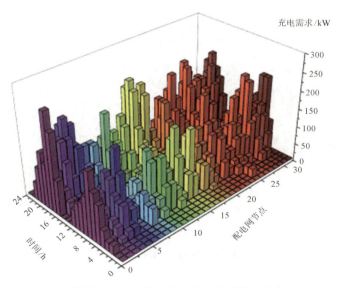

附图 D-32　各节点充电负荷的时空分布

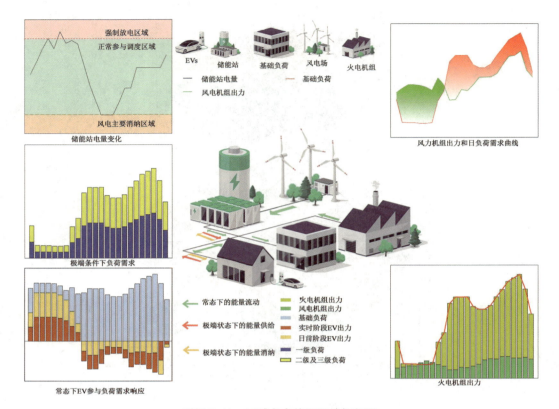

附图 D-33　区域多态能源系统框架图

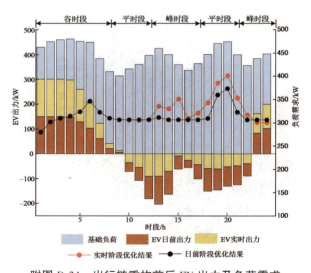

附图 D-34　出行链重构前后 EV 出力及负荷需求

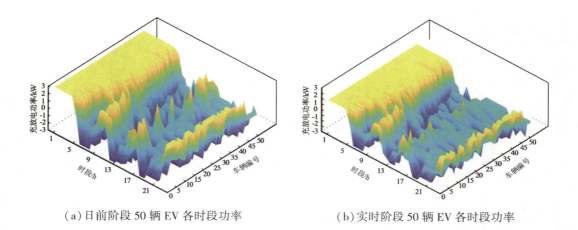

（a）日前阶段 50 辆 EV 各时段功率　　　　　　　（b）实时阶段 50 辆 EV 各时段功率

附图 D-35　双阶段 EV 各时段出力

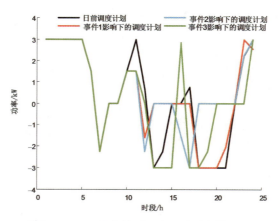

附图 D-36　不同事件对既定调度计划的影响

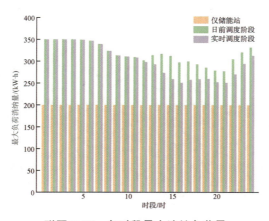

附图 D-37　各时段最大消纳负荷量